普通高等教育园林景观类『十二五』规划教材

风景园林设计基础

主　编　王红英　吴　巍　祁焱华
副主编　陈　烨　张　智　刘　静

中国水利水电出版社
www.waterpub.com.cn

内 容 提 要

《风景园林设计基础》共分为12章，内容包括第1章风景园林概述，第2章风景园林历史与发展，第3章风景园林研究范畴及实践领域，第4章风景园林设计原则，第5章风景园林物质要素，第6章园林景观设施小品，第7章园林景观设计的内容、方法和步骤，第8章园林景观的设计表达，第9章居住区景观设计，第10章广场景观设计，第11章商业街区景观设计，第12章城市滨水区景观设计。

本教材的特点是理论和实践很好的结合在一起，同时也注重基础性、知识性和创新性。

本教材适合风景园林专业基础课程使用，亦可作为环境艺术、园林景观设计等相关专业的景观设计教材，还可作为从事相关专业工作人员参考用书。

图书在版编目（CIP）数据

风景园林设计基础 / 王红英，吴巍，祁焱华主编
. -- 北京 : 中国水利水电出版社，2014.5(2023.8重印)
普通高等教育园林景观类“十二五”规划教材
ISBN 978-7-5170-1933-6

Ⅰ. ①风… Ⅱ. ①王… ②吴… ③祁… Ⅲ. ①园林设计—高等学校—教材 Ⅳ. ①TU986.2

中国版本图书馆CIP数据核字(2014)第077564号

书　　名	普通高等教育园林景观类“十二五”规划教材 **风景园林设计基础**
作　　者	主　编　王红英　吴　巍　祁焱华 副主编　陈　烨　张　智　刘　静
出版发行	中国水利水电出版社 （北京市海淀区玉渊潭南路1号D座　100038） 网址：www. waterpub. com. cn E－mail：sales@ mwr. gov. cn 电话：（010）68545888（营销中心）
经　　售	北京科水图书销售有限公司 电话：（010）68545874、63202643 全国各地新华书店和相关出版物销售网点
排　　版	中国水利水电出版社微机排版中心
印　　刷	清淞永业（天津）印刷有限公司
规　　格	210mm×285mm　16开本　14.75印张　363千字
版　　次	2014年5月第1版　2023年8月第3次印刷
印　　数	5001—7000册
定　　价	**68.00**元

本书编委会

主　　编　王红英　湖北工业大学

吴　巍　湖北工业大学

祁焱华　中国地质大学江城学院

副 主 编　陈　烨　湖北工业大学

张　智　华中科技大学武昌分校

刘　静　中国地质大学江城学院

参编人员　吴　越　中南建筑设计院

郑雅慧　烟台大学

胡爱萍　武汉城市职业学院

郭　凯　湖北工业大学

刘俊骏　湖北工业大学

前言

近年来，开办风景园林、园林景观设计相关专业方向的院校越来越多，这些院校包括艺术类、农林类、理工类及综合类院校。各校强调的学科知识点和专业技能不尽相同，相关专业方向名称有园林景观设计、风景园林、景观建筑设计、景观规划与设计、外部环境设计、环境艺术设计等。风景园林是一个快速发展的学科且正处于良性发展阶段，正在形成学科共性和标准体系。

未来20年，我国城市建设总量依旧保持快速发展的趋势，建设行业的人才需求促进了风景园林设计类教育的规模化。而同时，市场需求也越来越多元化和复杂化，强烈需要具备专业素质、高水平应变能力和敬业精神的风景园林类高级设计师。这种形势下，2012年教育部明确将建筑学、城乡规划学和风景园林学并列设置为一级学科，将原有的景观建筑设计、景观设计、风景园林三个学科（方向）统一规范为风景园林一级学科，同时明确指出，风景园林本科专业可同时从理工类和艺术类进行招生和培养，这份国家教育部门对风景园林专业的指导性、规范性、纲领性文件，保证了风景园林学科健康可持续发展。

参加本教材编写工作的人员都是景观设计的一线教学人员和设计人员，具有较高的理论水平和丰富的设计经验。编写人员及其分工如下：王红英负责全书统稿和组织并编写第1章、第4章、第5章，吴巍和祁焱华共同编写第3章、第6章、第10章，陈烨和刘静共同编写第2章、第7章、第11章，王红英和孙双燕共同编写第9章，张智编写第8章，吴巍和吴越整理12章，另外还有胡爱萍、郑雅慧、郭凯、刘俊骏、肖茜文、郭声蒿等参与了编写工作。

本教材在编写过程中得到了中南建筑设计院股份有限公司的庄苇、刘菁、吴越等的支持，得到奥雅设计集团、武汉天地大美景观艺术设计有限公司、金地集团华中区域地产公司提供资料，在此向以上单位致谢。

本教材在编写过程中还参考了大量的相关书籍和资料，在此向有关作者深表谢意。

由于时间仓促和编者水平有限，书中若有不妥之处，敬请广大读者批评指正并提出宝贵意见。

编者

2014年3月

目录

第1章

风景园林概述

1.1 风景园林相关概念

1.1.1 园林

根据篆体“园”字理解的含义为“囗”表示围墙（人工构筑物），“土”表示地形变化，“口”是井代表水体，“衣”代表树木和枝杈（见图1-1）。由此看出在限定的范围内，通过对地形、水体、建筑、植物的合理布置而创造的可供欣赏的环境综合体就是园林。

图1-1 中文篆体“园”

“沙丘苑台”是见于文字记载最早的园林形式，纣王还在沙丘苑囿内栽种了树木，放养了供狩猎的禽兽，建造了宫馆，沙丘苑台构成了“游猎、观赏、祭祀、憩、戏”等功能（见图1-2）。公元前2600年前，埃及在高阜上神殿周围栽植圣林，与中国古代的“园囿”一起，这些都是园林的雏形。（建章宫是汉长安城西郊的一处园林式的离宫。发掘面积 $2420m^2$。遗址从南向北由三部分组成，即南部庭院、主体建筑与北部庭院）

图1-2 汉建章宫宫苑复原图

关于园林的定义，很多园林界老前辈、专家都有精辟的论述和详细的分析。

陈从周教授在《园林谈丛》一书“说园”篇中对园林的解释为：“中国园林是由建筑、山水、花木等组合而形成的一个综合艺术品，富有诗情画意。叠山理水要造成虽由人作、宛自天开的境界。”这个定义简介而抽象，概括出园林式综合艺术品，勾勒出园林的精髓。

孙筱祥教授在《园林艺术与园林设计》（北京林学院 1981 年版）绪论中对园林的定义为："园林是由地形地貌与水体、建筑构筑物和道路、植物和动物等素材，根据功能要求、经济技术条件和艺术布局等方面综合自合而成的统一体。"这个定义较详细全面地提出了园林构成与素材，也勾画出园林的精髓与特征。

杨鸿勋教授在《中国古典园林机构原理》书中对园林下的定义为："在一个地段范围内，按照富有诗情画意的主题思想，精雕细刻地塑造地表（包括堆土山、叠石、理水竖向合计）、配置花木、经营建筑、点缀驯兽（鱼、鸟、昆虫之类），从而创造出一个理想的自然趣味的境界。"

张家骥教授在《中国造园论》（1991 年版）对园林的定义为："园林，是以自然山水为主题思想，以花木水石、建筑等为物质表现手段，在有限的空间里，创造出视觉无尽的、具有高度自然精神境界的环境。"这个定义从"园"的有限空间概念、园林创作的主题思想和创作特点、创作成果的特殊性来论述园林的定义与精髓。

1.1.2 景观

词典中的"景"有景物、景色、景象、风景等意思，"观"是人对"景"的主观感受的结果，词典中的"观"含有观察、观测、观摩、观赏、观光等意思。在英语中，"景观"一词来源于"风景"，牛津词典解释为"大地某一地区的景色"，韦伯斯特英语大词典的解释是能用一个画面来展示，能在某一视点上可以全览的景象。15 世纪，欧洲风景画兴起，使"景观"成为绘画专用术语。18 世纪"景观"的含义发生了转变，它与"园艺"紧密联系在了一起。19 世纪下半叶，景观设计学的诞生，使"景观"与设计结合得更加紧密。

不同历史时期、不同学科领域的学者对"景观"都采取着不同的认知含义：地理学家把景观定义为一种地表景象；建筑师把景观看作建筑的背景；生态学家把景观定义为生态景观；艺术家则把景观看作表现得风景。

出于研究视角的不同，不同专业背景、行业方向对景观也有着不同的理解。哈佛大学景观设计学博士、北京大学俞孔坚教授从景观的艺术性、科学性、场所性及符号性入手，阐述了景观的多层含义。

1.1.2.1 景观的视觉美含义

景观是视觉美的感知对象，具有形式美感的景物往往能引起人的视觉共鸣。视觉审美又传达出人类的审美态度，不同的文化体系、不同的社会阶段、不同的群体对景观的审美态度是不同的。透视原理的发明，使理想城市的模式成为一个数学的、完全几何的、围有城墙的图案，来源于西方的基于透视学、遵循比例关系的构图呈现出几何的、规则的形式。17 世纪在法国建造的凡尔赛宫就是一典型案例，代表了路易十四及其贵族们的审美态度和标准（见图 1－3）。

1.1.2.2 景观作为栖居场所的含义

景观是人与人、人与自然关系在大地上的烙印，每一景观都是人类居住的家（Meinig，1976），或者说是潜在的"家"。是人与这片大地的自然山水环境，以及人与人之间经过长期的相互作用过程形成的。中国古代山水画把可居性作为画境和意境的最高标准，所谓"山水有可行者、有可望者、有可居者、有可游者……但可行可望不如可居可游之为得"（郭熙、郭思《林泉高致》）。哲学家海德歌尔的栖居概念就是栖居的过程实际上是人与自然的力量与过程相互作用，以取得和谐的过程，大地上的景

图1-3　景观的视觉形式感

观是人类为了生存和生活而对自然的适应、改造和创造的结果（见图1-4）。

图1-4　景观作为栖居场所

1.1.2.3　景观作为生态系统的含义

在一个景观系统中，至少存在着五个层次上的生态系统：第一是景观与外部系统的关系；第二是景观内部各元素之间的生态系统；第三是景观单元内部的结构与功能的关系；第四是生态关系存在于生命与环境之间；第五种生态关系在于人类与环境之间的物质、营养及能量的关系（见图1-5）。

图1-5　景观作为生态系统

1.1.2.4　景观作为符号的含义

景观是一种文化现象，文化景观是人类传播文化信息的符号。景观作为人类生活方式的物质媒介，其符号特征是显而易见的。景观借助植物、水体、地形、景观建筑、雕塑和小品、山石等这些实体符号，通过这些实体符号单体有机组合，结合这些符号所传达的意义来组成一个更大的景观符号系统，

图 1-6　武汉长江纤夫雕塑景观

构成充满意味的生活场景（见图 1-6）。

景观有自然和人文两个不同的属性特征，自然景观包括天然景观（如高山、草原、沼泽、雨林等），如云南省罗平油菜花景观，一望无际的金黄色花海，生机盎然，变化万千；云南省中甸的梅里雪山、丽江的玉龙雪山、四川省的四姑娘山等，长年积雪，到处显示出雄、险、秀、奇、幽等特色；人文景观包含范围比较广泛，如人类的栖居地、生态系统、历史古迹等。在漫长的历史过程中人类对自然环境的改造从无间断，这便造成了自然景观与人文景观相互交融的现象（见图 1-7~图 1-10）。

图 1-7　普罗旺斯薰衣草景观

图 1-8　公园景观

图 1-9　苏州山塘街景观

图 1-10　农业大地艺术景观

追根溯源园林在先、景观在后，风景园林的形态演变可以用简单的几个字来概括，即“圃—囿—园—林”。最初是囿和圃，圃就是菜地、蔬菜园；囿就是把一块地圈起来，里面的动物起初是野生的，后来逐渐驯化变成家养，人们从在囿中打猎这一基础上，进一步人工加以取舍浓缩而成园，保护培育而成林，从中不难看到“圃—囿—园—林”这样一个来龙去脉。到了现代又有了新的发展，有了规模更大的环境包括区域的、城市的、古代的、现代的，凡此种种加在一起，就成了今天所关注的园林景观。

从传统造园到现今的风景园林设计、园林景观设计，无论从概念上，还是含义与表达上，它的内涵、外延意义均已扩展与延伸，这说明一种事物在长期的发展过程中的变迁。

1.1.3 风景园林

风景是指经地球演化形成的自然地形、地貌、河流、植被等，是自然界按自身客观规律演替，给人的主观意识以美感的景致。风景是辽阔无际没有边界的，是远距离观赏或者俯瞰的广阔视域。风景是客观存在的但却不是从来就有的，它是伴随着人类文明发展史而逐渐产生的。

园林是具有花、草、树木美好景物的、有边界范围的地域，是即经过了人工雕琢痕迹、又保留自然面貌的特定范围，在古代社会表现为私人的住宅庭院，例如南京的瞻园、苏州的拙政园等，在现代社会的园林往往表现为城市公园以及城市公共绿化空间（见图1－11和图1－12）。

图1－11 南京瞻园

图1－12 苏州拙政园

在汉语里，“风景”、“园林”这两个词汇起源于魏晋南北朝时期，中国的文人写意自然山水园林也诞生在这个时代。“风景”与“园林”两者即区别又联系，“风景区”是人为划定的观赏大自然美景的区域，而非观赏人工建造景观的区域，例如黄山、张家界等。不可以把风景区作为园林进行景观设计，风景区只能够“规划”，自然风景是不可以“设计”的，不可以在风景区内堆砌假山、甚至人造假树，也不可以把风景区作为公园进行园林景观设计。

时至今日在参考相关资料的基础上，风景园林学的定义日渐清晰。风景园林学是关于土地和户外空间设计的科学和艺术，是一门建立在广泛的自然科学和人文艺术学科基础上的应用学科。它通过科学理性的分析、规划布局、设计改造、管理、保护和恢复的方法得以实践，其核心是协调人与自然的关系。它涉及气候、地理、水文等自然要素，同时也包含了人工构筑物、历史文化、传统风俗习惯、地方色彩等人文元素，是一个地域综合情况的反映。因此，风景园林学是一个涉及多学科的、多知识的相对复杂的应用科学。

随着风景园林学的整合与发展，学科框架体系将得到进一步的规范和统一，我们期待这一传统而现代学科被赋予丰富内涵和定义。

1.2 风景园林学科演进

1.2.1 奥姆斯特德与 Landscape Architecture

在英文中，风景园林相关名称有：Landscape Architecture、Landscape Planning、Landscape Ecology。

Landscape planning，涉及大尺度范围的地域环境规划。

Landscape Architecture，涉及范围相当于中国的“设计”和“详细规划”，这里不包括整个区域内的自然资源保护、土地利用规划与风景规划，不包括使地貌植被等各种自然因素与人工建设环境的规划。

Landscape Ecology，景观生态学在现代生态学分类体系处于应用基础生态学的地位。

Landscape Architecture 是 19 世纪 F. L. 奥姆斯特德（Fredick Low Olmosted）创建的学科，这门学科有较深刻的科学内涵，其前身是英国的 Garden Design，英国“花园设计”早先是对贵族别墅周围的花园景观设计。他广泛游历、访问了许多公园和私人庄园，他学习了测量学和工程学、化学等，并成为了一名作家和记者。由于奥姆斯特德在学界的重要影响，在 1857 年秋天获得纽约市中央公园的主管职位和设计工作，该公园于 1876 年全部完工（见图 1-13 和图 1-14）。

图 1-13　纽约中央公园鸟瞰

图 1-14　纽约中央公园内景

（纽约中央公园坐落在摩天大楼林立的曼哈顿正中，号称纽约的“后花园”，面积广达 843 英亩，是一块完全人造的自然景观，是纽约最大的都市公园，也是纽约第一个完全以园林学为设计准则建立的公园。纽约的报纸称它是“一座人民的公园，城市的绿肺，男女老少、各阶层人民的休闲场所，是一个给任何人以同等机会的游乐场所，是一个浪漫极致的创造，也是一杯提神的饮料”。纽约中央公园的意义不仅在于它是全世界最著名的城市公园，还在于在其规划建设中，诞生了一个新的学科——景观设计学（Landscape Architecture）。

图 1-15 奥姆斯特德

奥姆斯特德在意识到当时城市发展和居民城市环境的新需要，意识到历史上以往的“Garden Design”概念和研究范围已不能适应新的形势，Olmsted 创建的这门学科，完全突破了原有住宅花园的设计范围，还进一步包括有城市公园、公共绿化广场、自然风景游览、历史古迹保护等景观规划，当然也还包括各种规模的私人花园设计。在奥姆斯特德 30 多年的景观规划设计实践中，他还设计了布鲁克林的希望公园、芝加哥的滨河绿地及世界博览会等，是美国景观设计师协会的创始人和美国景观设计专业的创始人，在这些影响下，他被誉为“美国景观设计之父”（见图 1-15）。

景观建筑师们在城市广场、公园、校园、居民生活区以及自然保护区方面创造出一系列成功的景观设计作品，使“景观建筑师”作为一种职业称呼在欧洲产生巨大影响，标志着现代景观设计的产生，也奠定了景观建筑学作为一门单独学科的基础。

哈佛大学采取了建筑学、风景园林和城市规划设计三学科携手并进的设置方式。1900 年，哈佛大学的劳伦斯科学学院（Lawrence Scientific School）设立了景观设计学的理学学士学位（Bachelor of Science of Degree in Landscape Architecture，BSLA），1908～1909 学年开始设立硕士学位（Master in Landscape Architecture，MLA）。BSLA 与 1893 年开始的建筑学理学学位并行，又于 1929 年从 LA 中衍生出独立的城市规划专业。后来到 19 世纪 20 年代，三个学科已经存在了某种程度上的合作，许多老师都在三个专业中兼课，学生也可以跨专业自由选课。1936 年，哈佛大学将建筑、景观设计和城市规划设计合并，组建为设计研究生院（Graduate School of Design）。这种学科设置，保持了 LA 较独立的设计学科地位，并加强了与建筑、规划学的联系，为许多学校仿效。

1.2.2 我国风景园林学科演进

在我国，目前风景园林主要从事下列两项工作：一是保护和规划国家、地方风景名胜区，国家自然保护区、国家森林草原、牧场、湿地、河流湖泊、海滨、岛屿等原始地区；二是城市绿地系统、城市公园、居住区园林、郊野风景规划，工矿、机关、医院、学校、旅游休闲胜地、度假村等园林绿地设计。由此来看，Landscape Architecture 的内涵与我国的风景园林研究内容目标相对一致。

20 世纪 50 年代，国内专家提出“园林”一词，一直持续到 80 年代大学里园林专业的正式确立，在 80 年代末，正式定名为“风景园林”，并成立“中国风景园林学会”。2012 年，教育部在新的专业调整中，确定了风景园林学这一学科的正式命名。中国的风景园林学科，在打开国门面向世界的时候，对传统的中国风景园林带来新的冲击和新的活力。

汪菊渊先生对园林教育界影响深刻，自 1951 年起与清华大学营建系联合试办造园专业。20 世纪 80 年代初期，在编写和协调《中国大百科全书——建筑·园林·城市规划卷》的时候，汪菊渊认为园林学的研究范围随着社会生活和科学技术的发展而不断扩大，并将风景园林学科领域确定为“传统园林学、城市绿地规划和大地景物规划”三个层次。

2007年，中国风景园林学会根据改革开放20多年来学科领域的拓展与深化，对汪菊渊先生提出的三个层次作进一步补充说明。

李嘉乐提出：在教学和科研的专业设置方面，把风景园林划分成造园学、风景园艺学、城市绿化专业、大地景观规划专业四个分支学科。

孙筱祥提出：风景园林学科的核心包括地球表层规划、城市环境绿色生物系统工程、造园艺术三部分。

金柏苓提出：园林学的核心知识领域包括四个方面包括与营造艺术有关的知识、与植物有关的知识、与园林历史文化有关的知识、营造风景所需要的技术和知识。

刘滨谊提出：专业实践有三大基本领域和九项重点分支领域，其中三大基本领域为资源与保护、规划与设计、建设与管理。

吴承照提出：现代风景园林学的实践领域主要包括城市开放空间领域、遗产保护与管理领域、区域景观规划领域、户外游憩与旅游区规划领域、城市规划设计、建筑设计，其中的主要战场包括城市景观、自然风景区以及休闲游憩地规划设计。

2004年，高等学校景观学（现风景园林）专业教学指导委员会制定的本科教育培养目标中对专业毕业生所能从事的领域做了相关规定，指出毕业生能从事景观规划、设计、管理和研究工作，并具有国土与区域景观规划、城市景观规划与设计、场地规划与设计、自然与文化遗产保护管理、游憩与旅游规划设计等工作的基本能力。

2005年，风景园林硕士专业学位的设置方案中，对风景园林专业背景的毕业生所从事的主要专业领域范畴作了说明。提出了硕士专业毕业生主要服务的领域包括：园林植物（观赏树木、花卉、草坪）应用；城市绿地系统的规划、建设与管理；风景资源（文化与自然遗产、风景名胜区、森林公园、自然保护区、地质公园、水利风景区等）的规划、保护、建设与管理；城市景观设计；景观建筑规划设计、建设与管理；生态区域（绿色廊道、防护林网、大地绿化、生态示范区等）规划设计、建设；古典园林的规划设计、建设、保护与管理。

2010年全国高校建筑学、城市规划、风景园林专业指导委员会首次联席会议在同济大学召开。通过多方位的研讨，专家一致认为风景园林学与建筑学和城市规划的内涵有密切的关联性，但不能替代和从属。快速城市化进程中，三者的研究领域和研究内容都已经发生了很大的变化，目前已经形成了三位一体、三足鼎立的格局。风景园林学注重研究户外自然和人工领域，综合考虑气候、地形、水系、植物、场地容积、视景、交通、构筑物和居住等因素在内的景观区域的规划、设计、建设、保护和管理。该会议直接影响了在2012年教育部新的专业调整中风景园林学这一学科的正式命名。

1.3 风景园林与相关学科

风景园林学的产生和发展有着相当深厚宽广的知识底蕴，包括了哲学中人们对人与自然之间关系即人地关系的认识，在艺术和技能方面一定程度上得益于美术（画家）、建筑、城市规划、园艺以及近年来兴起的环境设计等相关专业。美术（画家）、建筑、城市规划、园艺等专业产生和发展的历史比较早，尤其在早期，建筑与美术（画家）是融合在一起的。城市规划专业也是在不断的发展中才和建筑专业逐渐分开的，这种分工在中国目前体现的还不是十分明显。理清风景园林学和各专业方向之间的关系，综合建筑设计、城市规划、城市设计、市政工程设计、环境设计、园林植物学等相关知识，推进风景园林学科进一步发展。

1.3.1 设计学（环境艺术）

设计学一级学科包括的方向较为宽泛，有平面设计、环境艺术设计、景观设计、产品设计等。环境艺术设计的叫法，始于20世纪80年代末，当时的中央工艺美术学院室内设计系为仿效日本，而将院系名称由“室内设计”改成“环境艺术设计”。一时间，全国众多设计院校步其后尘、纷纷效法。改名称成了时髦，一阵风似的，很少有人冷静思考。几个认为改名不妥的专家出来呼吁也没人听，几年后，连那些当年积极带头的人也觉得改的不妥当。

在中国，所谓的“环境艺术设计”指室内装饰、室内外设计、装修设计、景观园林、景观小品（场景雕塑、绿化、道路）、建筑装饰和装饰装潢等，是围绕建筑所进行的设计和装饰活动。笼统地讲即室内装修和室外装修，学科内容具体分室内设计和景观设计，外部的环境艺术设计称之为“景观艺术设计”（见图1-16），内部的环境艺术设计称之为“室内设计”（见图1-17）。

图1-16 环境艺术设计滨水景观

图1-17 室内设计效果图

由此看来，设计学环境艺术设计学科方向与风景园林学学科有着共同的研究内容，那就是园林景观设计。通过分析，环境艺术背景下的园林景观设计遵循艺术的造型规律和设计方法，风景园林学的园林景观设计更加关注物质空间的整体设计，利用科学、理性的思维和方法进行综合分析来解决问题，并不完全依赖设计师的艺术灵感和情感。

1.3.2 建筑学

建筑活动恐怕是人类最早的改善生存条件的实践活动了。地球上不同种族的人们，在经历了上百万年的尝试、摸索之后，终于在这种尝试活动中积淀了丰富的经验，为建筑学学科的诞生和人类的进步做出了巨大的贡献。

建筑作品的主持完成，开始是由工匠或艺术家来负责的。在欧洲，随着城市的发展，这些工匠和艺术家完成了许多具有代表性的建筑和广场，形成了不同风格的建筑流派。建筑与城市规划是融合在一起的，但是在那时，由于城市规模较小，城市建设在某种意义上就是完成一定数量的建筑。工业化以后，由于环境问题的突现以及后来20世纪的第二次世界大战，人们开始对城市建设进行重新的认识。

图1-18　建筑师埃比尼泽·霍华德

英国伟大的花园城市理论创始人埃比尼泽·霍华德（Ebenezer Howard，1850—1928）（见图1-18），他创立的花园城市理论对世界城市建设和城市规划产生了重大影响。霍华德《明日的花园城市》讲到城市的生长应该是有机的，一开始就应对人口、居住密度、城市面积等加以限制，配置足够的公园和私人园地，城市周围有一圈永久的农田绿地，形成城市和郊区的永久结合，使城市如同一个有机体一样，能够协调、平衡、独立自主地发展。直到建筑与城市规划逐渐相互分离，各自有所侧重，建筑师的主要职责就专注于设计居于特定功能的建筑物，例如住宅、公共建筑、学校和工厂等。

建筑学从广义上讲是研究建筑及其环境的学科，主要是综合运用科学、技术、艺术和人文等相关学科知识构建人们的生活、工作、居住空间，设计具有特定功能的建筑物。景观建筑学在建筑学的基础上，更加关注安排土地以及土地上的各种物质要素和空间，并对大面积的土地利用和生态、生物等学科问题进行广泛研究。

1.3.3　城市规划

城市规划虽然早期是与建筑结合在一起的，但是无论是欧洲还是亚洲国家，都有关于城市规划思想的发展，而当前的城市规划考虑的是为整个城市或区域的发展制定总体计划，更偏向社会经济发展的层面。

城市规划研究并确定城市性质、规模和发展方向，注重在协调城市的现实与发展目标基础上，科学合理地规划城市物质空间布局和各项建设的综合布置和具体安排，并从宏观政策上控制、指导和管理规划的实施（见图1-19）。

图1-19　日照市中心城区（南）远景规划图

城市规划与风景园林学是相互渗透的关系，城市规划中的详细规划对景观的形成有潜在的控制作用，随着景观意识的增强，园林景观设计在城市规划体系中的地位逐渐上升。城市规划是园林景观设计的前提，园林景观设计是城市规划的深化和完善，城市规划是大的方向，园林景观设计是局部的细化。

随着我国社会经济的发展及旅游业的兴起，城市规划与风景园林设计的联系更加密切，山水型园林景观城市的规划越来越受到人们的重视与欢迎，这从另一方面也促进了风景园林设计这一学科的迅速发展（见图 1－20）。

图 1－20　宏观景观规划——美国费城开放空间

1.3.4　市政工程学

市政工程包括：城市的交通、供电、燃气、供热、通信、给水、排水、防灾、环境卫生设施等工程以及这些工程管线的综合。城市交通工程系统承担着保障城市日常的内外客货运交通的职能；城市给水排水工程系统承担供给城市各类用水、排涝除渍、治污环保的职能；城市供电、燃气、供热工程系统共同承担着高能高效、卫生、可靠的能源供给的职能；城市通信工程系统担负着城市各种信息交流、物品传递等职能；城市环境卫生工程系统担负着处理污废物、洁净城市环境的职能（见图 1－21）；城市防灾工程系统担负着防、抗自然灾害和人为灾害，减少灾害损失，保障城市安全等职能。

市政工程学还包括管线综合的内容。大部分工程管线都在城市道路的上部和下部空间中通行。在有限的通行空间中，要确保各种管线的通行安全，连接便利，互不干扰，就必须要进行城市工程管线综合工作，从水平方向和垂直方向上，综合及合理地布置各类工程管线，既保证本系统工程管线衔接，又便于各系统工程管线彼此交叉通过。

1.3.5　植物学（园艺）

植物学是生物学的分支学科，其目的在于开发、利用、改造和保护植物资源，让植物为人类提供更多的食物、纤维、药物、建筑材料等，从而体现出生命的成长与繁衍的本质。

图 1－21　日照市（南）城市环卫设施专项规划图

植物学对科学性及艺术性的要求都比较明显，植物的选择和配置涉及到植物学相关知识，如植物生物学特征生态习性等科学性问题，也涉及到了美学中的有关意境、季相、色彩对比等艺术性问题。

植物景观设计与园林艺术目的相同，在园林设计中植物起着决定性的作用，人们运用乔木、灌木、藤本以及一些草本植物等素材，结合艺术手法考虑生态因子的作用，充分发挥植物本身的形体、线条、色彩等方面的美感，创造出与周围环境相适应、相协调、表达一定意境或具有一定功能的艺术空间（见图 1－22）。

图 1－22　植物景观设计

在景观要素中，宏伟的或造型新颖的建筑或构筑物，华丽的铺装或是新颖独特的小品等，往往给游人留下较深的印象，人们在欣赏它们的同时却忽略了植物景观，但不管是什么原因，不管是现在还是未来，植物景观由于它的特殊性，是其他造景手法无法比拟的，其在风景园林景观设计中的地位和作用将更加突出和重要。

第2章

风景园林历史与发展

传统的世界园林分为三大体系：东方园林体系、西亚园林体系、西欧园林体系。东方园林体系以中国为代表，影响到日本、朝鲜、东南亚地区，以自然式园林为主，典雅精致，意境深远。西亚园林体系以伊拉克、波斯为代表，影响到中东地区，主要是花园和教堂，形成了伊斯兰教的园林特色。西欧园林体系以英国、法国和意大利为代表，以规则式的建筑和植物配置为主，布局有明显的中轴线，严格对称。

本章重点从中国古典园林、西方古典园林、日本古典园林展开，简要阐述风景园林历史与发展。

2.1 中国古典园林

2.1.1 中国古典园林发展

2.1.1.1 萌芽期

中国园林可追溯到公元前殷商时期，当时出现了种植蔬菜瓜果用的“园圃”，用于农业生产，随后官宦贵族们为了狩猎的需要，圈地放养禽兽称为“囿”。这些在功能上还不是真正意义上的园林。后来单纯的狩猎已经不能满足贵族们的需要，园囿逐渐增加了其他的功能，模仿自然环境的池沼楼台开始出现，植物的栽植也开始有意识地进行，中国传统园林的雏形基本形成了。

中国早期园林，从狩猎到农耕，从原始的自然崇拜到帝国的封禅活动，把早先的狩猎、生产、通神、求仙逐渐转化为以游憩、观赏的自然景观发展为园林的雏型。

2.1.1.2 形成期

春秋战国时期的园林既有土山又有池沼或台，自然山水园林已经萌芽，在园林中构亭营桥，种植花木。园林的组成要素已初步具备，不再是简单的囿了。

秦汉时期，出现了大批规模巨大、形态优美的园林，诸如秦时的阿房宫，汉时的上林苑，园林艺术有了进一步的发展。秦始皇时期博采各国修筑的园林经验，修筑了中国建筑史上的璀璨明珠阿房宫，后虽毁于秦末战火，但也无法抹杀其在中国园林史的重要地位（见图2-1）。到了汉代，宫苑建设在秦朝基础之上又有所发展，在秦朝上林苑的基础上对其进行了大规模的改建与扩建，建成了我国古典园林早期皇家园林的代表之作——上林苑。上林苑非常注重水景的处理和园林植物的应用，水面的划分和空间的处理也开始注重意境的营造，植物配置上也是搜罗全国奇树异物增加宫苑的趣味性。上林苑是对秦时园林建筑艺术的继承与发展（见图2－2）。

图2－1　阿房宫假想图

图2－2　上林苑示意图

秦汉时期是中国园林的形成时期，这个时期园林面积大，周围数百里，保留囿的狩猎游乐的内容，并且善于利用自然，有了散布在广大自然环境中的建筑组群。苑中有宫，宫中有苑，离宫别馆相望，周阁复道相连。

2.1.1.3　转折期

魏晋南北朝时期是中国造园史上的重要转折期。汉末军阀分治与长期混战，人们对社会现实产生厌恶感，文人墨客转而追求返璞归真的自然思想与田园生活，加上当时自然山水画的发展，使中国园林开始向模拟自然山水的方向发展。

魏晋南北朝时期的园林发展主要有以下5个特征。

（1）园林的规模由大入小，园林的造景由过多的神异色彩转化为浓郁的自然气氛，创作方法由写实趋向于写实与写意相结合。

（2）园林由以前的粗放转变为较细致的、更自觉的经营，造园活动完全升华到艺术创作的境界。

（3）皇家园林的狩猎、求仙、通神的功能基本消失或仅保留其象征意义，游赏活动成为主导甚至唯一的功能。

（4）私家园林开始兴起，从利用自然发展到模仿自然环境的阶段，筑山造洞和栽培植物技术有了较大的发展，造园主导思想侧重于追求自然情致，产生了“自然山水园”。

（5）佛教、道教盛行，寺观园林兴起，寺观园林拓展了造园活动的领域。

2.1.1.4　成熟期

隋、唐、宋、元时期，稳定的社会经济文化发展使得中国古典园林渐趋成熟，形成了完整的体系与理念。隋、唐、宋、元时期是中国园林发展的兴盛时期。

隋朝虽然统一时间较短，但隋炀帝热衷修建园林宫殿，也为后世留下了大量的建筑文化遗产，如隋炀帝的洛阳西苑，规模巨大，仅次于汉武帝的上林苑。

唐朝是我国封建社会的鼎盛时期，文学、音乐、绘画等各种形式的创作活动非常兴旺，这些艺术对于建筑和造园手法产生了极大的影响。盛唐与中唐时期，文人为官众多，他们为了满足精神追求，开始修建庄园，奠定了宋之后文人园林的基础。这一时期，寺观园林也得到了更进一步的发展，城市寺观也成为了大众休闲的主要公共空间。安史之乱唐玄宗入蜀避难，大批中原达官贵人与文人墨客入川，促进了四川文化与园林的进一步发展，逐渐形成了“格调高雅、意在笔先、灵活多变、朴素自然、古雅清旷、飘逸乡情”的川派园林风格。

宋、元时期我国诗词与绘画艺术发展到一个高潮期，园林成为更好实现思想境界的首选形式，人们将诗歌与绘画中的意境用园林的理水堆山等手法表现得淋漓尽致，极大地推进了造园艺术的发展。但由于经济水平受到战乱等因素影响，所以在气势和规模均不比前朝，他们将更多的心思用在了园林的规划设计上，追求园林的小巧精致。宋朝时期还存在另外一种园林形式，这种园林结合城市近郊风景建设自然风景园，其典型代表为杭州西湖。苏东坡在任杭州知州时，将西湖一带自然风景在前朝建筑的基础上，继续加以人工组织修建了白堤等自然景点（见图2－3和图2－4）。

图2－3 杭州西湖

图2－4 杭州西湖白堤

元代继承宋代文人造园的传统，成为抒发胸怀的载体，造园艺术得到了继承与进步。私家园林有了进一步发展，代表作为苏州的狮子林。狮子林为苏州四大名园之一，始建于元代至正二年（1342年），虽历经历史沧桑至今仍为世界名园。狮子林四周高墙深宅，曲廊环抱，以中部水池为中心叠山造屋，移花栽木架桥设亭，使得全园布局紧凑富有“咫足山林”的意境（见图2－5和图2－6）。

图 2-5 狮子林（1）

图 2-6 狮子林（2）

2.1.1.5 高峰期

明、清时期是中国园林发展的稳定高峰期。这一时期中国的造园活动大致可按地区分为三个方面，一是以北京为中心的皇家园林，二是以江南园林为代表的私家园林的兴盛，以及寺观园林的发展。

1. 皇家园林

皇家园林属于皇帝和皇室所有，称为苑、苑囿、宫苑、御苑、御园等，都称为皇家园林，明清时期皇家园林最杰出的代表为颐和园、圆明园以及承德的避暑山庄。

颐和园原名清漪园，始建于清乾隆十五年（1750 年），历时 15 年竣工，是北京的一处规模浩大的皇家园林，是中国现存规模最大、保存最完整的皇家园林。利用昆明湖、万寿山为基址，以杭州西湖风景为蓝本，高度体现“虽由人作，宛自天开”的造园准则，汲取江南园林的某些设计手法和意境而建成的一座大型天然山水园，也是保存得最完整的一座皇家行宫御苑，被誉为皇家园林博物馆（见图 2-7）。

图 2-7 颐和园的后湖——苏州街

圆明园原是明代皇族的故园，清康熙在四十八年（1709 年）成为雍正皇帝的赐园，后来经嘉庆、道光、咸丰三朝的增修，成为清代大型御园行宫。圆明园由圆明园、长春园、绮春园三园组成，其平面布局是倒置的“品”字形，占地 5200 亩，建筑面积达 16 万 m^2。园内分布有 140 余处殿台楼阁，亭馆轩榭，拓石垒山，遍植花木，园林建筑有的取自神话传说中的迷宫仙境，有的仿造历代著名山水画中的深山幽谷，有的博彩江南胜景风光，有的兼取欧洲宫苑的富丽豪华，建成景点 100 余处，构成当时举世罕见的园林建筑群，堪称是文化艺术的宝库，被西方人称为“万园之园”。不幸的是，这座举世闻名的园林于咸丰十年（1860 年）遭英法联军的洗劫和烧毁，现在为圆明园遗址公园（见图 2-8）。

明清皇家园林也沿袭了自然山水园的主要特征，承德避暑山庄就是典型的例子。承德避暑山庄，位于承德北，距北京200km以上。是中国古代帝王宫苑，清代皇帝避暑和处理政务的场所，是选就自然山水清幽的天然地址加入人工改造的自然山水宫苑，也是融南北风格一体的艺术作品。在其艺术手法和工程技巧方面充分运用多方因借和对比衬托的组景原则，从而达到情因景出、真假难分的艺术境界（见图2－9）。

图2－8　圆明园效果复原图

图2－9　承德避暑山庄景观

明清皇家园林在造园的分布、形制、尺度、图案以及色彩上都带有明确的皇权特征，相关规定亦非常严格，其皇家园林的特点主要有以下几点。

（1）规模宏大。

皇帝能够利用其政治上的特权与经济上的雄厚财力，占据大片土地面积营造园林而供自己享用，故其规模之大，远非私家园林所能比拟。显而易见，皇家园林的规模是寺庙园林和私家园林所望尘莫及的。而且其规模大小，基本上与历史的向后延续成反比。

（2）建筑富丽。

秦始皇所建阿房宫区，“五步一楼，十步一阁”，汉代未央宫“宫馆复道，兴作日繁”，到清代更增加园内建筑的数量和类型，凭借皇家手中所掌握的雄厚财力，加重园内的建筑分量，突出建筑的形式美因素，作为体现皇家气派的一个最主要的手段，从而将园林建筑的审美价值推倒了无与伦比的高度，论其体态雍容华贵，论其色彩金碧辉煌，充分体现浓郁的华丽高贵的宫廷色彩。

（3）象征皇权。

到了清代雍正、乾隆时期，皇权的扩大达到了中国封建社会前所未有的程度，园林在布局上，遵循中轴对称原则，采取前殿、中殿、后殿格局，突出皇权的至高无上。例如圆明园后湖的九岛环列，象征禹贡九州；东面的福海，象征东海；西北角上的全园最高土山“紫碧山房”，象征昆仑山。整个园林布局象征全国版图，从而表达了“普天之下，莫非王土”的皇权寓意。

2. 私家园林

在北方皇家园林建设兴盛的同时，江南的私家园林也处在一个繁荣的建设时期。江南私家园林是以开池筑山为主的自然式风景山水园林，所建园林大都是城市中建造的宅园，是为地主以及文人士大夫的需要而建造的具有城市山林式的园林，如拙政园、留园、个园、瘦西湖，都是中国私家园林的代表（图2－10）。

图 2-10　拙政园

私家与皇家园林的规模和富丽有着很大区别。私家园林小巧雅致、逸趣横生，追求“虽由人作，宛自天开”的自然意境，园林大多与住宅结合，面积不大，但是借景、对景等设计手法应用娴熟，水面处理灵活多变，建筑形式更是多样化，形成丰富园林景观。

私家园林造园已经达到了自然美、建筑美、绘画美和文学艺术的有机统一，园林面积虽小但设计十分紧凑，空间用了隔、障、通、透等手法，主次分明，建筑物主要集中在水池两岸，水池相隔相映成趣。园内的建筑物有大小、水面的宽度、假山的高度这三者的比例设计协调，因此空间有亲切感；以修身养性，闲适自娱为主要功能；园主多是文人学士出身，能诗会画，善于品评，园林风格以清高风雅，淡素脱俗为最高追求，充溢着浓郁的书卷气。

3. 寺观园林

在皇家园林及私家园林发展的同时，中国的寺观园林也在迅速的发展。寺观园林即佛寺和道观的附属园林，也包括寺观内部庭院和外围地段的园林文化环境。

寺、观既建置独立的小园林一如宅园的模式，也很讲究内部的庭院的绿化，多以栽培名贵花木而闻名于世的。郊野的寺、观大多修建在风景优美的地带，周围向来不许伐木裁薪，因而古木参天绿树成荫，再配以小桥流水或少许亭榭的点缀，又形成寺、观外围的园林化环境，正因为这类园林及其内外环境的雅致幽静而成为“寺观园林”。位于我国杭州西湖西面的灵隐寺是中国佛教著名寺院，也是江南著名古刹之一（见图 2-11）。

与皇家园林和私家园林相比，寺、观园林主要有以下特点。

（1）它不同于禁苑的专供君主享用和宅园的属于私人专用，而是面向广大的香客、游人，除了传播宗教以外，带有公共游览性质。

（2）在园林寿命上，帝王苑囿常因改朝换代而废毁，私家园林难免受家业衰落而败损。相对来说，

图 2－11 杭州西湖灵隐寺一景

寺、观园林具有较稳定的连续性。一些著名寺、观的大型园林往往历经若干世纪的持续开发，不断地扩充规模，美化景观，积累着宗教古迹，题刻下历代的吟颂、品评。

我国明、清园林发展高峰时期，园林发展的显著特点是北方的皇家园林规模庞大，南方的私家园林数量众多且小巧精致。值得一提的是园林创作开始理论化，出现了园林设计方面的专著——明末造园家计成所著的《园冶》，对造园艺术进行了总结，并对以后的造园活动具有指导性作用，它是中国古代留存下来的一部经典园林著作。

2.1.2 中国古典园林地域分类

中国古典园林景观都不是孤立存在的，辽阔的地域和多样的自然条件为园林的发展创造了丰富的条件，不同地域民族文化决定了园林风格的不同。由于中国南北气候地理差异悬殊，经济与文化发展不一，根据不同的地域特点，中国古典园林可分为北方园林、江南园林、岭南园林、巴蜀园林等各种形式。

2.1.2.1 北方园林

北方园林主要以元、明、清三代在北方所建的皇家园林为代表，大多根据自然山水改造而成，规模宏大，气势雄伟平面布局较为严整，建筑壮丽豪华，色彩鲜艳强烈，风格上显得雍容华贵。主要代表有颐和园、圆明园、北海公园、承德避暑山庄等。其基本特点如下所述。

1. 布局特点

北方园林的布局特点主要表现于前朝后寝、轴线对称、一池三山、仿景缩景、障景漏景等方面（见图 2-12）。从内容的布局特点上看，主要表现为儒道佛三家对园林的渗透。

2. 自然特点

相对于南方而言，北方地区雨量较少，湖泊也较少，不可能像江南既有广袤平原，又有纵横水道。水源和水量的限制是北方园林的制约因素。相对于全园面积，北方园林的水面比率是很少的。北方园林的自然优势主要表现为其崇山性。表现在园林的堆山上，园山雄伟，以高、壮为美，山体面积较大。

图 2－12　北海九龙壁——障景

3. 构筑物特点

北方园林构筑物与自然关系密切，防寒是建筑最主要功能，所有建筑六个面都显出抗旱耐雪特征。以防寒为主的建筑朝向都把正立面朝南，背面朝北，正面开门开窗，北面极少开窗。

4. 植物造景特点

由于北方地区纬度较高，寒冷时间较长，花木落叶时间也较长，因此多爱种常绿乔木。北方园林中柳树、槐树、松树、柏树、杨树、榆树等乔木类是用得较多的树种，其中以松柏和柳树最多，因为耐寒性强，能过冬。

2.1.2.2　江南园林

中国古典园林是中国传统文化宝库的一支奇葩，其中，江南园林是最能代表中国古典园林艺术成就的一个类型，它凝聚了中国知识分子和能工巧匠的勤劳和智慧，蕴涵了儒释道等哲学、宗教思想及山水诗、画等传统艺术，自古以来就吸引着无数中外游人。归纳起来江南园林有三大特点。

1. 叠石理水

江南水乡，以水景擅长，水石相映，构成园林主景。太湖产奇石，玲珑多姿，植立庭中，可供赏玩。宋徽宗营艮岳，设花石纲专供搬运太湖石峰，散落遗物尚有存者，如上海豫园玉玲珑，杭州植物园绉云峰，苏州瑞云峰。又发展叠石为山，除太湖石外，并用黄石、宣石等。

2. 花木种类众多，布局有法

江南气候土壤适合花木生长。苏州园林堪称集植物之大成，且多奇花珍木，如拙政园中的山茶和明画家文徵明手植藤。扬州历来以莳花而闻名。清初扬州芍药甲天下，新种奇品迭出，号称花瑞。江南园林得天独厚和园艺匠师精心培育，因此四季有花不断。

3. 建筑风格淡雅、朴素

江南园林沿文人园轨辙，以淡雅相尚。布局自由，建筑朴素，厅堂随宜安排，结构不拘定式，亭榭廊槛，宛转其间，一反宫殿、庙堂、住宅之拘泥对称，而以清新洒脱见称。

2.1.2.3 岭南园林

岭南系我国南方五岭之南的概称，其境域主要涉及福建省南部、广东省全部、广西壮族自治区东部及南部。这里全年气候湿热、冬短夏长，因此岭南园林建筑把通风纳凉作为主要功能，岭南园林不同北方园林的壮丽、江南园林的纤秀，而具有轻盈、自在与敞开的岭南特色。余荫山房与顺德的清晖园、东莞的可园、佛山的梁园一道，合称为清代广东省四大名园，以小巧玲珑、布局精细的艺术特色著称的余荫山房则是清代广东保存原貌最好的古典园林（见图2-13）。

图2-13　余荫山房

岭南园林分为庭院式、自然山水式、综合式几种。综合特色就是园置小巧，做工精良，讲究点景、借景和意境的创造，叠山置石形似神真，山石不高却峰峦起伏，风起云涌，池水不深却如临汪洋；在布局上，以中国传统园林为基础，吸收了西方园林几何规则形的布局，既仿苏杭又效西洋，兼收并蓄；功能上注重园林的实用性、交际性，即使是宅居园林，也是强调其空间的交往环境，而淡化其怡情养性的休闲环境。园林空间将日常功用与悦目赏心有机地相结合起来，达到了雅俗共赏的效果；草木丰富，种类繁多，热带植物繁花似锦、情调热烈，与建筑轻盈秀丽的体量和浓艳华丽的装饰相得益彰，交相辉映。

1. 叠石

园中石景多以英石堆叠而成，造园堆山往往指的是叠石成壁或成峰的假山，少有挖土堆山，故岭南叠石假山多是取其观赏性而不是实用娱乐性。其造景大致分为三类：叠石假山、布点散石和人工筑山。

2. 理水

传统园中理水往往与叠石假山结合在一起成为崖瀑潭景观，而在壁上用英石横砌成三段式，地上凿水潭，泉从壁上落下成三叠泉的形式——英石挂壁，成为岭南园林山水形式的典型代表。岭南庭园理水常采用聚合的方式，房水相伴、山水相依是岭南庭园具有地方特色的理水手法。

3. 建筑

岭南园林的建筑小品一般较为轻盈通透，颜色淡雅，文化氛围浓厚。亭台楼阁、船厅画舫，廊桥等建筑物隐藏于山水浓荫之中，山石湖池则从属之。其建造不以华丽夺人，而以轻盈纤巧、清新旷达、朴素生动取胜。很多建筑物别具一格，不拘于形式，各具情态，装饰上古朴精美、造型各异精雕细刻，通过门窗、花罩、窗作为风景画框而造出一幅美丽的风景画。

2.1.2.4 巴蜀园林

巴蜀指重庆市、成都市、陕西省汉中等地。巴蜀园林历史悠久，发端于先秦时期，经历了秦汉时的形成期，唐宋时的繁盛期，明清时的成熟期，有着独特的艺术风格，古雅清旷，野趣天成。巴蜀古园，存者远甚于岭南，今者与江南园林并驾齐驱，尤以古园为最。

巴蜀园林是中国古典园林体系中重要的类型之一，因为巴蜀地区自然环境优美，园林偏重于借助自然景观，追求“天然野趣”。在长期的发展过程中，巴蜀园林形成了以纪念园林为主体和代表的园林群落。

巴蜀园林的造园手法主要分平地造园和山地造园两类手法。平地积水成湖，积沙成洲，中轴构筑，绕界成院。山地利用山水，借远山、依林泉；平台成层，山路奥曲；建筑穿斗，斜撑辅助，砖石围护而暴露梁架；不尚艳而邻比色，点到为止。汉代之文君井（见图2－14），三国之武侯祠，唐代之杜甫草堂（见图2－15），宋代之三苏祠，明代之桂湖，清代之富顺东湖，民国之夕佳山庄，现代之棠湖，当代之新都文化广场，无不活生生地展现在我们面前。

图2－14　文君井

图2－15　杜甫草堂

2.2 西方古典园林

西方园林与中国园林一样，有着悠久的历史和光荣的传统，是世界园林艺术中的瑰宝。西方古典园林以几何体形的美学原则为基础，以“强迫自然去接受均称的法则”为指导思想，追求一种纯净的、人工雕琢的盛装美。

2.2.1 西方古典园林的起源

在西方园林史中，起源最早应该是古埃及和西亚园林。在考古发现古埃及墓葬壁画中看到古代人对理想环境的表达。在一个矩形的环境中，矩形作为基本图形进行景观塑造，中间是矩形水池，池中分层种植花果树木，并有庄严大门和矩形围墙。整个园林对称严谨，建筑为中轴位置。整个西方古典园林就是沿着这样的路线发展而来（见图2－16）。

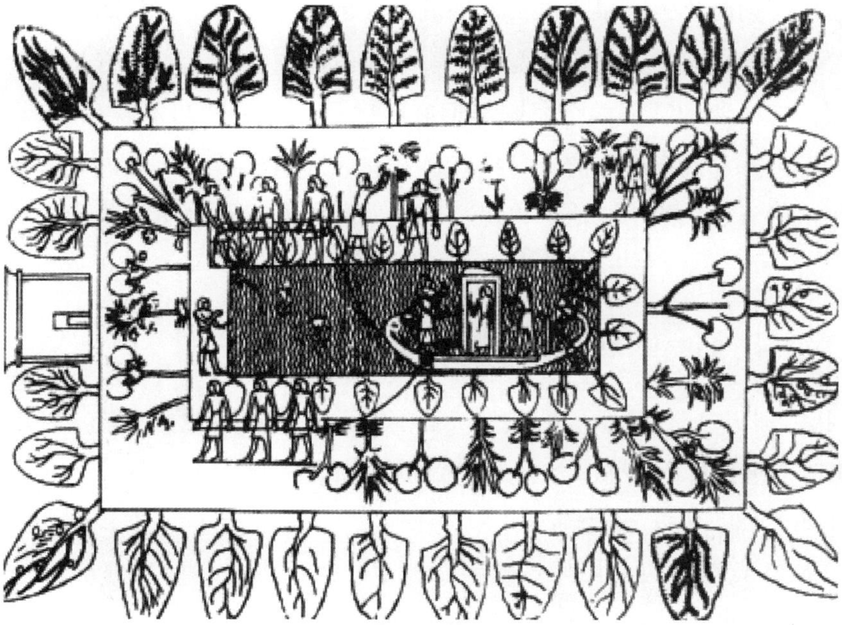

图2－16 古埃及墓葬壁画

2.2.1.1 古埃及墓园、园圃

公元前3000多年，古埃及在北非建立奴隶制国家，到公元前2700多年到前2200多年，形成法老政体的中央集权制。法老（即埃及国王）死后都兴建金字塔做王陵，成为墓园。金字塔四周布置对称林木，中轴线笔直，塔前有广场，与正门对应，造成庄严、浩大的景象，同时反映出当时埃及科学工程技术已发达。

古埃及奴隶主们为了坐享奴隶们创造的劳动果实，一味追求荒诞的享乐方式，大肆营造私园也是其一。到公元前1600多年的埃及，为了农业生产的需要，埃及人注重发展引水及灌溉技术，同时，土地规划也促进了数学和测量学的发展，这在一定程度上也影响到古埃及园林的布局形式，从而建造了具有审美价值的私园。园中种植观赏树木和花草，甚至还饲养动物，具有了观赏和游憩的性质。它们往往还采取方直的规划，开辟规则的水槽并进行整齐的栽植，在搭配鲜花及藤本棚架植物，增加其游览性。

2.2.1.2 西亚地区园林

古代西亚也有花园，位于幼发拉底河和底格里斯河之间的美索不达米亚，早在公元前3500年时，已经出现了高度发展的古代文明，形成了许多城市国家，实行奴隶制。此时奴隶主追求物质和精神享受，在私宅建造游憩观赏的花园。花园内布置整齐美观，引水注园，道路纵横方直，花草树木充满其间。与古埃及文明几乎同时放射出灿烂光辉的，还有古巴比伦文明。作为四大文明古国之一的古巴比伦王国曾创造了无比辉煌的古代文明，而它们创造的园林“空中花园”的景观最具有特色，被誉为世界七大奇迹之一，是当时的尼布甲尼撒二世为王妃建造，为多层重叠的花园所组成。以此为代表的屋顶花园形式也称为古巴比伦最为辉煌的艺术成就。古巴比伦园林，也包括亚述及迦勒底王国时期在美索不达米亚地区建造的园林，形式上大致有猎苑、圣苑、宫苑三种类型，各有其特点。

古希腊通过波斯学到西亚的造园艺术，发展成为住宅内布局规则方整的柱廊园。希腊的柱廊园改进了造园在布局上结合自然的形式，而变成了喷水池占据中心位置，使自然符合人的意志，形成了有秩序的整形园。把西亚和欧洲两个系统早期庭园的形式与造园艺术联系起来，形成桥梁作用。古罗马继承希腊庭园艺术和西亚林园的布局特点，发展成为山庄园林，园内布置规整，花草树木与绿篱的装饰已有很大的发展，园中水池更为普遍，罗马园林体现对自然的热爱，对理想的田园生活的追求。

2.2.2 中世纪时期的欧洲园林

“中世纪”是指欧洲历史上从公元5世纪罗马帝国的瓦解，到14世纪文艺复兴开始大约1000年这段历史。中世纪时期，西方园林在继承古希腊、古罗马的基础上进一步发展。

2.2.2.1 中世纪欧洲园林类型

中世纪欧洲（西欧）前期以实用的寺院庭园为主，后期以简朴的城堡庭园为主，此外还有体现伊斯兰文化的西班牙伊斯兰园林影响显著。在功能特征上园林大体分为两派：一是以意大利为代表寺院庭园时期及随后的城堡庭院时期，这一派的的主要特征是实用性很强，布局简单；二是以波斯，西班牙为代表的伊斯兰园林，这一派园林重视水景的应用，善于利用水景来切割园林的风景。

1. 寺院庭园

伴随古罗马帝国的解体，欧洲封建社会的政权分散独立，而教权则强大而统一，因此在前期，欧洲园林的主要造园活动体现在寺院庭院的兴建上，这一阶段以意大利的巴西利卡寺院、瑞士圣·高尔教堂、意大利罗马圣保罗大教堂为主要代表（见图2－17）。教堂与修道院逐渐增多，这些寺院庭园多以宗教的实用性为目的，建筑物的前面有连拱廊围成的露天庭院，称为“前庭”，不同教派的修道院庭园因教义不同建筑风格上也略有不同。这一时期的寺院庭园主要以实用性为目的，大多由建筑围绕形成中庭，建筑的边界多是柱廊，形式如同柱廊院，中庭的中心位置往往有水池、喷泉等，风格简朴实用。

2. 城堡庭园

随着西欧战乱逐渐平息，城堡庭园的结构由以往的沉重抑郁型转向开敞，变为适宜居住的宅邸结构，而且周围还建造了娱乐设施。庭园布局简单，有栅栏或矮墙围护。除方形花台之外，主要为一个三面开敞的龛座，上铺草皮，用作坐凳。有泉池，充满欢乐气氛。树木一般修剪成几何形。在一些较大庭园中，设有水池，放养鱼与天鹅。

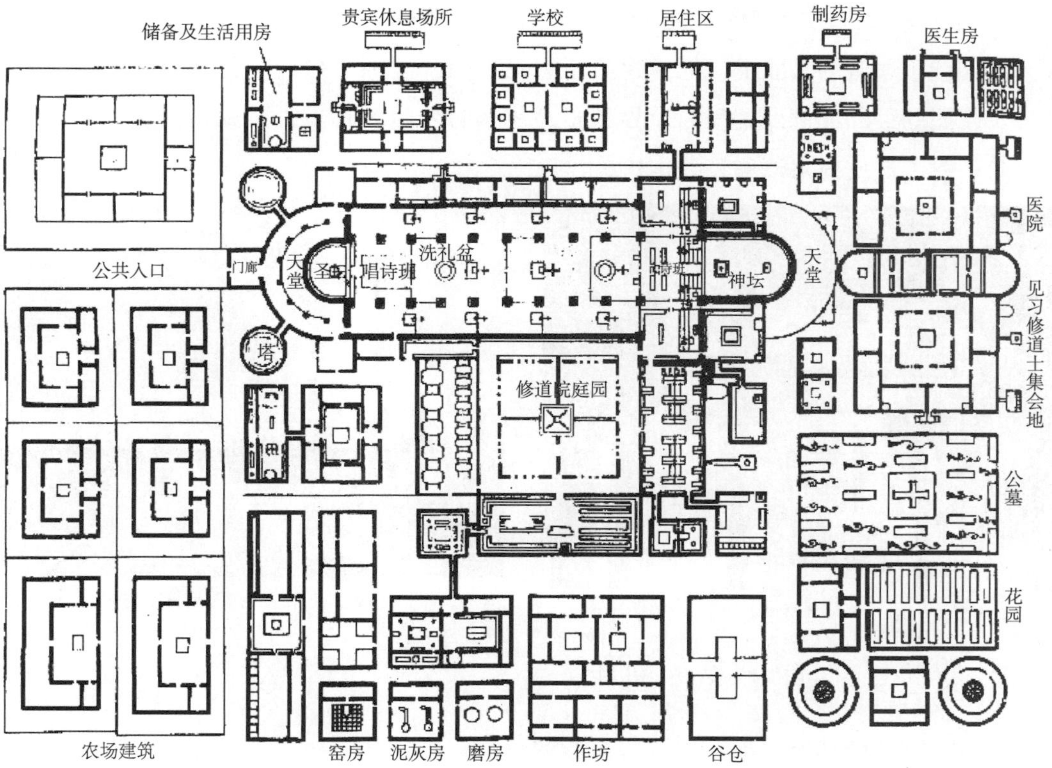

图 2－17　瑞士圣·高尔教堂平面规划图

2.2.2.2　中世纪伊斯兰园林

伊斯兰园林是是古代阿拉伯人在吸收两河流域和波斯园林艺术基础上创造的，是一种受宗教影响很大的艺术形式。它以阿拉伯半岛为中心，遍布亚非，波及欧洲，在全世界已经超过 13 亿伊斯兰教徒居住的地方，都可以看到这种特殊的艺术形式。

1. 波斯伊斯兰园林

阿拉伯人吸收了波斯的建筑园林艺术，称为“波斯伊斯兰式”。波斯地处荒漠高原，干旱少雨，夏季炎热，水成为伊斯兰园林最重要的造园要素。利用沟渠，将水直接灌溉到植物根部。面积小的庭园多呈矩形，以十字形园路划分绿地，路上有沟渠，或者以此为基础对绿地做更多的几何划分。面积大的园林有多个小型封闭院落组成，以小门相通，以隔墙上的花窗和栅格渗透空间，并列排列的小园中尽可能栽植同样的树种，以获得稳定和统一的视图。

2. 西班牙伊斯兰园林

公元 8 世纪初，信奉伊斯兰教的摩尔人入侵伊比利亚大力移植西亚文化，尤其是波斯、叙利亚的伊斯兰文化，在建筑与园林上，创造了富有东方情趣的西班牙伊斯兰样式。封闭的空间，隐秘的氛围；以水体分割空间（交叉或平行的河渠或水渠，其中有喷泉）；道路以有色石子或马赛克铺装，组成图案，用鲜艳的陶瓷或马赛克装饰园林建筑。其中的杰出代表就是位于南部著名古城格拉纳达的阿尔罕布拉宫苑（见图 2–18）。它建造在海拔 700 多米高的山顶上，是伊斯兰建筑艺术在西班牙最典型的代表作，也是格拉纳达城的象征。

3. 印度伊斯兰园林

17世纪，印度领导人巴布尔带来了波斯风格的园林。莫卧尔人在印度建造了两种类型的园林：其一是陵园，它们位于印度的平原上，通常建造于国王生前。当国王死后，其中心位置作为陵墓场址并向公众开放。陵园的最佳实例即是闻名世界的泰姬·玛哈尔陵；其二是游乐园，这种庭园中的水体比陵园更多，且通常不似反射水池般呈静止状态（见图2-19）。

图2-18　阿尔罕布拉宫苑

图2-19　印度泰姬陵

2.2.3　文艺复兴时期的欧洲园林

文艺复兴也在欧洲园林史上留下了浓墨重彩的一笔，意大利园林是文艺复兴时期园林的代表，文艺复兴初期的台地园又最具典型。

台地园一般附属于郊外别墅，多半建立在山坡地段上，就坡势成若干的台地称为台地园。台地园的主要特征是：选址时注意周围环境，多建在郊外风景秀丽的丘陵坡地上；园中多个台层相对独立，没有贯穿各台层的中轴线：建筑与庭院部分都比较简朴，大方，有很好的比例和尺度。

随着社会经济的发展，台地园慢慢的演变为较为规整、宏大的庄园，被称为罗马庄园，埃斯特庄园作为意大利台地园的典范，与兰特庄园、法尔耐斯庄园（见图2-20）并列文艺复兴三大名园。此时的庄园比台地园更加成熟，造园艺术也达到了一个新的层次，同时也表现出一些与初期台地园不同的特色，表现在：布局规整，有明显的中轴线贯穿全园，园中景物对称布置在中轴线两侧；各台层上常以多种理水形式，或理水与雕像相结合作为局部的中心；理水技术成熟，如水景在明暗与色彩的对比；建筑有时作为全景位于最高处；植物造景日趋复杂（见图2-21）。

图2-20　法尔耐斯庄园

图2-21　埃斯特庄园内管风琴喷泉

2.2.4 法国古典主义园林产生与发展

在世界园林体系中，法国古典主义造园艺术在世界园林体系中独树一帜，代表人物是昂德雷·勒诺特尔，代表作品有孚-勒-维宫和凡尔赛园林。17世纪下半叶，古典主义成为法国文化的主导潮流，在园林建筑方面也逐渐形成了古典主义园林风格。18世纪初，由勒诺特尔的学生勒布隆协助德扎利埃编著了《造园的理论与实践》一书，被看作是“造园艺术的圣经”，标志着法国古典主义园林艺术理论的完全建立。

勒诺特尔最重要的成就是将庭园与建筑看成一个整体，来设计雄伟而又统一的景观，并在他的具体设计中得到了成功的体现，为法国国王路易十四设计的凡尔赛花园，成为古典主义的代表。凡尔赛宫包括“宫”和“苑”两部分（见图2-22和图2-23）。广大的苑林区在宫殿建筑的西面，它有一条自宫殿中央往西延伸长达2km的中轴线，两侧大片的树林把中轴线衬托成为一条宽阔的林荫大道，自西向东一直消逝在无垠的天际。林荫大道的设计分为东西两段：西段以水景为主，包括十字形的大水渠和阿波罗水池，饰以大理石雕像和喷泉。东段的开阔平地上则是左右对称布置的几组大型的“绣毯式植坛”。大林荫道两侧的树林隐藏地布列着一些洞府、水景剧场、迷宫、小型别墅等，是比较安静的就近观赏场所。中央大林荫道上的水池、喷泉、台阶、保坎、雕像等建筑小品以及植坛、绿篱均严格按对称均齐的几何格式布局，是为规整式园林的典范，较之意大利文艺复兴园林更明显的反映了有组织有秩序的古典主义原则。

法国古典主义园林多为王室或贵族所建造，代表着造园者的身份与地位，因此园林的规模与规划上都追求宏大气派，气度高雅，豪华而端庄。法国古典主义园林还特别重视植物、雕像、花坛、水景等构园要素的选择与布置。其美学观点为纯自然的不加人工的植物是不美的，因此，植物修剪成几何形式统一布置到整体构图中去。大量使用水景，如水池、喷泉、瀑布等，由于地势低缓，水景多为面积很大的静水，辅以喷泉。

图2-22 凡尔赛园林

图2-23 凡尔赛宫喷泉

2.2.5 英国自然风景式园林的产生与发展

18世纪英国自然风景园的出现，改变了欧洲由规则式园林统治的长达千年的历史，这是西方园林艺术领域内的一场极为深刻的革命。它的产生与当时国内的经济文化发展，文学艺术的影响，以及对中国园林的憧憬与向往密不可分。从时间上看，英国学派园林的发展主要经历了以下几个时期。

2.2.5.1 庄园园林化时期的英国庄园

18世纪初期，英国造园者充分利用开阔起伏的草地，曲折蜿蜒的河岸，成片成丛的树木等自然因素，这种造园艺术对自然美的追求，集中体现为一种“庄园园林化”风格，是英国自然风景式园林的第一个阶段。庄园园林化具有以下特点：①因地制宜，力图改变古典主义园林千篇一律、千人一面的形象；②不修围墙，用兼具灌溉和泄洪作用的干沟来分隔花园、林园、牧场，加强了视线的渗透和空间的流动；③结合兼具生产性的牧场和庄园进行庄园设计，把园林从纯观赏性的封建贵族艺术转变为兼具实利性的资产阶级艺术。

2.2.5.2 画意式园林时期的英国庄园

18世纪中叶，当自然风景园在英国达到高潮时，通过在中国的传教士及罗马教廷的交流，以圆明园为代表的中国园林艺术被介绍到欧洲，英国这一时期的园林建造深受“中国风”的影响。随着浪漫主义在欧洲艺术领域中的风行，出现了以钱伯斯为代表的画意式自然风景园林。它具有以下几个特点：①缅怀中世纪的田园风光，喜欢建造哥特式的小建筑和模仿中世纪风格的废墟、残迹；②喜用茅屋、村舍、山洞和瀑布等更具野性的景观作为造园元素；③大胆采用异域情调的景观元素，如丘园（Kew Garden）的中国式塔以及其他画意式园林中喜用的中国式山洞。

2.2.5.3 园艺派时期的英国庄园

英国园林的迅速发展，使英国式自然风景园林的影响渗透到整个西方园林界。这一时期由于欧洲资本主义的发展和英国海外贸易和殖民事业的日益拓展，来自世界各地的花卉、物产等纷纷流入英国，职业的造园家便以此为契机，对英国的园林进行了进一步的发展与改造，从而形成了19世纪的主要流派“自然风景园的园艺派”。这种造园流派在自然风景园林原有面貌下有了一些新特点：如增加了具有时代特点的玻璃温室，种植来自世界各地的奇花异草。此外，常在草地上设置的花坛，把各种鲜花密植在一起，在种植时仔细的搭配花期、颜色和株形。树木也注意其高矮、冠型、姿态和四季的变化，巧加搭配。这一种园林，因为更加时尚且具有商业性，符合商业时代的需求，逐渐成为19世纪的主流，并直接影响到20世纪的世界园林艺术（见图2－24）。

图2－24 园艺派时期的庄园

2.3 日本古典园林

日本造园吸收了中国的造园手法，又糅合了日本的文化，结合日本的物候地貌而自成系统，形成一种独特的东方风格。日本园林历史悠久，以其清纯、自然的风格闻名于世，它有别于中国园林“人工之中见自然”，而是“自然之中见人工”。日本园林着重体现和象征自然界的景观，避免人工斧凿的痕迹，创造出一种简朴、清宁的致美境界（见图2-25）。

图2-25 日本园林景观

2.3.1 日本古典园林的发展

2.3.1.1 日本古代园林

日本古代园林时期包括上古时期、飞鸟时代、奈良时代、平安时代。

上古时期的园林源于对山岳（岩座）和大海（神池）等原始自然事物的崇拜。地下发掘的大量陶俑证实，日本绳纹时期囿于自然力的束缚，把很多自然物作为崇拜偶像，如猫、蛇、猪、熊、犬、蛙等都是被崇拜的对象。

飞鸟时代开始，日本开始受中国文化的影响，佛教思想开始传入。园林中出现了山水园和池泉园的雏形，并出现了反映佛教思想的须弥山石组。以池、岛为骨干的庭园形式在这一时期已基本确立，同时还首创了沙浜的做法，成为后世效仿的原型。

奈良时代更是全盘吸收唐朝文化，并在此基础上形成自己的文化特色，日本学者曾说道：“奈良朝的文化，几乎无一不是受唐朝文化的影响而发展起来的。”这一时代的造园分为皇室宫苑和贵族宅园两种类型，但两种园林的形式和风格甚至内容都以唐朝园林为蓝本，尤其喜好曲水建制。由此可看出日本文化受唐朝文化影响之深。

平安时代中期，随着佛教的流行，佛教中分支“净土教”受到平安贵族的热捧，净土寺院开始大量出现，表现净土般优美与华丽的净土式庭院形成，布局上它跟寝殿造庭院一样，是以池岛为中心的舟游式池泉园，寝殿造庭院为代表的园林，成为平安时代最具代表意义的造园形式。平安后期出现了世界上第一部造园书籍《作庭记》，对日本园林的后世发展意义重大。

2.3.1.2 日本中世园林

日本中世园林时期包括镰仓时代、南北朝时代、室町时代。

镰仓时代佛家思想深入人心，影响到生活的方方面面，日本园林开始走向宗教化。前期的寺院园林依旧保持前朝的净土式庭园格局，到了后期，随着宋朝禅宗文化的传入，寺院园林开始呈现出禅宗追求的空灵、幽静，产生了以砂石组合来模拟表现园林山水的写意性园林，最后发展成新的园林形式——枯山水。枯山水首先出现在寺院园林中，进而渗透于皇家园林和私家园林（见图2-26）。

图 2－26　日本“枯山水”庭园

南北朝时代，庄园制度进一步瓦解，乡间武士阶层抬头，分割庄园主土地，向幕府一元领导迈进。这一时期园林最重要的是枯山水的实践，枯山水与真山水（指池泉部分）同时并存于一个园林，真山水是主体，枯山水是点缀。

室町时代的园林出现了武家和僧家两种特点，武家园林的粗犷与僧家园林的枯寂形成鲜明的对比。室町末期，茶道与庭园结合为新的园林形式——茶庭，书院造在武家园林中开始显现。

2.3.1.3　日本近世园林

从桃山时代开始，以“宗教”为中心的时代逐渐过去，“人”的力量在武家园林中越来越得到重视。建筑方面，相对于前朝室町时代“潇洒飘逸之风”，更喜欢强烈刺激和豪放辉煌。园林方面，园林样式多种多样，有池庭、石庭以及茶庭等。书院造园林在此时得以正式确立和发展，其中以武家园林表现的最为强烈，进而影响到皇家园林。茶庭在这一时期得以确立和发展，正式成为日本传统造园的一种样式确定下来并开始定型。这一时期的园林有传统的池庭、豪华的平庭、枯寂的石庭、朴素的茶庭（见图 2－27）。

图 2－27　日本茶庭

江户时代的园林中池泉式、枯山水式、茶庭式等造园样式得以综合，一个园林多以两种以上的造园形式出现，并进一步世俗化。皇家园林、武家园林、佛家园林呈现齐头并进的局面，其中武家（大名）园林的发展最为突出，如金泽兼六园、冈山后乐园、水户偕乐园、高松栗林公园、熊本成趣园等。江户时期的园林无论是类别、数量还是质量都达到了日本传统造园的顶峰，远远超过前代。

此时典型的园林代表桂离宫，主要建筑有书院、松琴亭、笑意轩、园林堂、月波楼和赏花亭等，整个景区以“心字池”的人造湖为中心，把湖光和山色融为一体。湖中有大小5岛，岛上分别有土桥、木桥和石桥通向岸边。岸边的小路曲曲折折地伸向四面八方，给人以“曲径通幽”之感。桂离宫的凝山练水、简院素庭、诗意画境、草石生情的特点，表现了日本民族内心对山石草木的感知方式，不愧为日本的第一古典名园（见图2－28）。

图2－28　日本桂离宫

2.3.2　日本园林的特色

日本造园活动发展历史可以说飞鸟时代和奈良时代是中国式自然山水园的引进期，平安时期是日本化园林的形成时期和三大园林的个性化分道扬镳时期，那么中世的镰仓时代、室町时代就是寺社园林的发展期。近世的桃山时代是茶庭露地的发展期，近世的江户时代是茶庭、石庭与池泉园的综合期。其综合特点可以归纳为以下4点。

2.3.2.1　源于自然、匠心独运

日本园林充分利用造园者的想象，从自然中获得灵感，创造出一个对立统一的景观。注重选材的朴素、自然，以体现材料本身的纹理、质感为美。造园者把粗犷朴实的石料和木材，竹、藤砂、苔藓等植被以自然界的法则加以精心布置，使自然之美浓缩于一石一木之间，使人仿佛置身于一种简朴、谦虚的至美境界。

2.3.2.2　讲究写意、意味深长

日本园林常以写意象征手法表现自然，构图简洁、意蕴丰富。其典型表现便是多见于小巧、静谧、深邃的禅宗寺院的“枯山水”园林。在其特有的环境气氛中，细细耙制的白砂石铺地、叠放有致的几尊石组，便能表现大江大海、岛屿、山川；不用滴水却能表现恣意汪洋，不筑一山却能体现高山峻岭，悬崖峭壁。它同音乐、绘画、文学一样，可表达深沉的哲理，体现出大自然的风貌特征和含蓄隽永的审美情趣。

2.3.2.3　追求细节、构筑完美

对于细节的刻画是日本园林中的点睛之笔，对微小的东西如一根枝条、一块石头所作出的感性表

现，显得极其关心并看得非常重要，这些在飞石、石灯笼、门、洗手钵等的细节处理上都有充分的体现。

2.3.2.4 清幽恬静、凝练素雅

日本的自然山水园，具有清幽恬静、凝练素雅的整体风格，在相当有限的空间内，表现出深山幽谷之境，给人以寂静空灵之感。空间上，对园内的植物进行复杂多样的修整，使植物自然生动，枝叶舒展，体现出天然本性。

第3章

风景园林的研究范畴及实践领域

3.1 风景园林研究范畴

现代风景园林的研究范畴非常广泛，随着我国城市化的发展，风景园林的实践领域已经从传统的古典园林转向大众公园、广场、居住区、风景名胜区、森林公园等空间范畴。从具象的园林景观设计在尺度上不断拓展，直到宏观的风景园林规划如土地利用、农业产业规划、大地生态的保护、城镇和大城市的园林绿地系统规划。

不同尺度规模的风景园林其研究出发点不同：大面积的河域治理、城镇总体规划大多是从地理、生态角度出发；中等规模的主题公园设计、街道景观设计常常从规划和园林景观的角度出发；面积相对较小的城市广场、小区绿地及住宅庭院等则是从详细规划与景观小品的角度出发。风景园林研究从宏观到微观概况为，宏观层面——风景园林策划、中观层面——风景园林规划、微观层面——园林景观设计。三者之间层次衔接，首先是管理机构的宏观层面策划管理，由此形成相关风景园林规划，并在此基础上指导园林景观设计。

3.1.1 风景园林策划

宏观层面上的风景园林策划实践是建立在经济、旅游、生态相关基础上，如进行大规模的生态保护和治理改造、农业产业发展、风景园林资源开发、旅游策划等，其核心是协调土地的利用与管理，策划与管理是这一层面的实践主体（见图3-1）。

专项规划是总体规划在特定领域的细化，也是政府指导该领域发展以及审批、核准重大项目，安排政府投资和财政支出预算等的依据（见图3-2）。具体可以从以下几方面展开：城市绿地系统规划、城市森林规划、风景名胜区规划设计、自然资源保护与流域规划。

城市绿地系统规划是对各种城市绿地进行定性、定位、定量的统筹安排，形成具有合理结构的绿地空间系统，以实现绿地的生态保护、游憩休闲和社会文化等功能，建立起全区域多类型、多层次、多功能的绿色空间网络，同时与外围城市绿地系统相衔接，构建人与自然协调发展的人居环境。

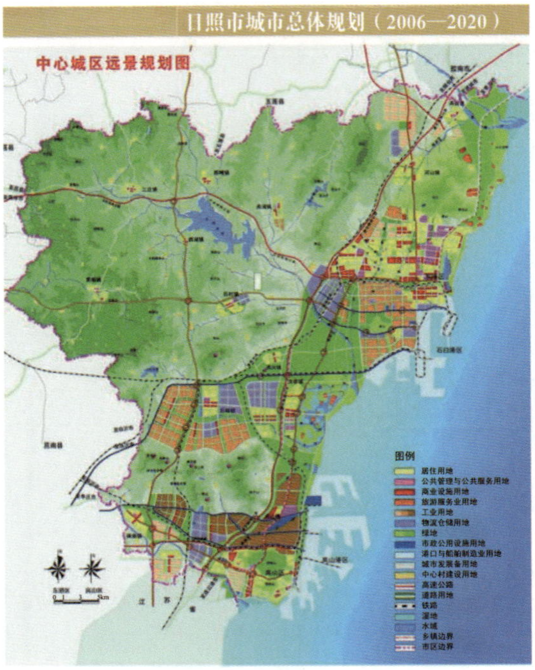

图 3-1　城市总体规划

图 3-2　城市专项规划

图 3-3　汤河公园景观规划设计

（秦皇岛汤河公园于 2006 年 7 月完成，将地处城乡结合部的一条脏、乱、差的河流廊道，改造成一处魅力无穷的城市休憩地，一幅幅和谐社会的真实画面，生动地在生态场景中展开。设计最大限度地保留原有河流生态廊道的绿色基底，北大教授俞孔坚主持设计过程中引入一条以玻璃钢为材料的、长达 500m 的“红色飘带”，它整合了包括步道、座椅、环境解释系统、乡土植物展示、灯光等多种功能和设施，使这一昔日令路人掩鼻绕道、有安全隐患、可达性极差的城郊荒地和垃圾场，变成令人流连忘返的城市游憩地和生态绿廊。今日的秦皇岛汤河公园已形成休闲绿地景观区、水景区、观赏花卉区、文化服务区、纪念区、雕塑小品区等六大功能区，园内流水潺潺、荷香阵阵、翠柏苍松、画栋雕梁，成为广大市民娱乐、休闲的绝好去处。）

3.1.2　风景园林规划

中观层面上的风景园林规划是指对有一定规模的，涉及特定地域、历史、文化、生态等综合因素的景观实践，研究范畴包括对滨水区景观规划设计、城市街道广场景观设计、城市公园规划设计、旅游区规划设计、生态恢复与整治开发等，规划是这一层面的实践主体。秦皇岛汤河公园生态恢复、整治开发与城市公园规划设计有机结合，在城市化过程中保留自然河流的绿色与蓝色基底，创造当代人类需求的景观体验空间（见图 3-3）。

3.1.3　园林景观设计

微观层面上的风景园林实践主要指对规模尺度较小，与人们日常生活相关联的园林环境设计，园林景观设计运用园林艺术和工程技术手段，通过改造地形、种植植物、营造建筑和布置园路等途径创造宜人的环境。研究范畴包括花园、庭院、公园到城市广场、街道、街头绿地、学校以及风景名胜区、森林公园等，这个层面更加注重对园林环境空间的营造和景观细节的塑造。各场所要求的功能不同，反应在园林景观设计内容上的区别也较大。

园林景观设计在满足功能要求的基础上，不断改善和提高景观艺术品质，丰富和满足人们的心理体验和精神要求。园林景观设计所涉及的知识面较广，需具备文学、艺术、生物、生态、工程、建筑等知识，并要求综合各学科的知识统一于园林景观艺术之中（见图3-4）。

图3-4 园林景观小品设计

在园林景观设计过程中对风景园林因素的考虑，通常分为硬景观（hardscape）和软景观（softscape），一般意义上来讲：硬景观是指人工设施，通常包括铺装，雕塑，凉棚，座椅，灯光，果皮箱等；软景观是指人工植被，河流等自然景观。

3.2 城市绿地分类

2002年，北京市北林地景园林规划设计院有限责任公司主编的《城市绿地分类标准》（见表3-1），经建设部审查，批准为行业标准，编号为CJJ/T 85—2002，自2002年9月1日起实施。标准所称城市绿地（以下简称“绿地”），是指以自然植被和人工植被为主要存在形态的城市用地。它包含两个层次的内容：①城市建设用地范围内用于绿化的土地；②城市建设用地之外，对城市生态、景观和居民休闲生活具有积极作用、绿化环境较好的区域。

与绿地相关的现行法规和标准主要有：《中华人民共和国城市规划法》、《城市绿化条例》、《城市用地分类与规划建设用地标准》（GB 50137—2011）、《公园设计规范》（GB 51192—2016）、《城市居住区规划设计规范》（GB 50180—2018）和《城市道路绿化规划与设计规范》（CJJ 75—97）等。

表 3－1　《城市绿地分类标准》（CJJ/T 85—2002）

类别代码			类别名称	内容与范围	备注
大类	中类	小类			
G1			公园绿地	向公众开放，以游憩为主要功能，兼具生态、美化、防灾等作用的绿地	
	G11		综合公园	内容丰富，有相应设施，适合于公众开展各类户外活动的规模较大的绿地	
		G111	全市性公园	为全市民服务，活动内容丰富、设施完善的绿地	
		G112	区域性公园	为市区内一定区域的居民服务，具有较丰富的活动内容和设施完善的绿地	
	G12		社区公园	为一定居住用地范围内的居民服务，具有一定活动内容和设施的集中绿地	不包括居住组团绿地
		G121	居住区公园	服务于一个居住区的居民，具有一定活动内容和设施，为居住区配套建设的集中绿地	服务半径：0.5～1.0km
		G122	小区游园	为一个居住小区的居民服务、配套建设的集中绿地	服务半径：0.3～0.5km
	G13		专类公园	具有特定内容或形式，有一定游憩设施的绿地	
		G131	儿童公园	单独设置，为少年儿童提供游戏及开展科普、文体活动，有安全、完善设施的绿地	
		G132	动物园	在人工饲养条件下，移地保护野生动物，供观赏、普及科学知识，进行科学研究和动物繁育，并具有良好设施的绿地	
		G133	植物园	进行植物科学研究和引种驯化，并供观赏、游憩及开展科普活动的绿地	
		G134	历史名园	历史悠久，知名度高，体现传统造园艺术并被审定为文物保护单位的园林	
		G135	风景名胜公园	位于城市建设用地范围内，以文物古迹、风景名胜点（区）为主形成的具有城市公园功能的绿地	
		G136	游乐公园	具有大型游乐设施，单独设置，生态环境较好的绿地	绿化占地比例应大于等于65%
		G137	其他专类公园	除以上各种专类公园外具有特定主题内容的绿地。包括雕塑园、盆景园、体育公园、纪念性公园等	
	G14		带状公园	沿城市道路、城墙、水滨等，有一定游憩设施的狭长形绿地	
	G15		街旁绿地	位于城市道路用地之外，相对独立成片的绿地，包括街道广场绿地、小型沿街绿化用地等	绿化占地比例应大于等于65%
G2			生产绿地	为城市绿化提供苗木、花草、种子的苗圃、花圃、草圃等圃地	
G3			防护绿地	城市中具有卫生、隔离和安全防护功能的绿地。包括卫生隔离带、道路防护绿地、城市高压走廊绿带、防风林、城市组团隔离带等	

续表

类别代码			类别名称	内容与范围	备注
大类	中类	小类			
G4			附属绿地	城市建设用地中绿地之外各类用地中的附属绿化用地。包括居住用地、公共设施用地、工业用地、仓储用地、对外交通用地、道路广场用地、市政设施用地和特殊用地中的绿地	
	G41		居住绿地	城市居住用地内社区公园以外的绿地，包括组团绿地、宅旁绿地、配套公建绿地、小区道路绿地等	
	G42		公共设施绿地	公共设施用地内的绿地	
	G43		工业绿地	工业用地内的绿地	
	G44		仓储绿地	仓储用地内的绿地	
	G45		对外交通绿地	对外交通用地内的绿地	
	G46		道路绿地	道路广场用地内的绿地，包括行道树绿带、分车绿带、交通岛绿地、交通广场和停车场绿地等	
	G47		市政设施绿地	市政公用设施用地内的绿地	
	G48		特殊绿地	特殊用地内的绿地	
G5			其他绿地	对城市生态环境质量、居民休闲生活、城市景观和生物多样性保护有直接影响的绿地。包括风景名胜区、水源保护区、郊野公园、森林公园、自然保护区、风景林地、城市绿化隔离带、野生动植物园、湿地、垃圾填埋场恢复绿地等	

标准将绿地分为大类、中类、小类三个层次，共5大类、13中类、11小类，以反映绿地的实际情况以及绿地与城市其他各类用地之间的层次关系，满足绿地的规划设计、建设管理、科学研究和统计等工作使用的需要。为使分类代码具有较好的识别性，便于图纸、文件的使用和绿地的管理，本标准使用英文字母与阿拉伯数字混合型分类代码。大类用英文GREEN SPACE（绿地）的第一个字母G和一位阿拉伯数字表示；中类和小类各增加一位阿拉伯数字表示。如：G1表示公园绿地，G11表示公园绿地中的综合公园，G111表示综合公园中的全市性公园。本标准同层级类目之间存在着并列关系，不同层级类目之间存在着隶属关系，即每一大类包含着若干并列的中类，每一中类包含着若干并列的小类。

3.2.1 公园绿地

G1表示公园绿地，“公园绿地”是城市中向公众开放的、以游憩为主要功能，有一定的游憩设施和服务设施，同时兼有健全生态、美化景观、防灾减灾等综合作用的绿化用地。它是城市建设用地、城市绿地系统和城市市政公用设施的重要组成部分，是城市整体环境水平和居民生活质量的一项重要指标。

标准对“公园绿地”进一步分类，针对不同类型的公园绿地提出不同的规划、设计、建设及管理要求。按各种公园绿地的主要功能和内容，将其分为综合公园、社区公园、专类公园，带状公园和街旁绿地5个中类及11个小类。

3.2.1.1 综合公园

综合公园（G11）是指在市、区范围内的供城市居民进行良好的游览休息、文化娱乐的综合性功能的较大型绿地（见图3-5）。市级公园面积一般为10~100hm^2，居民乘车30min可达，区级公园面积10hm^{2}左右。一般综合性公园的内容、设施较为完备，规模较大，质量较好。园内一般有较明确的功能分区，综合性公园也可突出某一方面，以满足使用功能及不同特色的要求。

图3-5 武汉市解放公园

（武汉市解放公园占地面积为46万m^2，其中水面7.6万m^2。公园里林木葱茏、绿草成茵、鸟语花香，园内有梅花山、桂花岭、樱花坡、盆景园、中华名塔园等园林景点；有供游人娱乐的电影院、网球场、游泳池、保龄球馆和划船、摩天轮、太空船、飞毯、三星旋椅、超级秋千和遨游太空等现代化游乐项目，以及配套的饮食、茶社、商业服务网点。是市区最大的自然生态公园之一。）

3.2.1.2 社区公园

社区公园（G12）指为一定居住用地范围内的居民服务，具有一定活动内容和设施的集中绿地。包括为居住区配套建设的居住区公园和为居住小区配套建设的小区游园，不包括居住组团绿地（见图3-6）。居住区公园服务半径为0.5~1.0km，小区游园服务半径为0.3~0.5km。

图3-6 某社区公园设计方案

3.2.1.3 专类公园

专类公园（G13）是指具有特定内容和形式，有一定游憩设施的城市绿地。

1. 儿童公园

儿童公园指独立的儿童公园，其服务对象主要是少年儿童及携带儿童的成年人。用地一般为5ha左右。园中一切娱乐设施、运动器械及建筑物等，首先要考虑安全，有合适的尺度，明亮的色彩，活泼的造型，栽植无毒无刺的植物。其位置应接近居民区，并避免穿越交通频繁的干道（见图3－7和图3－8）。

图3－7 佛山新城儿童乐园

图3－8 深圳市儿童乐园

（深圳市儿童公园位于深圳市笋岗东雅园立交桥附近，面积近6hm^2，它是深圳市区儿童主要的游乐场所之一。）

2. 动物园

动物园是集中饲养和展览种类较多的野生动物及品种优良的家禽、家畜的城市公园的一种（见图3－9和图3－10），主要供休息游览、文化教育、科学普及、科学研究之用。

图3－9 北京动物园

图3－10 武汉东湖鸟语林

3. 植物园

植物园的主要任务是搜集多种植物材料，并引种驯化、定向培育、品种分类，环境保护等方面的研究工作；另一个任务是向群众及学生普及植物科学知识，作为城市园林绿地的示范基地，起到促进城市园林事业的发展的作用。按其性质可分为综合性植物园和专业性植物园。

4. 历史名园

历史名园是历史悠久、知名度高，体现传统造园艺术并被审定为文物保护单位的园林或是以革命活动故址、烈士陵园、历史名人旧址及墓地等为中心的园林绿地，供人们瞻仰及游览休息的园林，如南京中山陵及雨花台，广州黄花岗、成都杜甫草堂等。

5. 风景名胜公园

风景名胜公园是城市用地范围内以文物古迹、风景名胜点（区）为主形成的具有城市公园功能的绿地。

6. 游乐公园

游乐公园是具有大型游乐设施，单独设置，生态环境较好的绿地。

7. 其他专类公园

具有其他特定主题内容的绿地，包括雕塑园、体育公园、盆景园和纪念性公园等，其绿化占地比例应大于等于65%。

3.2.1.4 带状公园

结合城市道路、城墙、水滨等狭长地带建设的公园称带状公园（G14），是绿地系统中颇具特色的构成要素，承担着城市生态廊道的职能。带状公园的宽度受用地条件的限制，一般呈狭长形，以绿化为主辅以简单的设施。

3.2.1.5 街旁绿地

街旁绿地（G15）指位于城市道路用地之外，相对独立成片的绿地，包括街道广场绿地、小型沿街绿化用地等，要求绿化占地比例不小于65%。街道广场绿地是美化城市景观，降低城市建筑密度，提供市民活动、交流和避难场所的开放空间。

3.2.2 生产绿地

生产绿地（G2）指为城市绿化服务、提供苗木、草坪、花卉和种子的各类圃地，均为生产绿地（见图3－11和图3－12）。季节性或临时性的苗圃，如从事苗木生产的农田，不计入生产绿地。单位内附属的苗圃计入单位用地，如学校自用的苗圃与学校一并作为教育科研用地为附属绿地。

图3－11　苗木圃地

图3－12　花卉圃地

3.2.3 防护绿地

防护绿地（G3）是为满足城市对卫生、隔离、安全的要求而设置的，其功能是对自然灾害和城市公害起到一定的防护或减弱作用，不宜兼作公园绿地使用。

3.2.4 附属绿地

附属绿地（G4）指城市建设用地中除绿地之外各类用地中的附属绿化用地。包括居住用地（见图3－13）、公共设施用地、工业用地、教育用地、仓储用地、对外交通用地、道路广场用地、市政设施用地和特殊用地中的绿地。附属绿地因所附属用地性质不同，而在功能用途、规划设计有较大差异。

图3－13 居住区绿地

3.2.5 其他绿地

其他绿地（G5）是指位于城市建设用地以外生态、景观、旅游和娱乐条件较好或亟须改善的区域，一般是植被覆盖较好、山水地貌较好或应当改造好的区域。这类区域对城市居民休闲生活的影响较大，主要功能偏重生态环境保护、景观培育、建设控制、减灾防灾、观光旅游、郊游探险、自然和文化遗产保护等。如风景名胜区、水源保护区，有些城中新出现的郊野公园、森林公园、自然保护区、风景林地、城市绿化隔离带、野生动植物园、湿地、垃圾填埋场恢复绿地等（见图3－14）。

图3－14 武汉市金银湖湿地公园

（武汉市金银湖湿地公园建于2001年，2007年入选建设部国家级城市湿地公园名单，占地1155亩（$77hm^2$）。是一座以水生植物为主的自然生态郊野型湿地公园。这里鲜花绿草、湖光荷影，美不胜收，常年有沙鸥、白鹭等飞禽翔集。）

3.3 园林景观分类及实践

现代风景园林（LA）是建立在广泛的自然科学和人文艺术科学基础上的应用性学科，阐述园林景观设计实践领域并对其进行分类，有利于把握专业核心任务要求，建立科学合理人才培养思路。

根据空间功能性质和特点要求的不同，园林景观实践可以分为公共空间和特定区域空间。公共空间景观设计具体包括：城市广场设计、商业街区设计、道路景观设计、城市公园设计、城郊防护林带设计、滨水景观带设计；特定区域空间包括科技工业园景观设计、居住区景观设计、校园景观设计、旅游地景观设计、建筑外环境景观设计、园林建筑小品、屋顶庭园景观设计等。

3.3.1 公共空间园林景观设计

公共空间是指城市中存在的开放空间体，是城市居民进行公共交往、举行各种活动的开放性场所。找回城市的失落空间，让城市更有生机和活力也是从物质化的层面上对和谐人居环境的诠释。

3.3.1.1 城市广场设计

城市广场景观设计详见第 10 章。

3.3.1.2 商业街区设计

商业街区景观设计详见第 11 章。

3.3.1.3 城市道路景观设计

城市道路景观是由地形、植物、建筑物、构筑物、绿化、小品等综合组成。不同的道路在城市生活、生产中所起的作用各有不同，城市中的道路按活动主体可分为车行道路、人车混杂型道路及步行道路等类型。不同类型道路因使用方式与使用对象之间的差异，在景观设计上的侧重与手法的运用上也各不相同。

1. 城市道路景观的构成

道路红线以内的景观是城市道路景观构成的内在因素（见图 3-15），按照功能大致可分三类：实用性道路景观、审美性道路景观、视觉传达性道路景观。

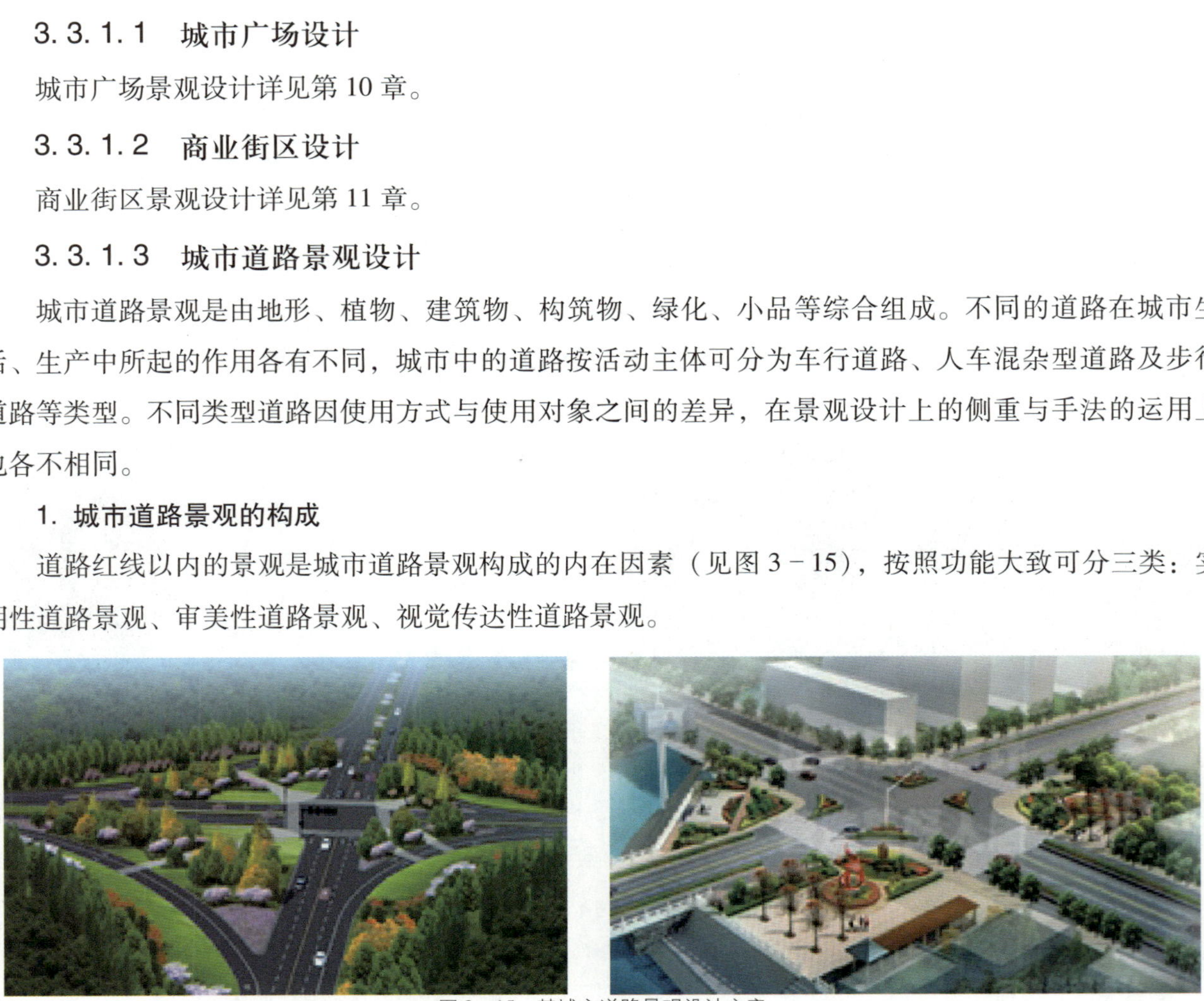

图 3-15 某城市道路景观设计方案

实用性道路景观：路栅、路障、路灯、路钟、坐椅，电话亭、邮筒、垃圾筒、公交站亭、地下道口、人行天桥等。

审美性道路景观：街道树、花坛、喷泉、雕塑、地面艺术铺装等。

视觉传达性道路景观：交通标志、路标、路牌、海报等。

2. 城市道路景观设计的基本原则

（1）整体性原则。城市道路景观从城市环境整体出发，体现城市的形象和个性。同时将道路环境作为一个整体考虑，统一考虑道路两侧的建筑物、绿化、街道设施、色彩、历史文化等，避免片段的堆砌和拼凑。

（2）连续性原则。设计中要良好把握视觉空间和时空上的连续性。城市道路是一个带状的、连续的景观空间，依托红线外的建筑背景，通过道路两侧的绿化配置组织、色彩运用、道路环境设施布局等的延续设计来实现视觉空间的连续性。另外，城市道路记载着城市的演进，道路景观设计要将各景观要素置于一个特定的时空加以组合和表达。

（3）尊重历史的原则。具有历史意义的城市环境给人们留下深刻的印象，城市道路景观要在尊重历史的基础上，探寻传统文化适应时代要求的内容、形式与风格，承载历史、传承创新。

（4）可持续发展原则。坚持自然资源与生态环境、经济、社会的发展相统一，结合自然使设计对环境的破坏性降低到最小，充分利用自然可再生能源，减少不可再生资源的消耗。

3.3.1.4 城市公园设计

1. 城市公园设计内涵

学术界对城市公园尚无统一的概念界定，但通过分析《中国大百科全书》、《城市绿地分类标准》，结合业界实际得出城市公园具有这些方面的内涵：城市公园是城市公共绿地的一种类型；城市公园将不再单一的服务于市民，也将服务于旅游者；城市公园的主要功能是休闲、游憩、娱乐。

城市公园景观设计是处理人工环境和自然环境关系的有效途径，设计中不仅要考虑各景观要素之间、人与自然之间的和谐关系，还要综合考虑公园的主题、空间、功能等方面的合理性，使人们能够在公园中，得到视觉、听觉、触觉等方面的享受（见图3－16）。城市公园按按照功能可分为观赏型、娱乐型、综合型、教育型、纪念型等。

图3－16　某公园景观设计方案

2. 城市公园景观设计要点

在功能分区划分上，综合公园游憩功能区包括游览观赏区、安静休憩区、文化娱乐区等，应占公园陆地的70%以上，康体活动区控制在公园陆地的15%以下，儿童活动区宜控制在公园陆地的10%以下（儿童公园除外）。

设施选择方面，康体设施应以中小型项目为主，除了大型的娱乐性的公园，不设置占地面积大的体育项目；儿童活动区应合理设置机动游乐项目、参与性游戏项目和科普项目。

植物方面，周边绿地种植设计严禁选用危及游人生命安全的有毒植物。在儿童游戏活动区范围内，不得选用枝叶有硬刺或枝叶呈硬剑、刺状的植物，不应选用挥发物或花粉能引起明显过敏反应的植物。公园地面铺装选用生态性较好的铺透水性的地砖。

监控系统方面，公园内宜设置广播系统，设有管理处（室）的公园应设置安全管理视频监控系统；公园主要出入口的集散广场和游人集中活动的场地以及经常举办展览活动的区域应设置独立性的防雷设施覆盖。

3.3.1.5 城郊防护林带景观设计

防护林带指在农田、草原、居民点、厂矿、水库周围和铁路、公路、河流、渠道两侧及滨海地带等，为抗御风暴、旱风、流沙、飞雪或地面冲刷、崩塌等自然灾害，营造的具有防护作用的林地的总称，一般有条状和网状两种，除农田、草原防护林带多为网状外，其余防护林带大部分为带状。

防护林带的种类有：防风固沙林带、农田防护林带、草原防护林带、护岸林带、护路林带、海防林带、防污林带等多种类型，每种林带具有不同的防护作用和特点（见图3－17）。如防风固沙林带，系在风沙危害严重地区为防治流沙和改造沙地而营造，其作用在于降低风速，固定流沙；护路林带是在铁路、公路沿线两侧为保护铁路、公路，减轻或避免风沙、暴风雪、暴雨冲刷、泥石流、滑坡等危害，具有保护路基，美化路容，改善道路环境等作用；护岸林主要用于固持河川岸滩，防止堤岸受水流冲刷侵蚀而崩塌等。

图3－17 防风固沙林带、护路林带、护岸林带

每种林带应根据不同的防护要求进行植物选择和配置。如农田、草原防护林带，一般采用乔木和灌木相混交或乔、灌、草结合的方式营造，由主林带和副林带组成，并按一定的距离和方式构成网状林网体系，主要起调节气候、防治灾害、改善环境、保障农牧业生产等作用。

3.3.1.6 城市滨水景观设计

城市滨水景观设计详见第12章。

3.3.2 特定空间园林景观设计

特定空间是指除以上介绍的公共空间以外，其他具有特定功能特征和具体要求的环境，具体指科技园、居住小区、庭院及屋顶花园、学校校园等园林景观设计。

3.3.2.1 居住区景观设计

居住区景观设计详见第9章。

3.3.2.2 科技工业园景观设计

1. 工业园景观设计内涵

工业园是一个相对独立的环境空间，设计的主要内容是对工业园区生态环境的营造、审美形象的塑造、游憩行为和文化体验空间的创造。现代科技工业园改变过去单一的经济目标，创造新的科学生态理念，将生产与环保、生态与消费有机结合起来，打造更适应时代的“生态工业园”，这也是城市发展对工业园区的必然要求（见图3－18）。

图3－18 某工业园景观规划设计

2. 工业园区景观规划要点

（1）园区功能的定位。在深入调研的基础上，结合企业生产特征进行景观规划设计功能定位。园区内分区合理，流线上合理安排停车位置和车位数量，规划合理的环形道路，考虑大货车通行尺度、回车道宽度，以及转弯半径等。尊重原有地势地形，合理布置管线。厂区对防火间距、场地标高等有充分考虑。

（2）企业文化的展示。园区规划要体现企业文化，园区是企业发展的开始，是企业形象在公共场所的视觉再现，代表着企业的面貌特征和生产特色。工业园区景观规划是科学化、系列化的整体设计，使人深切感受到设计对企业文化和精神的深入思考。工业园景观整体上表现出工业文明的巨大成就，节点上则通过雕塑、小品等构筑物成功塑造园区环境的美感。

（3）人文关怀的体现。工业园区一般远离城市中心区，可以考虑设置生活相关的商务会所、住宅、购物店、餐饮娱乐健身场所、医院、学校、公园等。道路景观上设置人性化的休憩广场、街头小游园。

细节上有标识系统、步道系统及其他服务性设施等。

3.3.2.3 校园景观规划设计

校园不同于其他文化性、商业性环境，它承载着人文历史的传承，是学生接受知识的场所，典雅、庄重、朴素、自然应该是其本质特征。校园景观规划强调空间的交往性，通过景观化处理营造校园“场所精神”——具有人文韵味的景观的同时寓教于乐，使校园在满足感官愉悦的同时，为校内师生提供娱乐、交流、休闲的场所，达到舒缓压力、疏松心理的作用（见图3－19）。

图3－19 某校园景观设计

1. 功能定位

运用“以人为本”的理念进行功能分区，且使各功能区域之间相互交融、渗透。校园景观设计的目的是为师生提供舒适的环境氛围，比如在各教学楼、宿舍楼前进行绿地的设计，营造可赏、可游、可学习的完美空间。交通流线上，校园内的道路既能疏导交通，又能让穿越其中的师生感受经过设计的环境的美丽，尽量减少无效的道路设计，使得在校师生能更高效率的工作学习。

2. 校园特色

传承大学文化、地域特色，创造反映各自学校人文精神和特色的校园环境。

3. 文化

每所校园都有自己的文化和历史，把握校园历史的延续，应适当地考虑将校园的文化、历史体现在校园的环境设计中。

4. 心理需求

学校生活是丰富多彩的，校园设计考虑供学生、师生课外交流的场所和空间。通过道路、构筑物、植物的合理规划创造一个良好、和谐的校园环境，会让身处此环境中的人产生良好的视觉效果和心理联想，对校园中的人有着潜移默化的影响，身在其中的人犹如在大自然丛林中般，从而给师生带来内心的平静。

3.3.2.4 屋顶花园、庭园景观设计

1. 屋顶花园、庭园景观设计内涵

屋顶花园、庭园景观是指在建筑物、构筑物的庭院、顶部、天台、露台之上进行的造园活动的总称。屋顶花园、庭园景观是居住建筑物附属的公共的或私家的花园空间，对于绿色住宅的建设有着重要意义，同时也是居住者接触大自然的重要途径。屋顶花园、庭园景观建设是随着城市密度的增大和

建筑多层化出现的，是城市绿化向立体空间发展，拓展绿色空间，扩大城市多维自然因素的一种绿化美化形式（见图3－20）。

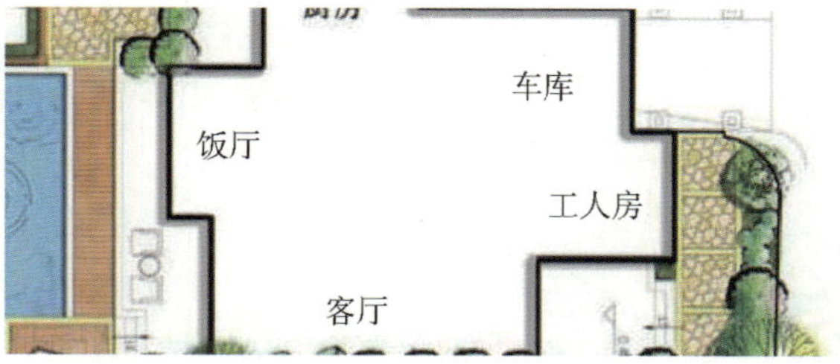

图3－20　某庭院景观设计

屋顶园林、庭园景观融建筑技术和绿化美化为一体，突出意境美。重要手段是巧妙利用主体建筑物的屋顶、平台、阳台、窗台和墙面等开辟园林场地，充分利用园林植物、微地形、水体和园林小品等造园因素，采用借景、组景、点景、障景等造园技法，创造出不同使用功能和性质的园林景观（见图3－21）。

图3－21　庭园景观、屋顶花园景观设计

2. 屋顶花园、庭园景观设计的原则

（1）精致美观。屋顶花园、庭园景观选用的花木多采用比拟、寓意等景观手法，仔细推敲路径、主景、建筑小品的位置和尺度，既要与主体建筑物及周围大环境协调一致，又要有独特新颖的园林风格。设计、施工管理、选用材料上应处处精心，在草地、路口及高低错落地段设置园林灯具，照明的同时增添美观和情调。

（2）安全科学。屋顶花园、庭园景观的荷载体是建筑物的顶部，应考虑结构承重和屋顶防水构造的安全使用，以及屋顶四周防护栏杆的牢固安全性。提倡采用新技术、运用新材料以满足植物生长对光、热、水、气、养分等的需要。

（3）经济实用。合理、经济地利用资源始终是设计师追求的目标，屋顶花园、庭园景观发挥节约用地的同时，设计植物景观为主，以精品园林小景新颖多变的布局，达到生态效益、环境效益和经济效益的结合。

第4章

风景园林设计原则

风景园林设计广泛涉及到自然与生态、历史与文化、行为与心理、防灾与减灾等多方面知识，物质环境实践活动的功用性。决定了设计必须遵循上述领域的基本原理。风景园林设计基本原则可从以下几个方面展开，即功能性原则、人性化原则、文化性原则、艺术性原则、生态性原则和经济性原则等。

4.1 功能性原则

风景园林的功能性是指其功用性，即风景园林所发挥的具体有利作用，风景园林设计的功能目标非常明确，那就是积极为人们提供实用、舒适、精良的户外场所。具体到风景园林物质要素来讲其功能性，如道路景观应具备交通联系功能、组织空间功能、形式美感功能等；园林绿化应满足调节空气的温度湿度，改善小气候以及减弱噪声和防风、防火等功能。

风景园林功能性原则主要体现在三个方面，即功能定位、功能分区和流线设计。功能定位即风景园林的具体使用要求，定位对功能性起着关键的决定作用，功能分区与流线设计相互影响和制约，功能分区影响流线设计的方式和各种道路的等级，而流线设计的合理性又会反作用于功能分区，引起功能分区的调整。

4.1.1 功能定位

风景园林功能定位是对风景园林用途的概括和提炼，从而以基地条件、社会环境为基础，通过设计规划及实施，营造出具有相应功能、受广大目标人群欢迎的良好环境氛围。不同风景园林对象具有不同的功能，风景园林空间所属具有公共性、特定区域性两个特点，决定了其在功能性质和要求上应有所不同，如公共空间的城市广场功能、商业街区功能、道路交通功能、城市公园功能、防护林功能、滨水休憩功能等；特定区域空间如科技工业园功能、居住区环境功能、校园环境功能、旅游环境功能。

风景园林功能定位的目的是为了明确所应形成的预期主要功能。针对城市公园必须落实入口服务功能、景观游览功能、配套服务功能等；针对某滨河景观规划项目，则在充分调查自然资源条件、文化资源的基础上，提出“观流水之灵气、纳田野之生气、揽小城之人气”的景观功能设计定位，为项目明确了设计方向。

4.1.2 功能分区

在明确功能定位后需要进行风景园林的功能分区，功能分区是将内部空间的联系程度加以组合划分，并合理布置各种景观元素及赋予不同的功能主题。风景园林的功能分区是千差万别的，在实践中应做到因地制宜、因人制宜、因景制宜，风景园林空间分区的原则要求分区明确、联系方便，并按主、次，内、外，闹、静关系合理安排，使其空间紧凑、合理并各得其所。空间组合划分时以主要功能空间为核心，将景观核心区安排在空间序列的高潮位置，围绕主要景观功能空间，按照活动顺序和活动规律进行空间序列设计，充分发挥辅助空间、辅助景观的关键作用。恰当设计空间联系与隔离，次要功能空间的合理安排有利于主要空间功能的发挥，内部使用的场地空间尽量相对隐蔽，起对外联系功能的空间尽量靠近交通枢纽。

通过分区将各功能落实到空间布局上，在居住环境中功能区一般有：入口景观区、中心景观区、宅间组团景观区，以及小区外围的商业景观区和配套的办公楼或酒店等景观区。对各功能区的组成有不同的要求，例如居住环境内的中心景观区，要充分体现区域内的规划结构；宅间组团景观区则应以居民交流功能为主，设计宜突出亲切感和互动性；入口景观区不仅要考虑与外部交通之间的联系，同时要兼顾内部功能区之间的联系和流线的组织（见图4－1）。

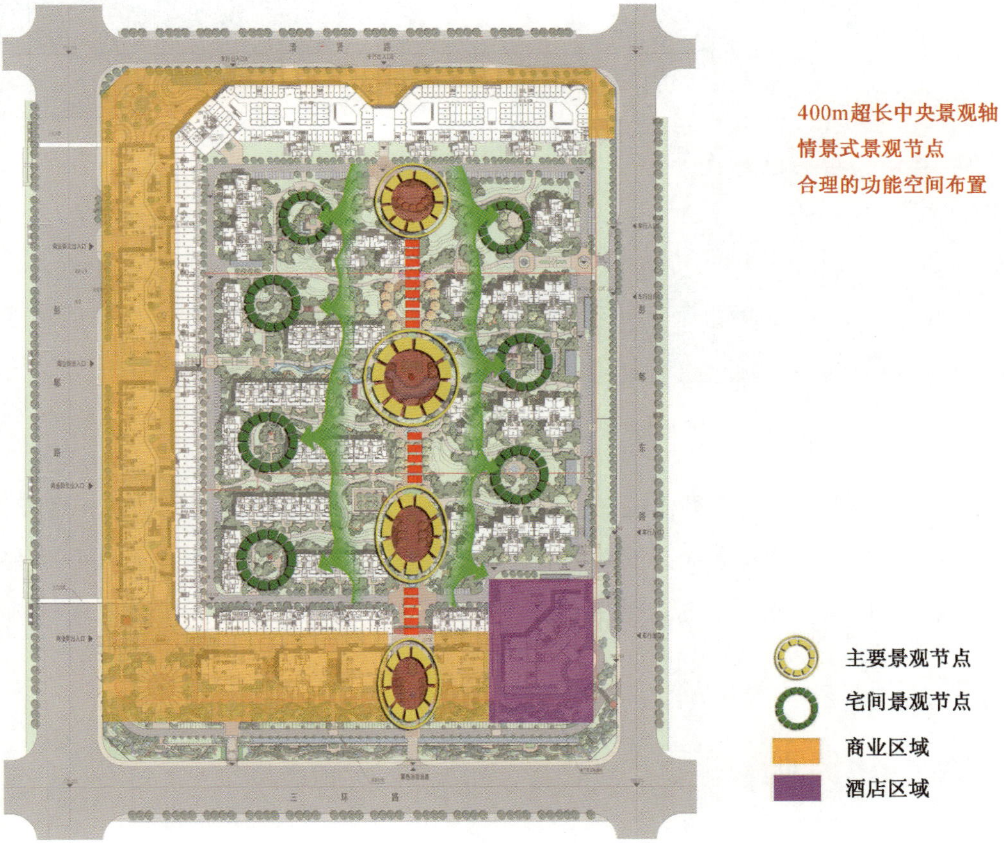

图4－1　某居住区景观方案设计功能分区

4.1.3 流线设计

流线设计是根据功能分区之间的联系进行交通流线组织，通过不同等级的道路将各区域串联，形成功能流畅、交通有序的道路系统（见图4－2）。道路系统包括道路、广场和停车场，道路交通组织流线设计意义明确，要避免相互交叉、相互干扰、消灭盲区。流线设计中，根据规划范围的人口预测及各功能区之间的人流量和通行要求，确定道路类别和等级，一般分为行车道和步行道两类；在主要景观节点处可设置广场，广场规模和形式要与周边景观功能相协调；在需要设置停车场的景观中，应科学预测停车位，合理确定停车场位置和规模。

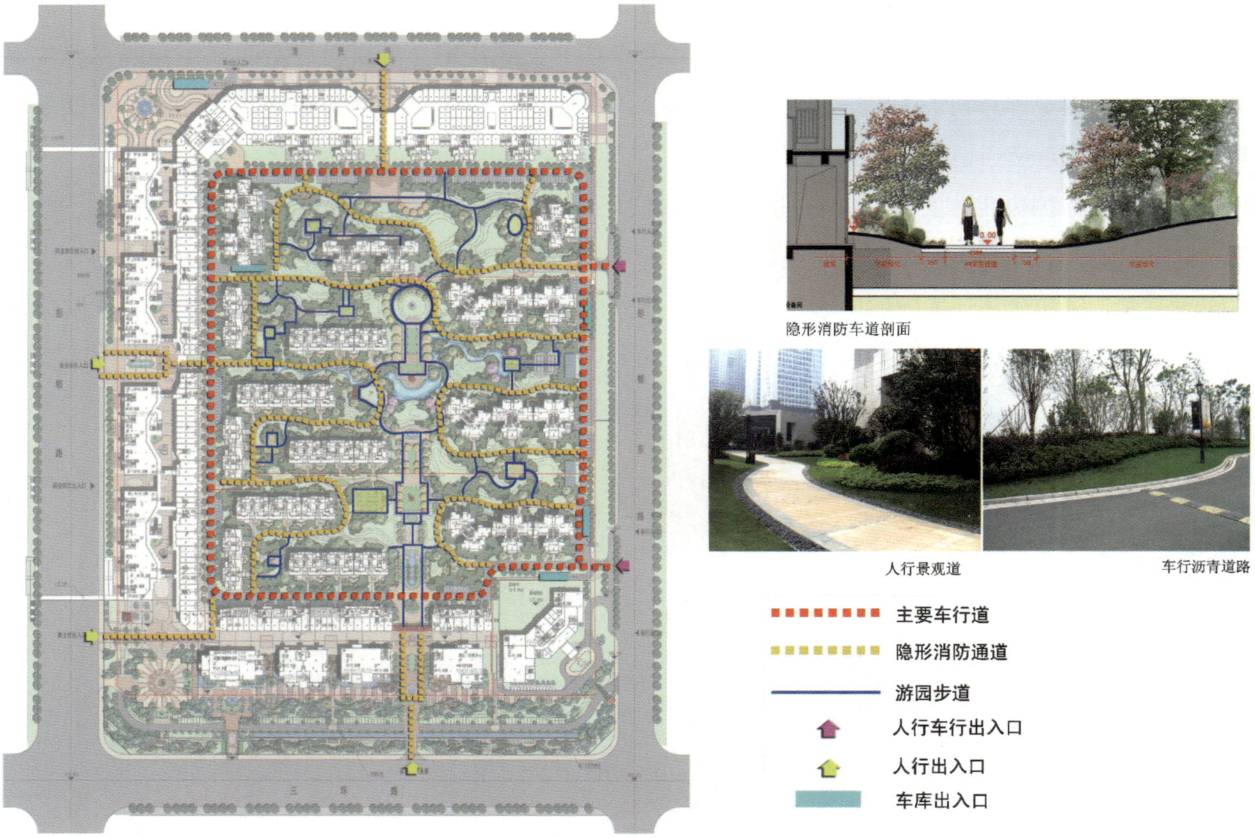

图4－2　某居住区景观方案设计交通流线

设计客流动线的原则，是使游客流线在合理的前提下经过尽可能多的园区场地，增加景观效用。游览线路确定后，为充分发挥每条线路的功能，需要进行交通系统设计，道路景观系统和标志景观系统是交通景观系统的主要内容，标志系统设置的合理性和易识别性是流线组织顺畅与否的关键因素。

4.2 人性化原则

美国设计家普罗斯说：“人们总以为设计有三维——美学、技术和经济，然而更重要的是第四维——人性。”人性化设计是指在设计中关注人的需求，研究人的行为习惯、人的心理情况、人的思维方式、人体生理结构，充分体现对人性的尊重是设计中的人文关怀。作为风景园林设计从满足人类的切身需求出发，以人为本、以民为本的完善设计方案，注意人类的需求，注重实用性和情趣性，创造环境宜人、景色引人、真正为人所用的风景园林户外环境。

4.2.1 树立以人为本理念

《大众行为与公园设计》（《A Visual Approach to Park Design》作者：Albert J. Rutledge）认为，对于设计者而言，去倾听使用者的呼声是必要的，通过了解使用者更重要和更现实的追求，预料人们的行为趋向，避免设计与现实发生冲突，无疑会增近设计者和使用者之间的默契关系。风景园林必须实现其为人服务的基本功能，设计中把大众的需求放在首位，掌握人们的生活和行为的普遍规律，真正满足人的行为感受和需求，切忌为了标新立异走上设计“以我为本”的歧途。

传统时期的风景园林一直是理想、艺术、地位和权利的象征，人类历史上从伊甸园到卢浮宫、从建章宫到拙政园，实现了从理想自然到现实自然的转化。工业化和城市化催生了现代风景园林，19世纪末期纽约中央公园的出现，标志着现代风景园林开始走上了平民大众之路，绿化景观中地毯式的模纹广场、禁止入内的大草坪，在烈日暴晒下缺乏私密空间，人们只能望“园”兴叹。一个人性的场所把服务和有益于“人”的健康和舒适作为设计的根本，满足人们“人性回归”的渴望，兼顾不同群体的活动让儿童和残疾人也能参加，而片面重视一个群体而忽视其他则会造就失衡的、不健康的空间。

4.2.2 把握人类行为心理

风景园林是为人类服务的，关注人的行为心理是设计的关键。人作为一个自然人和社会人，对风景园林户外环境他们到底需要什么？人需要交流、害怕孤独；需要运动、需要坐下休息；人离不开水，人也爱玩火；爱采摘和捕获，需要庇护和荫凉，需要嘹望，看别人而不被别人看到；人需要领地，需要适当尺度的空间；人需要安全、又勇于挑战，爱走平坦的道路，有时却爱涉水、踏汀步、穿障碍、过桥梁；人要交流、要恋爱、要被人关注，同时喜欢关注别人……这些作为自然人和社会人的行为心理需求，都应在风景园林设计中得到充分尊重和满足（见图4－3和图4－4）。

图4-3 汀步

图4-4 休闲亭

风景园林设计中需要牢牢把握人类行为心理。人的心理指人的思想感情，是包括感知、记忆、思维、情感、意志、能力、性格等心理现象的总和；人的行为是心理的反映，简单说就是人们做的事情，包括观察、谈话、散步、购物等日常活动，行为必然发生在一定的环境之中（自然的、人工的、文化的、心理的、物质的），并且与外在的环境形成相应的行为模式。运用环境心理学理论探讨人与环境，分析行为（包括经验、行动）与环境之间的相互关系，有利于营造具有良性互动的风景园林空间场所。

4.2.3　注重实用性和情趣性

中国传统园林讲究实用性和趣味性，讲究山可登、石可坐、水可赏，讲究人与景的交融，正是人性化设计的重要体现。而当前的一些不良现象正在引起我们的重视：设置过多的罗马式柱走道，一来既不能挡风遮雨，二来不能坐下休息，表面看起来豪华气派，但极缺乏实用性；居住区人性化体现不够，草种单一的大面积草坪使人感觉单调乏味，难以形成实用性、情趣化的景观，不能高效得体现出居住区绿化景观的价值。

景观造型与尺度对实现风景园林的实用性非常重要，是体现人性化原则的重要方面。科学分析主体性景观的观景角度与距离，合理设计开放园林的尺度，营造张弛有度、收放自如、形式多变的户外场地空间。丰富景物形式及内容，注重细节方面的设计和刻画，优先采用令人感觉亲切的景观造型，形成尺度适宜、人景交融的环境。增加步行活动空间的紧凑感、私密性及趣味性等，提倡步道、绿地轮廓等景观小品尽量采用自然曲线，忌用直线、尖角的景物尺度和造型，以免造成人们心理上的不适。

4.3　文化性原则

文化性原则要求如何从文化角度看待现代风景园林，进行有特色的设计和游憩开发。景观与文化是互生共存的关系，文化是景观的精神和灵魂、景观是文化传播的载体。景观承载着厚重的文化，文化依托景观载体实现自身的传播，景观与文化的耦合使景观拥有了文化的气质、内涵和神韵，同时也使文化更具活力。

风景园林文化性强调物质与文化的结合，结合地理气候、自然环境，通过有形的载体建筑、景观等，表达无形的历史文化、民俗民风、宗教信仰和审美观念。景观文化的重要性日益凸显，强调文化性提升风景园林品质，从而塑造富有强烈视觉冲击力和感染力的文化氛围。

4.3.1　地域文化景观

俗话说一方水土养育一方人，中国传统文化底蕴深厚，不同的地域环境、文化背景、历史发展轨迹衍生出不同的民风习俗、宗教信仰和审美观念，各地风景园林显现出显著的地域特征。江南大地地势平坦、河网密布，气候温湿、阴雨绵绵、四季常绿，其景观意象展现出一种阴柔灵秀的地域审美取向（见图4－5）。我国华北地区的地理气候背景下，寒冷且干燥少雨，蓝蓝的天、黄黄的土、青青的山，使园林形象色彩对比强烈，给人粗狂雄健的整体感受，这种景观意象显得厚重、封闭且严谨。以故宫为代表的皇家园林的景观更是尺度宏大、富丽堂皇、气魄非凡（见图4－6）。

图4－5 杭州西湖

图4－6 北京万寿山

4.3.2 历史文化景观

风景园林文化所具有的历史属性，通常以“文脉”加以表述，指历史演进过程中沉淀下来的文化传统。人类社会发展具有历史延续性的特点，风景园林应把握这种延续性，在设计中尊重历史文脉打造“生态文化”景观，传承中实现景观地域文化的多样性。名胜古迹是最能体现文脉的人文景观，井冈山红色文化革命胜地，将具有历史文脉的设计题材和设计元素以绘画、楹联、雕塑、建筑等形式借以表达，给人极大的精神鼓舞。

楚文化、三国文化、神农文化是极具特色的湖北历史文化，广泛运用于风景园林。湖北省神（农架）宜（昌）生态旅游公路以“美、诗、圣、野”（美人王昭君、诗人屈原、圣人神农及说中的野人）为主线，将公路景观与历史文化背景相结合，把公路建成生态旅游景观带，丰富了公路交通的旅游服务功能和文化内涵。湖北省杭瑞高速崇阳服务区景观是楚文化的再现与演绎（见图4－7），景观规划设计通过对楚文化语汇进行现代整理和拓变，从楚战车车轮、楚城门楼、古拙的石桌石凳中提炼装饰元素和设计语言，并成功注入到平面布局、景观标识、景观建筑、景观小品等载体中，塑造浓郁的楚文化氛围，实现荆楚文化的现代传承。

图4－7 杭瑞高速公路服务区

神农架神农坛景区以神农为主题，集中展示神农始祖的业绩与功德。依山而建的神农坛分天坛、地坛二坛，天坛正中耸立着炎帝神农巨型牛首人身雕像，天坛之下为地坛，辟有可容数千人的广场，广场大圆图案代表天，圆心处设正方形代表地，方形图案中，五彩石分列表示木、火、土、金、水五行。在地坛广场的前端有两根高 10m 的图腾柱，柱后是两幅大型浮雕，图腾柱和浮雕之间设有祭坛，祭坛完全按古天子祭坛的规格设置。这种选址布局及题材运用使神农坛景区更显庄严肃穆和神秘（见图 4－8）。

图 4－8　神农架神农坛

4.3.3　民俗文化景观

民俗文化是最具吸引力的民族村寨旅游资源，我国民俗文化异彩纷呈，在少数民族积聚区域，各族特有的饮食、服饰、节庆、婚俗展示多彩的民俗文化，展现出独特的民族文化内涵与韵味。风景园林注重民俗文化资源的开发，设计中深度挖掘民俗文化，通过艺术处理将设计元素和题材运用在建筑形态、建筑结构及设施景观载体中，创造出视觉形态优美、触及心灵引起共鸣，呈现浓郁民俗文化的景观作品。

沪蓉西高速公路景观紧紧围绕“和谐湖北”的概念和品牌，在人文、生态、特色、平安等方面有针对性地做了设计安排，对湖北省民俗文化做了良好地诠释和表达。服务区、收费站所和养护中心的景观和建筑基本上都是按照当地土家族特点修建，将吊脚楼、风雨桥文化元素融入设计中，建筑形态设计采取折衷主义复古倾向，同时融入现代构成元素，体现鄂西鲜明的民俗文化（见图 4－9）。高家堰

图 4－9　沪蓉西高速公路服务区

收费站飞跨南北的苗家风雨桥体现较高的建筑艺术性价值，崔坝服务区具有地方特色的农家小院休闲餐厅，展现出地方乡土文化精神。

4.3.4 宗教文化景观

宗教文化是传统文化的重要组成，我国宗教文化的有佛教文化、道教文化、伊斯兰教文化、基督教文化（含天主教文化）和少数民族地区的原始宗教文化等，是中国传统文化亮丽的风景线。

宗教对建筑、聚落、园林影响深刻，宗教建筑在建筑史上占有重要地位，影响着千百年来的建筑形式、朝向和稠密程度及分布状况。宗教与园林之间相互影响，园林成为宗教发展依托的基地，峨眉山、武当山等风景优美胜地经佛家、道家多年的修建最终成为宗教名山。雕塑、绘画塑造出庄严慈祥的神灵形象，为教徒提供了顶礼膜拜的对象，音乐、舞蹈和诗歌为神灵注入热爱、关怀和拯救人类的灵性和情感，通过这些情感表达形式，强化人们宗教心理和宗教感情，促进了宗教文化景观的发展。

寺庙建筑、坟地布置、聚落结构及地名特征是宗教园林文化的重要内容。基督教堂、伊斯兰教清真寺、佛教寺庙和印度教寺庙，这些建筑在规模、风格、装饰、用材以及功用性上无不体现显著特征。武当道教文化景观的构成内容极为丰富，武当建筑、武当壁画、武当音乐、武当养生、武当道医、武当武学、武当饮食向世人传达着深邃的道教文化。武当山景区“道”味十足，香烟缭绕“乐声不绝于耳”，来往的人们除欣赏绮丽的武当自然风光、寺观建筑、壁画彩饰、玄武雕像外，还可欣赏动态的礼祀活动，感受炉鼎香烛良好氛围的道教文化（见图4-10）。

图4-10 武当山宗教园林

4.4 艺术性原则

自20世纪80年代，具有普遍意义的形式美的法则多样与统一、调和与对比、对称与均衡、比例与尺度、韵律与节奏等，一度成为风景园林界研究的热点，由于这些形式美学原则和中国古典园林的“诗情画意”密切联系，从而在现代园林的理论和实践中，逐渐成为一种理所当然的准则。

4.4.1 艺术形式运用

意境营造是风景园林艺术性的重要体现，中国古典园林与文学、艺术形式紧密融合，借助传统艺术形式的书法、绘画、京剧、武术、烹调、陶艺及舞台布景等，达到天人合一的境界。画龙点睛的屏、联、题、刻佳作更显园林诗情画意，使得园林景观得以意境悠远、回味无穷（见图4-11）。园林中的诗、词、歌、赋在于促使景象升华到意境的高度，宋代大词人苏轼“与谁同坐？明月、清风、我”的佳句抒发出高雅的情境。因为有了诗文题名的启示，使游者产生联想，油然而生情思，产生“象外之象”、“景外之景”、“弦外之音”，这便是园林的意境。

图4-11　苏州留园

从艺术审美角度而言，现代风景园林的审美特征大体可以分言志和缘情、比德和畅神。高山、瀑布景观令人为大自然的伟大所折服——这是一种言志之美，美在心灵的震撼和慑服。寺庙多建在山上，这种视线空间更加符合宗教的需要，人在低势、随着山势渐高空间层次上推，借助山的崇高给人以言志、比德的审美情态。

4.4.2 符号艺术处理

符号化方法是风景园林营造艺术氛围、表现设计思想的一种手段。在风景园林设计中，文化成为一种抽象的“符号”概念，设计通过对中国传统文化元素进行提炼化简为繁，只用一个符号或者一种色彩来传达文化意境，经设计师处理后使之将其转变为具体的“符号”形象。景观符号通过艺术创作把要传达的思想变成视觉符号形象，并用这种符号形象来表达景观对象。这种符号创作一定是非常精准的表达特定内涵，任何视觉符号都必须围绕着一个特定的主题有机地结合在一起，独到的造型符号形式会引起接受者的深刻认知，符号的选用与创造，充分体现设计师艺术功底与素养。

符号艺术处理这种艺术手法非常有助于文化的传播和发展，在风景园林艺术中越来越广泛。通过技术手段和新材料的运用，使“符号”形式通过建筑或其他设施小品的具象景观再现，成为某种独特的景观元素，比如公园大门景观，广场中的雕塑水景、壁画的装饰、石材的肌理、楼梯的扶手等（见图4-12）。符号景观在园林中产生强烈视觉冲击力，赋予景观环境鲜活的生命力，完成符号艺术特有的思想观念、倾向和情感表达。

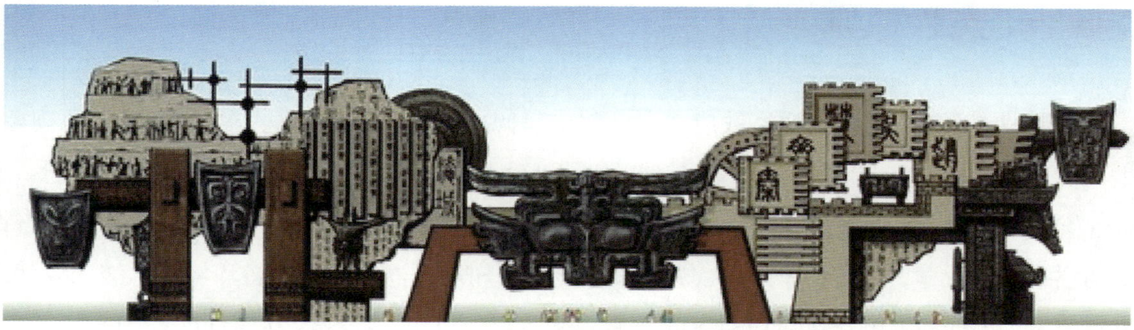

图 4-12　大门设计方案

4.4.3　空间艺术处理

空间的虚与实、疏与密、围与透对风景园林空间特点影响非常显著。园林空间无围透关系的处理，视线就可穷尽院内所有景物；若通过处理塑造若干空间层次，则会有不可穷尽的深远感。空间层次的艺术处理有两种方式：一是利用藏和漏使空间增大，利用空间序列使空间有无穷感；此外采用对景、障景等艺术处理手法，对大空间采用不对称轴线，对小空间则用对称中轴线，或者利用山、植物、塔、桥、亭、雕塑等标志物来设计意向性轴线，对增强空间层次感均会起到意想不到的效果（见图 4-13）。

图 4-13　中式园林

通过艺术处理方式可以产生虚中有实、实中有虚的丰富空间。在空间虚与实的处理中，设计师一方面采用暧昧手法，使一个空间被“围”限定，但围而不密，开敞一小部分从而产生模糊的边界，形成虚实空间；另一方面利用渗透的手法，比如利用开敞水面、疏木林等形成透景线，使空间有不尽之意境。疏与密的关系反映出风景园林设计要素的经营位置和密集程度，设计要素集合过密，对视觉刺激太多则易造成紧张、郁闷感，过疏则显得平淡无奇，疏密有致的景观要素能使人随着空间的逐渐递进产生张弛有度的节奏感。

4.5 生态性原则

当前时期城市的热岛效应、温室效应、污染效应等问题越来越严重，这类生态环境恶化现象使人类的生存受到严重威胁。参照西蒙·范·迪·瑞恩（Sim Van der Ryn）和斯图亚特·考恩（Stuart Cown）的定义：与生态过程相协调，使其对环境的负面影响达到最小的设计形式我们称之为生态设计，这种协调意味着设计尊重多样性原则，减少对资源开发利用规模。生态理念将环境因素纳入设计之中，遵循事物的生态过程和发展规律。1993 年 10 月，ASLA 在《ASLA 环境与发展宣言》中提出了风景园林可持续发展的战略，“人类有责任通过设计、规划、管理和政策制定来实现健康的自然系统和文化社区”。风景园林坚持可持续理念和生态学原理，在认同自然、尊重土地的前提下对土地和户外空间进行设计，风景园林生态设计是一种伦理，反映了风景园林设计师对自然和社会的责任。

4.5.1 因地制宜打造生态景观

自然的因素在风景园林中扮演着重要角色，自然资源包括高山、平原、河海、沼泽等，包括土地状况、水资源面貌、动植物生存条件等，都是自然构成要素。风景园林设计注重保护自然景观资源，充分利用原有基地条件保留大自然的肌理，在空间维度上多层次展现人与自然的联系，保持自然景观格局的连续性。风景园林生态设计最大限度的保持和利用原始地形地貌基本形态和走势，对自然高差和坡地等条件加以巧妙利用，对未经开发改造的山岭、坡地、荒林等往往难以达到理想的要求，合理的做法则是——有景用景、无景造景。

武汉长江大桥横跨长江两岸龟蛇两山，桥体合理地利用自然山体作为桥梁引线，增加了桥梁跨度使桥身建筑景观和地形地貌环境浑然一体，既保持了道路优美流畅的自然曲线，又最大程度地减少土方量，节省工程的建设投资，达到了技术和艺术的高度统一（见图 4－14）。这种桥梁建筑景观与自然山水景观伴生效果极大的实现了城市的环境生态效益。

图 4－14　武汉长江大桥

4.5.2 保护和恢复重建生态系统

风景园林生态性原则以景观生态学为理论基础，维护自然界本身的缓冲和调节功能，使园林景观的植物、水体、土壤、地形、人造景观等要素形成健康的生态系统。生态系统是个有机的整体，其内部结构之间保持物质迁移和能量转换，风景园林生态设计提倡按照这种自然规律，发挥自然界自身强大的维持和恢复能力，达到资源的恢复和再生从而实现可持续利用。

生态设计采取补偿手段，使设计过程和结果对环境的影响尽可能减少，使用可循环的材料，尽量减少“生态足迹”和“生命周期耗费”，这种方式是保护生态系统的有效手段。秦皇岛汤河滨河公园的设计中，设计者和建造师们用最少的人为干扰，在完全保留自然河流生态廊道的基底上，引入了一条“红飘带”，将所有城市设施包括步道、座椅、灯光和环境解说系统整合其中，在最大限度地保留自然生态系统的同时，获得了最大程度的景观效果（见图4－15和图4－16）。汤河湿地生态区景观设计最大限度保护原有生境（并创建丰富小生境）：根据不同的立地条件，选择本地植物，形成多样的地带性植物群落景观；运用碎石、卵石或块石矮墙来分隔组织空间，矮墙经钢丝网加固定形、石料填充而成，极尽自然之美，其中空隙又能为昆虫、蜘蛛及小爬行动物提供了一个良好的栖息空间。

图4－15　秦皇岛汤河滨河公园鸟瞰

图4－16　秦皇岛汤河滨河公园节点

4.6 经济性原则

4.6.1 集约和节约利用资源

风景园林的生态性追求最少的资源投入和最大的环境效益产出。集约型理念已经渗透到社会的各个行业，拓宽集约型景观设计的思路和方法，在采用新技术、新材料的基础上，通过节约原材料、减少能源消耗、高效利用城市空间等途径，在一定程度上实现集约型景观理念。

通过新技术、新材料的采用，风景园林可以数以倍计地减少能源和资源的消耗，合理地利用光、风、水等资源的自然过程从而大大减少能源的消耗，借助风能和太阳能在公路、桥梁景观标识和照明上的运用，感光材料在护栏和路标的使用，能解决夜晚行车视觉信息的传递。景观建筑、生态建筑具有良好的室内物理环境调节能力，满足了人们生活和工作所需的舒适、健康及效率需求。景观植被设计通过林地取代草坪、地方性树种取代外来园艺品种，实现减少灌溉用水、少用或不用化肥和除草剂等目标。彼得·拉兹在杜伊斯堡北部风景园的设计中，将原工厂的废旧排水渠改造成水景公园，将地表水汇聚于高架桥下，通过一系列净化处理后循环利用，并通过水的跌落形成了欢快的落水景观，正是风景园林集约理念的集中体现。

集约型城市是“紧凑”的城市，高效利用城市的多维立体空间是集约型景观的重要体现。柯布西耶在《新建筑》中关于屋顶花园、底层的架空结构即是土地集约利用的优秀理念。城市建设尽可能集约用地，积极拓宽利用城市空间的思路，在城市道路桥梁的立交系统、地下建筑空间、城市屋顶花园及建筑立面绿化等多方面的积极展开探索，在同一块土地上实施多种不同功能的项目，使城市环境地面空间、城市上空和地下空间合理高效利用（见图 4－17）。

图 4－17　城市屋顶花园

4.6.2　回收利用淘汰城市空间

在城市更新和旧城改造中，废弃的工业厂区可以在生态恢复后成为市民的休闲场所，这种以生态原则为指导而产生环境的积极效益，启示我们如何有效利用将要淘汰的历史遗产空间，在发达国家已成为一种潮流。

1971 年景观设计师理查德·哈格提出利用西雅图的煤气工厂遗址建成市民休闲公园，使破旧丑陋的旧工业工厂保持了其历史、美学和实用的价值（见图 4－18）。西雅图煤气厂公园于 1975 年开放，在尊重旧厂区基地已有条件基础上，充分利用原有工厂设施进行生态恢复，其具体做法是：工业设备经过有选择的删减，剩下的成为巨大的雕塑和工业考古的遗迹而存在；一些机器被刷上了红、黄、蓝、紫等鲜艳的颜色，这些工业设施和厂房被改建成餐饮、休息、儿童游戏等公园设施；工业废弃物作为公园的一部分被利用，有效地减少建造成本，实现了资源的再利用。

图 4－18　西雅图煤气厂公园

人们厌倦了写字楼环境的压抑感，苦苦寻找具有后工业色彩的、年代久远的历史风貌，昔日废弃的空间资源成了人们的休闲活动场所，成为具有崭新理念及生命力的旅游观光景点。将工业遗产改造为创意产业园、现代艺术区，用以展示现代艺术、大型雕塑、装置艺术等，对风景园林设计具有重要现实意义。北京的 798 艺术创业园区在这方面也进行了大胆的探索，原有工业建筑错落有致的工业厂房、斑驳的红砖瓦墙、纵横交错的管道，墙壁上保留的各个时代的标语，深刻了北京城市的历史记忆和精神内涵，风景园林生态设计在这里得到了很好体现（图 4－19～图 4－22）。

图 4－19　798 艺术创业园区（1）

图 4－20　798 艺术创业园区（2）

图 4－21　798 艺术创业园区（3）

图 4－22　798 艺术创业园区（4）

第5章

风景园林物质要素

5.1 地形

在构成园林绿地的诸要素中，地形是园林造景的基础，是构成一个园林绿地景观的骨架。不同的地形、地貌反映出不同的景观特征，它影响园林布局和园林风格。园林地形不仅会直接影响到其他要素的设计，而且地形本身也是一个观赏对象，园林地形的设计是否恰当，不仅仅是一个工程技术方面的问题，也是能否创造优美园林景观的关键环节。

5.1.1 园林地形的功能与作用

园林地形具有多方面的功能与作用。地形本身具有显著美学特征，对任何规模的韵律和美学特征有着直接的影响；地形空间感强，能够影响人们对户外环境的范围和气氛的感受；地形还能够控制视线、加强排水功能和创造小气候等。

5.1.1.1 基础骨架作用

地形是景观赖以存在的基面，是其他要素的基底和衬托，在园林中起重要的基础和骨架作用。建筑、景观、植物、水体等景观常常以地形作为依托，地形对建筑、水体、道路等选址和布置均有重要影响，地形坡度的大小、坡面的朝向也往往决定建筑的选址及朝向，根据不同的地形特征在设计中合理安排其他景物，发挥好地形的基础骨架作用（见图5－1和图5－2）。

5.1.1.2 微地形塑造作用

1. 凸地形与凹地形

地形的起伏不仅丰富了园林景观，而且还创造了不同的视线条件，形成了不同性格的空间。地形中地块的平面形状、地块的竖向变化都影响园林空间甚至起到决定性的作用，从小规模的私密空间到开敞的公共空间，或从流动的线形谷地空间到静止的盆地空间，都可以利用底面、坡度、轮廓线的不同组合，来塑造空间的不同特征（见图5－3和图5－4）。

图 5－1　地形的骨架作用（1）

图 5－2　地形的骨架作用（2）

图 5－3　地形的起伏（1）

图 5－4　地形的起伏（2）

地形有凸地形和凹地形之分，它们在组织视线和创造空间上具有不同的特点和作用。

凸地形具有延伸性，空间呈发散状。可以组织成为观景之地又因所在的地形高处景物突出、明显，也可组织成为造景之地（见图 5－5）。

凹地形比周围环境的地形低、空间呈集聚性，视线通常较封闭，且封闭程度决定于凹地的绝对标高、脊线范围、坡面角、树木和建筑高度等因素。凹地形的低凹处能聚集视线，可精心布置景物或设置观演场所，坡面既可观景也可布置景物（见图 5－6）。

图 5－5　凸地形的特点与作用

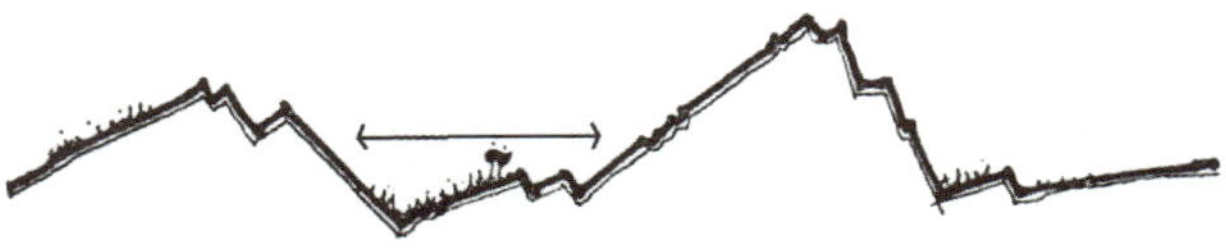

图 5－6　凹地形的特点与作用

2. 地形分隔空间

利用地形可以划分空间，利于地形划在空间时应该从功能、现状地形条件和造景等多方面考虑。地形是分隔空间的有效手段，一方面，利于地形变化分割成大小相同的空间（见图 5－7），另一方面还可将分割成大小不一的空间，获得大小对比的空间艺术效果（见图 5－8）。

具有一定的高差的地形能够起到挡风墙、视觉屏障和声音隔离的作用（见图 5－9 和图 5－10）。

3. 地形引导空间

地形具有潜在的视觉特性，对地形进行改造和组合产生空间序列的视觉效果。组景和造景时利用地形起伏的遮挡、显隐作用，引导过渡空间使景观逐步展现形成不同景观展示序列，创造丰富的层次美（见图5－11）。

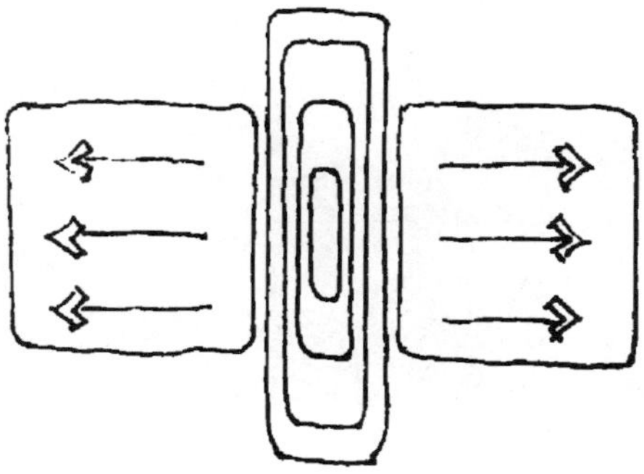

图5－7　分隔大小相同的空间

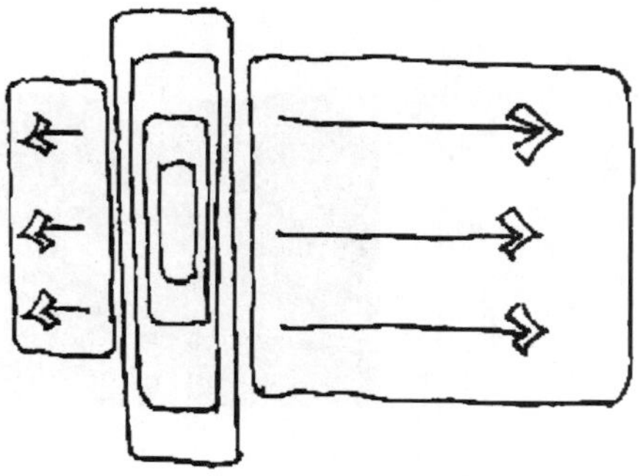

图5－8　分隔大小不同的空间

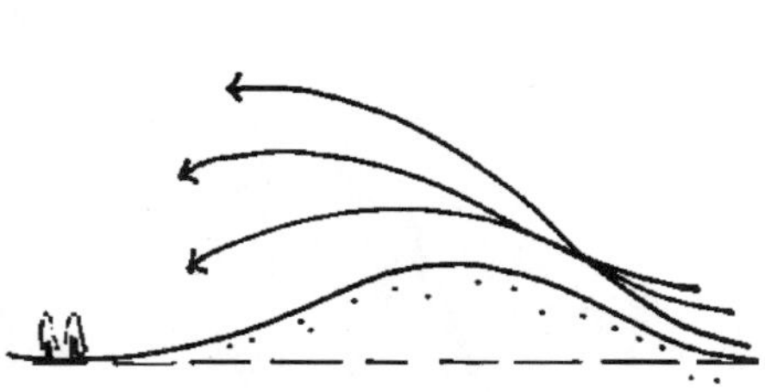

图5－9　挡风墙

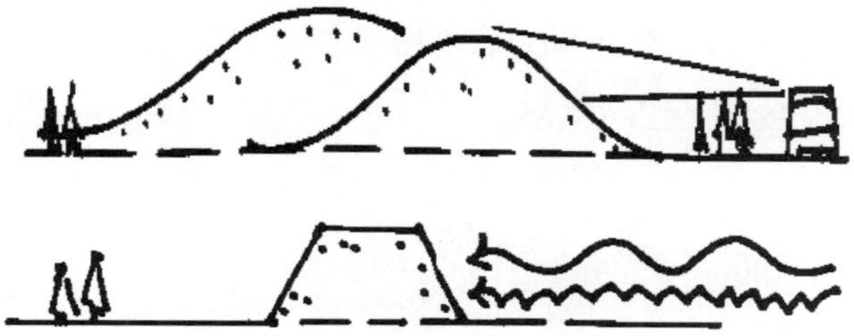

图5－10　视觉屏障、声音隔离带

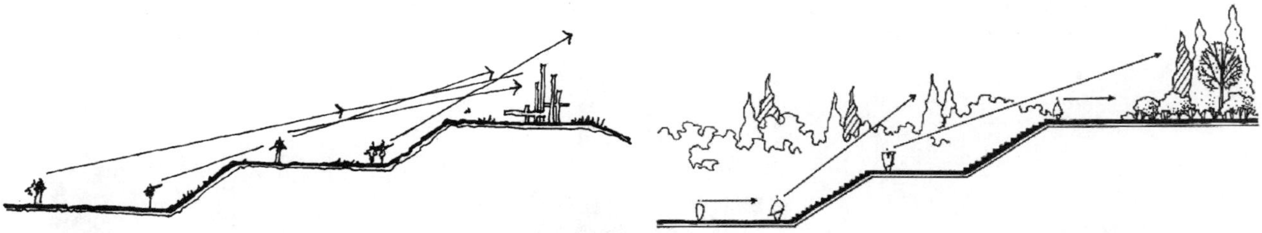

图5－11　微地形引导空间

不同风格的园林景观体现不同的特点，通过微地形的塑造让人体会到景随步移的动感，仿佛经过了山之麓到山之渊的变化。中国园林艺术关于“小园宜曲”的精髓，就是通过平面上的曲折和立面上的起伏来营造小场地中大空间的精辟论点。

5.1.1.3　园林景观作用

1. 背景

地形是造园诸要素载体的底界面，园林建筑、小品、道路、树木、草坪等形成各自景点，地形则充当了这些载体的共同背景。处理好园林地形中的凹、凸地形与景物之间的关系，首先要确定地形背景与景物的关系是相溶合还是相衬映，这便是景物的“隐”或“露”，其次要仔细推敲景物的体量、方向、色彩、质感、造型等内容，尽量通过视距的控制保证景物地形背景之间较好的构图关系（见图5－12）。

2. 造景

山地、坡地、平原等地形都有着独特的个性特征。在地形处理中，尽可能地利用具有不同美学表现的地形地貌，形成有分有合、有起有伏、千姿百态的峰、峦、岭、谷、崖、壁、洞、窟、湖、池、

图 5－12　地形背景作用

溪、涧、堤、岛、草原、田野等不同格调的地形景观（见图 5－13），这些地形各有各的特点，缓坡造景和陡坡造景效果迥然不同但各有千秋（见图 5－14 和图 5－15），峰峦具有浑厚雄伟的壮丽景象，洞谷的景色则古奥幽深，湖池具有淡泊清远的平和景观，而溪涧则显得生动活泼、灵巧多趣。

图 5－13　改造地形、设计景观

图 5－14　缓坡造景

图 5－15　陡坡造景

3. 观景

地形可以创造良好的景观条件，在山顶或山坡可以引导视线、俯瞰美景（见图 5－16 和图 5－17）；位于开敞地形中可感受立面景观形象；狭窄的谷地能够引导视线，强化终端景物的焦点作用。地形可为游人提供观景的空间，不同的地形可在水平方向创造环视、半环视、夹视等景观序列，也可以在整体上创造俯瞰、平视、仰视等景观角度。

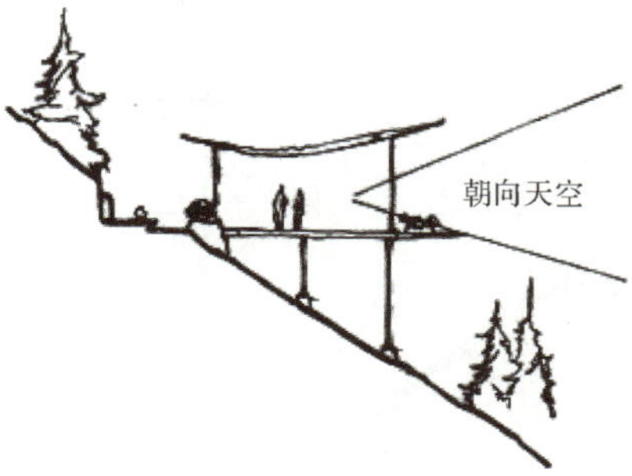

图 5－16　地形高地观景（1）

图 5－17　地形高地观景（2）

4. 景观

园林绿地设计不是简单的“园和林的混合体”，而是以植物造景为主体充满人文气息的自然生态环境，由此呈现出自然界多姿多彩的大地景观（见图 5－18 和图 5－19）。世界园林造景大致经历了三个主要审美阶段，农业文明的审美观——村落田园审美观、工业文明的审美观——极简主义审美观、生态信息文明审美观——景观生态审美观。景观生态审美观是整体综合的审美观念，它不以单纯的视觉形式为审美原则，也不以生活生态位主要内同，而是集诸多要素之大乘的整体综合的审美观念，其核心内容是生物和谐概念。

图 5－18　大地景观（1）

图 5－19　大地景观（2）

5.1.1.4　园林工程作用

在中国传统的地形利用实践中，大都形成坐北向南，背倚山峰，面临平原与河流的地形利用传统。园林地形的起伏变化可以改善小气候，改善植物种植条件，能提供阴、阳、缓、陡等多样性环境（见图 5－20）。在景观工程实践中利用地形的自然排水功能，提供干、湿不同的环境，使园林中出现宜人的气候以及良好的观赏环境（见图 5－21）。

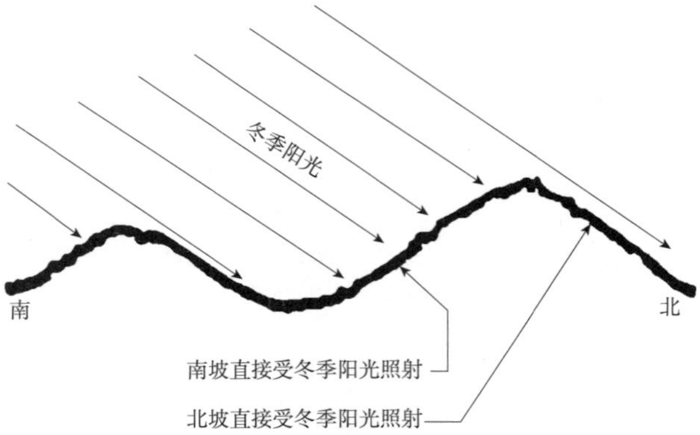

图 5－20　地形朝向与阳光

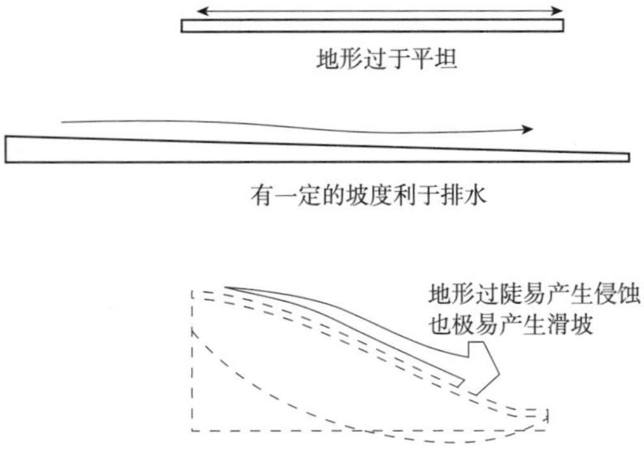

图 5－21　地形坡度与排水

5.1.2　园林地形的表现方式

5.1.2.1　等高线法

等高线法是地形最基本的图示表示方法。等高线法是以某个参照水平平面为依据，用一系列等距离假想的水平面切割地形后所获得交线的水平投影图表示地形的方法。把地面上海拔高度相同的点连成的闭合曲线，垂直投影到一个标准面上，并按比例缩小画在图纸上，就得到等高线（见图 5－22）。等高线仅是一种象征地形的假想线，在实际中不存在。因为等高线可以看作是不同海拔高度的水平面与实际地面的交线，所以等高线是闭合曲线。在等高线上标注的数字为该等高线的海拔高度。两条相邻等高线之间的垂直距离称为等高距。

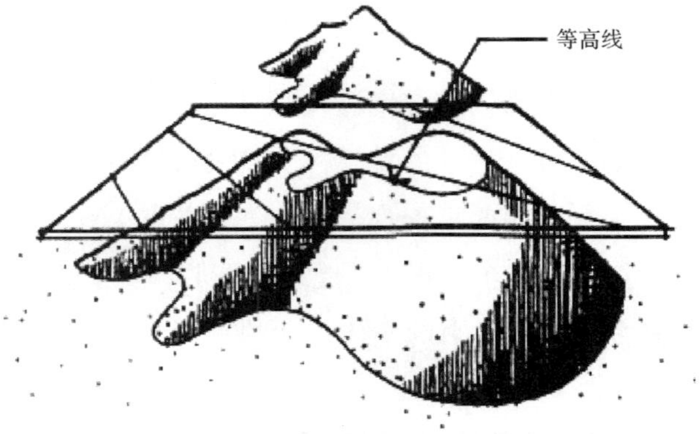

图 5－22　水平切割与等高线

地形等高线图上只有标注比例尺和等高距后才能解释地形。在使用等高线时，应牢记以下基本原则。

（1）原地形等高线应随手用短线（虚线）表示（见图 5－23）。

（2）改造后的地形设计等高线在平面图上用实线表示（见图 5－24）。

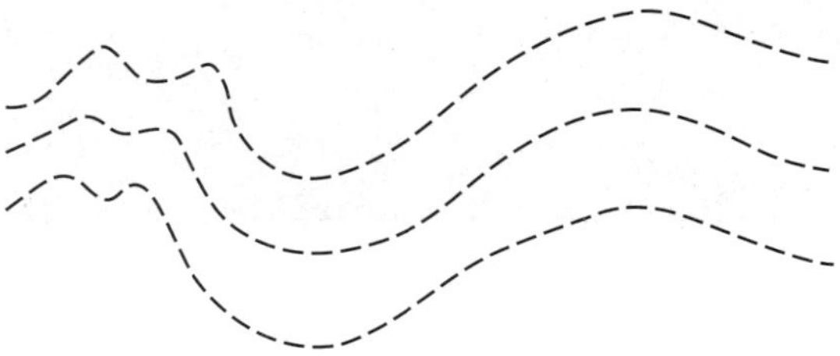
图 5－23　原有等高线

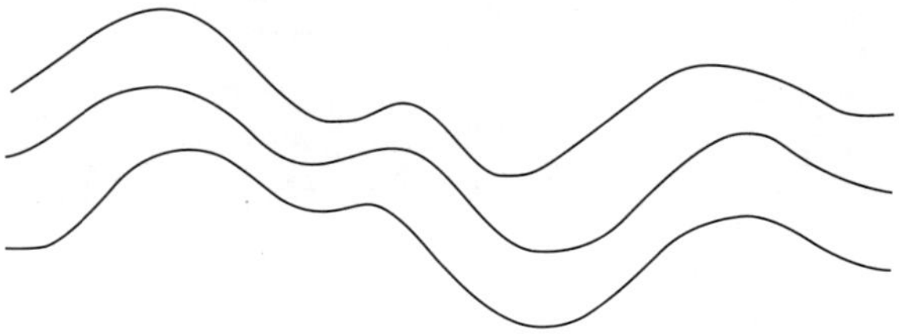
图 5－24　设计后等高线

（3）所有等高线都是各自闭合的曲线（见图 5－25）。

（4）除了悬崖或垂直面外，等高线决不能交叉，每一条等高线其一侧是较高点，而另一侧是较低点（见图 5－26）。

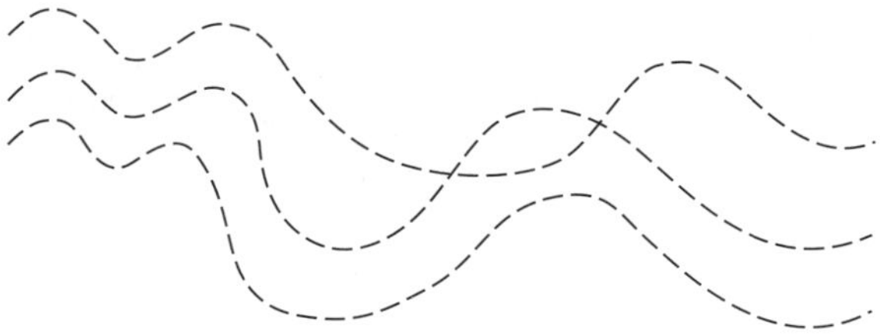

图 5－25　闭合的等高线

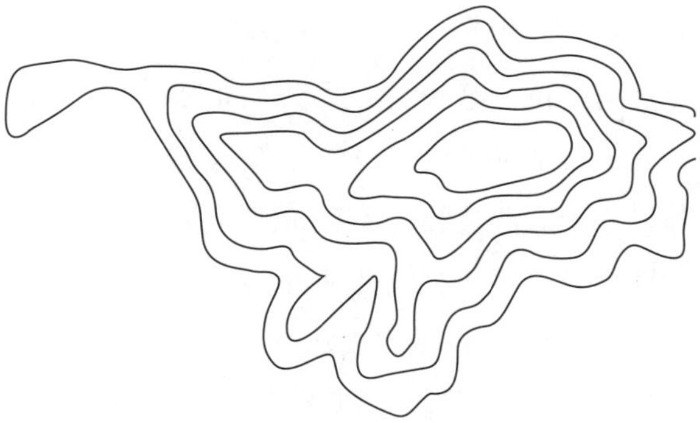

图 5－26　不交叉的等高线

山谷在平面图上的表示是等高线向上指向，即指向较高数值的等高线。山脊在平面图上的表示是等高线向下指向，即指向较低数值的等高线（见图 5－27）。

凸状地形在平面上由同轴、闭合的中心最高数值等高线表示。

凹状地形在平面上由同轴、闭合的中心最低数值等高线表示。其中最低数值等高线的绘制，常用短小的蓑状线表示（见图 5－28）。

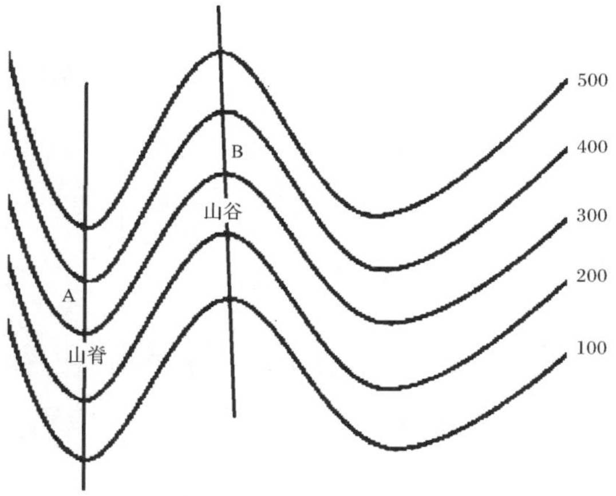

图 5－27　山谷与山脊等高线

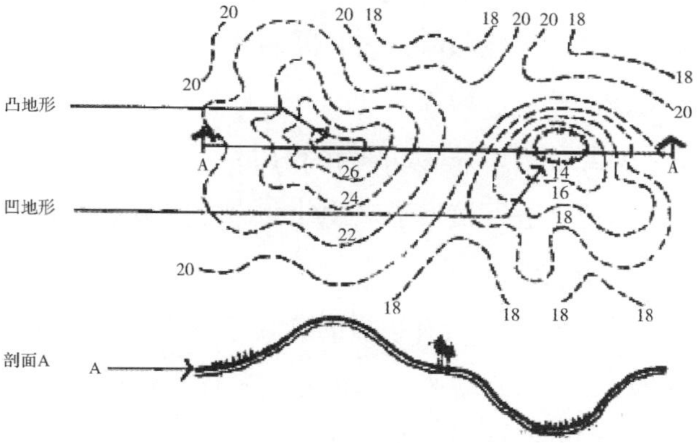

图 5－28　凸地、凹地等高线及剖面

5.1.2.2　坡级法

在地形图上，用坡度等级表示地形的陡缓和分布的方法称作坡级法，这种图式方法较直观，便于了解和分析地形，常用于基地现状和坡度分析图中。坡度等级往往根据等高距的大小、地形的复杂程度以及各种活动内容对坡度的要求进行划分（见图 5－29）。

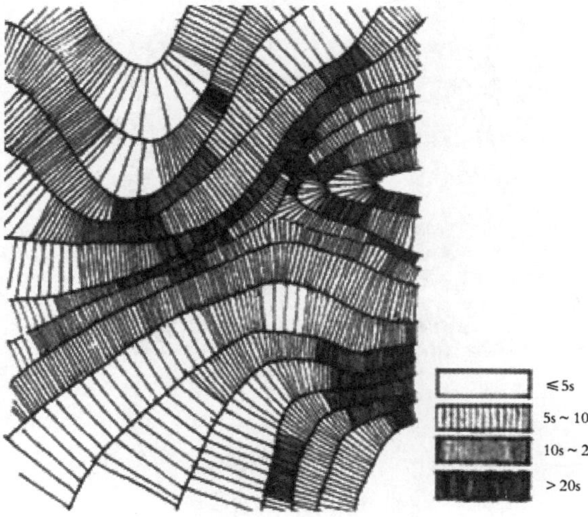

图 5－29　坡级法地形图

5.1.2.3　高程标注法

当需要表示地形图中某些特殊的地形点时，可用十字号或圆点标记这些点，并在旁边注该点到参照面的高程，这些点常处于等高线之间，标注建筑物转角、墙体和坡面的顶面及底面的高程，底面最高点和最低点高程等（见图5-30）。高程常注写到小数点后第二位，这些点常处于等高线之间。

除了以上等高线法、坡级法、高程标注法三种主要地形表现方法之外，还有如模型表示法和计算机模拟绘图地形表示法。模型是表示地形最直观有效的方式，但是模型通常笨重、庞大、不利于保存和运输，并制作起来耗时耗资。计算机图示方法的优点在于它能让使用者从各个有利角度来观察地形的各个区域。

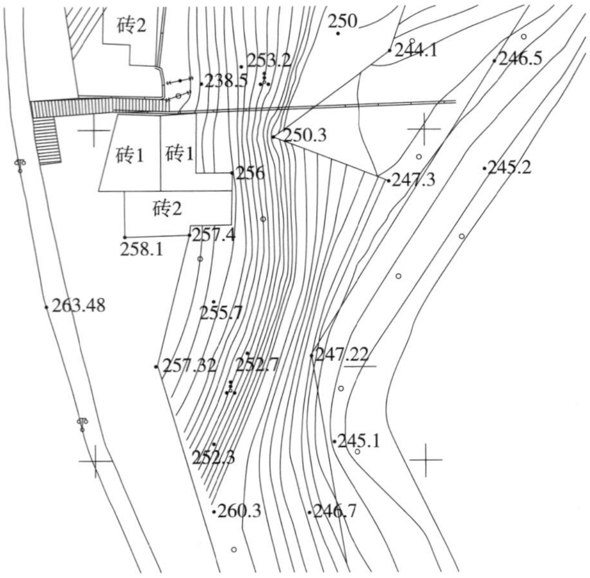

图5-30　高程标注法地形图

5.2　植物

5.2.1　园林植物的分类及形态

园林植物是指在园林绿化中栽植应用的植物，包括木本和草本的观花、观叶或观果植物，以及适用于园林、绿地和风景名胜区的防护植物与经济植物，包括各种乔木、灌木、藤本、地被、竹类、草木花卉及草坪植物等。

5.2.1.1　园林植物的分类

为便于进行植物景观设计，通常按照不同标准对植物进行分类。

1. 按形态分类

（1）乔木。具有明显的高大主干，分支点高，树体高大，通常5~6m以上的木本植物称为乔木。如雪松、云杉、银杏、白皮松、木棉、松树、广玉兰、白桦等，乔木按冬季或旱季落叶与否又分为落叶乔木和常绿乔木（见图5-31）。

（2）灌木。树体矮小，通常6m以下，主干低矮不明显，常在基部发出多个枝干的木本植物称为灌木。如玫瑰、龙船花、映山红、牡丹、腊梅、大叶黄杨等（见图5-32）。

图5-31　乔木

图5-32　灌木

（3）草本植物。草本植物茎含木质细胞少，全株或地上部分容易萎蔫或枯死，茎多汁，较柔软。如菊花、百合、凤仙等（见图5-33）。

（4）藤本植物。茎长而不能直立，靠倚附它物而向上攀升的植物称为藤本植物。藤本植物依茎的性质又分为木质藤本和草质藤本两大类。藤本植物依据有无特别的攀援器官又分为攀缘性藤本，如瓜类、豌豆、薜荔等具有卷须或不定气根，能卷缠他物生长；缠绕性藤本，如牵牛花、忍冬等，其茎能缠绕他物生长（见图5－34）。

2. 按生态习性分类（见图5－35）

（1）陆生植物。陆生植物指生于陆地上的植物，包括湿生、中生、旱生植物三大类，如菊花。

图5－33 草本植物

图5－34 藤本植物

菊花

荷花

热带兰

菟丝子

水晶兰

图5－35 植物按生态习性分类

（2）水生植物。水生植物指植物体全部或部分沉于水的植物，如荷花、睡莲等。

（3）附生植物。附生植物指植物体附生于它物上，但能自营生活，不需吸取支持者的养料为生的植物，如热带兰。

（4）寄生植物。寄生植物指寄生于其他植物上，并以吸根侵入寄主的组织内吸取养料为自己生活营养的一部分或全部的植物，如菟丝子。

（5）腐生植物。腐生植物指生于腐烂的有机质上，没有叶绿体的植物，如菌类植物、水晶兰等。

3. 按用途分类（见图5－36）

（1）行道树。行道树是指为了美化、遮阴和防护等目的，在道路两旁栽植的树木，如悬铃木、樟树、杨树、垂柳、银杏、广玉兰等。

（2）庭荫树。庭荫树又称绿荫树，主要以能形成绿荫供游人纳凉避免日光曝晒和装饰用，多孤植，或丛植在庭院、广场或草坪内，如樟树、油松、白皮松、合欢、梧桐、杨类等。

银杏

梧桐树

三角花

野牛草

常春藤

月季

图 5－36 植物按用途习性分类

（3）绿篱植物。绿篱植物在园林中主要起分隔空间、范围、场地、遮蔽视线，衬托景物，美化环境以及防护等作用，如黄杨、女贞、水蜡、榆、三角花和地肤等。

（4）地被植物及草坪。地被植物及草坪是指用低矮的木本或草本植物种植在林下或裸地上，以覆盖地面，起防尘降温及美化作用，如酢浆草、枸杞、野牛草、匍地柏等。

（5）垂直绿化植物。垂直绿化植物通常做法是栽植攀缘植物，绿化墙面和藤架，如常春藤、木香、爬山虎等。

（6）花坛植物。花坛植物指采用观叶、观花的草本花卉及低矮灌木，栽植在花坛内组成各种花纹和图案，如石楠、月季、金盏菊、五色苋等。

4. 按生存周期分类

（1）一年生植物。一年生植物指植物的生命周期短，由数星期至数月，在一年内完成其生命过程，然后全株死亡，如白菜、豆角等。

（2）二年生植物。二年生植物指植物于第一年种子萌发、生长，至第二年开花结实后枯死的植物，如甜菜。

（3）多年生植物。多年生植物指生活周期年复一年，多年生长，如常见的乔木、灌木都是多年生植物。另外还有些多年生草本植物，能生活多年，或地上部分在冬天枯萎，来年继续生长和开花结实。

5.2.1.2 园林植物的形态

园林植物大多有它独特的天然形态美，有的苍劲雄伟、有的婀娜多姿、有的古朴奇特、有的提根露爪、有的俊秀飘逸、有的刚劲挺拔、有的倩影婆娑。园林树木造型的形式多种多样，进行园林树木造型主要是为增加树木的观赏性，增加其美学观赏价值，如侧柏修成龙形、蝶形、马形、虎形、葫芦形、花瓶形等形状，进行艺术加工，则观赏效果令人耳目一新。

1. 自然式

自然式是以树木的自然形态为标准、保持其大自然的造化神韵，只是对植株本身不尽人意之处稍加整理修饰，使其更加完美，在总体上保持它的自然风貌，不露人工做作的痕迹。

2. 造型式

造型式是选样枝条柔韧不易折断及萌发力强，生长快速健壮，耐修剪的树种，按照人工想象的设计要求，运用绑扎、诱引、修剪等办法，制作成雄狮望月、丹风朝阳、仙鹤凌空、蛟龙探海、猛虎上山、孔雀开屏、熊猫观云等，这些造型能充分展示人工独具匠心的艺术美。

3. 理想式

理想式是以树木原有的形态为基础，对美之所在而进行修饰整形加工，如龙柏自然生长就近似盘龙，若顺势进行适度的修剪，使它更具魅力，栩栩如生；垂柳婀娜多姿，人工剪除树干上影响美观的蘖枝，让其生长得潇洒自如，俊秀飘逸。

4. 建筑式

建筑式是将树木修剪成建筑物的形状，如方柱、球体、圆柱、菱形、楼形、塔形、亭形、桥形等形状，根据树木的生长姿态，按照建筑物的特点因势利导、因树施艺、掌握好比例结构、形状特点、凸凹变化，将枝条合理布局整理成建筑物的轮廓，再经过细致巧妙的绑扎、精心修饰、剪裁，便可做成精美绝伦的绿色建筑造型，提高了树木的观赏性、艺术性，既发挥了绿化、美化的效果，又体现了建筑的艺术特色。

5.2.2 园林植物配置

5.2.2.1 配置原则

1. 因地制宜原则

在进行植物配置时，应根据环境条件的不同，因地制宜使之与立地条件相适应，形成生机盎然的园林景观。植物是有生命的有机体，每一种植物对其生态环境都有特定的要求，在进行观赏植物配植时必须首先满足植物的生态要求。

（1）光的要求。大部分植物喜光线充足，尤其是观花植物。在有些荫蔽处，如建筑物背面、树荫下，则需选择对光线要求不严的耐荫植物，如八仙花、八角金盘、玉替等；在人工栽培群落的中下层，可选择耐荫的小乔木，如竹柏、山茶、杜鹃花等。

（2）土壤水分的要求。大多数植物对土壤中含水量要求适中，既不能太干也不能太湿，少数种类则对此要求不严。有些能耐旱，而有些可以耐湿，在园林中的水体、岸沿，需选用耐湿的观赏植物，如池杉、水松、落羽杉、垂柳、紫穗槐、荷花、睡莲、营蒲等；在土壤干旱贫瘠处，可选用黑松、油松、杨树、臭椿等。

（3）大气的要求。不同植物对有毒物质的忍耐力不同，有些观赏植物只要在很低浓度的有毒物质下生长即受到影响，而有的植物则可忍受较重的污染。例如，在工矿区、道路边等处，则需要选用抗污染性强的观赏植物种类。

（4）土壤的要求。不同的植物对土壤的酸碱性有一定的要求，一般各地的乡土树种由于长期生长适应的结果，对当地的土壤酸碱度已经适应，只是对外来引种植物需要考虑提供适宜的土壤条件。

2. 功能性原则

不同的园林绿地有不同的功能要求，观赏植物的配植应考虑到绿地的功能。例如，在需要遮挡太阳西晒的绿化地段，可以配植高大的乔木；在需要围护、分隔和美化的地段，可以选用一些枝叶繁茂的灌木类观赏植物；在需要设置花架的地方，可以栽植攀缘的藤本植物；在需要开展集体活动的开阔地面上，可以种植耐践踏的草坪；而在承受较大风力的地带，可以选用深根性的树种；在居住区、街道等有地下管道的地方，又必须选用浅根性的树种。

3. 艺术性原则

园林绿地不仅要有实用功能，而且能形成不同的景观艺术，给人以视觉、听觉、嗅觉上的美感，属于艺术美的范畴。在观赏植物配植上，也要符合艺术美的规律，合理进行搭配，最大程度地发挥观赏植物“美”的魅力。创造观赏植物配植的艺术美，就是遵循一定的美学原理，使观赏植物与园林中的各种建筑、道桥、山石、小品之间，使各种花草树木之间，在色彩、形态、质感、光影、明暗、体量、尺度等方面进行既富于多样变化的对比，又能够相互烘托协调的艺术构思和配植设计。

4. 经济性原则

随着城市园林绿化水平的不断提高，对观赏植物的配植要求也相应提高，但也造成绿地建设费用节节上涨。为了解决好此类矛盾，一方面要尽量选用乡土树种，因为这类树种往往适应性强，苗木易得，又可突出地方特色；另一方面在重点景点和建筑物的迎面处，可配植一些名贵的树种，充分发挥植物的观赏价值；此外，还可种植一些观果、观叶的经济林果，如柿树、银杏、枇杷、杨梅、薄壳山核桃等，使观赏性与经济效益有机地结合起来。

5.2.2.2 配置形式与方法

1. 园林植物配置形式

园林植物配置形式可分为自然式、规则式、混合式三种。

（1）自然式。

自然式植物配置以模仿自然、强调变化为主，具有活泼、愉快，幽雅的自然情调，采用不对称的自然式种植，充分表现植物材料的自然姿态。

（2）规则式。

规则式植物配置多以轴线对称，成行成排种植，有强烈的人为感、规整感。

（3）混合式。

混合式是规则式和自然式相结合的形式，通常指群落植物景观，既有整洁清新、色彩明快的整体效果，又有丰富多彩、变化无穷的自然景观，既有自然美又具人工美。

2. 园林植物的配置方法

园林植物的配置方法有孤植，对植和丛植。

（1）孤植。

孤植是将树木以独立形态展示出来的种植形式，它即可单纯为突出构图服务，也可兼顾庇荫要求，不同于树丛树群对群体美的追求，孤植表现的是个体美。

孤植要求树木形体高大，姿态优美，树冠开阔，枝叶茂盛，或者具有某些特殊的观赏价值，如鲜艳的花果叶色彩、优美的枝干造型、浓郁的芳香等。常见的有香樟、榕树、悬铃木、朴树、雪松、银杏、七叶树、广玉兰、乌桕等。

（2）对植。

对植是按一定轴线关系对称或均衡对应种植的两株或具有两株整体效果的两组树木景观，它作为配景或夹景，以烘托主景，或增强景观透视的前后层次和纵深感。对植设计形式有对称式和非对称式两种。

对称式对植是以主体景观的轴线为对称轴，对称种植两株（丛）品种、大小、高度一致的植物（见图5-37）。

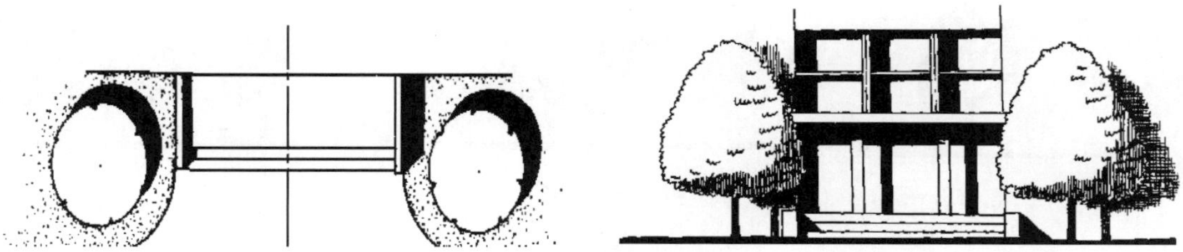

图5-37　对植（对称式）平面及立面

非对称式对植是以两株或两丛植物在主轴线两侧按照中心构图法或者杠杆均衡法进行配置，形成动态的平衡。需要注意的是，非对称式对植的两株（丛）植物的动势要向着轴线方向，形成左右均衡、相互呼应的状态（见图5-38）。与对称式对植相比，非对称式对植要灵活许多。

图5-38　对植（不对称式）平面及立面

对植一般要求树木形态美观或树冠整齐、花叶娇美，常应用于园林绿地的路端、建筑入口、公园两侧、规则式花园入口、桥头与石阶两侧、庭园左右等，适合的树木有雪松、龙柏、龙爪槐、南洋杉、云杉、柳树、苏铁、棕竹、桧柏、棕榈、碧桃、紫玉兰、罗汉松等。

（3）丛植。

丛植是指由多株树木做不规则近距离组合种植，具有整体效果的园林树木群体景观。它可以有一个树种，也可由多种树种组成，树丛反映自然界树木小规模的群体形象美，做局部空间的主景或配景、障景、隔景等，兼有遮阳的作用，树丛的构图法则要求在统一中求变化，差异中求调和，一般10~15株，树种不宜超过5种。

1）两株树丛。两株树丛一般采用同种树木，或者形态和生活习性相似的不同种树木，但两株树木的形态不要完全相同，要有变化和动势，创造活泼的景致（见图5-39）。

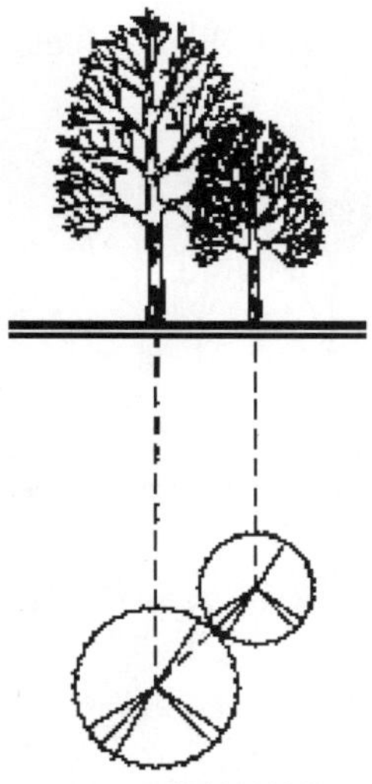

图5-39　两株树丛植物配置

2）三株树丛。三株树丛的树木宜采用同种或两种树木，平面布置呈不等边三角形，以“2+1”的方式栽种，最大和最小靠近成一组，整体造型呈不对称均衡。如树木为两种，将同种分成两组，并且单独的一组树木体量要小（见图 5－40）。

3）五株树丛。五株树丛是一个树种或两个树种，分成 3∶2 或成 4∶1 两组。如树木为两种，其中一种为三株，另一种为两株，分在两个组内，但两组之间距离不能太远，彼此之间也要有所呼应和均衡（见图 5－41）。

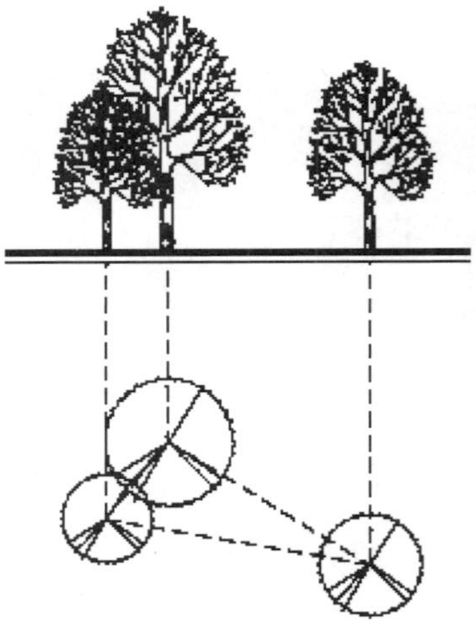

图 5－40　三株树丛植物配置

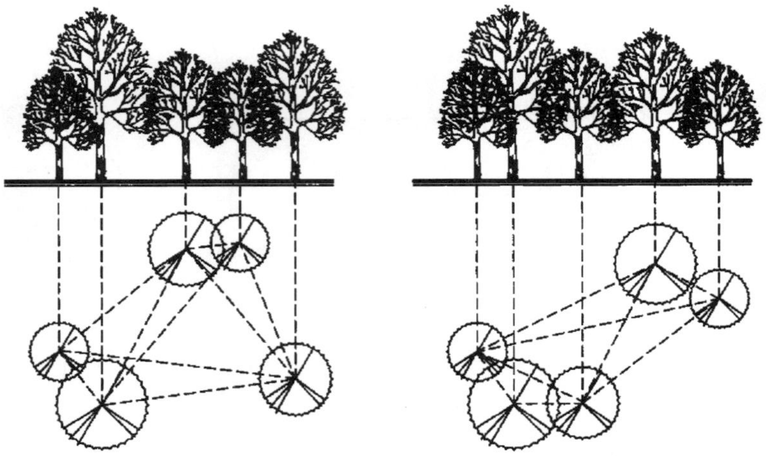

图 5－41　五株树丛植物配置

5.2.3　园林植物功能

5.2.3.1　空间功能

1. 构筑空间

选用树冠茂密的乔木，利用茂密的树冠构成顶面覆盖，树冠越茂密，顶面的封闭感越强；用分枝点高的乔木，利用树干形成立面上的围合，但此空间是通透或半通透的空间，树木栽植越密，则围合感也越强。

分枝点较高的乔木在立面上能够暗示空间的边界，但不能完全阻隔视线（见图 5－42）。

选用分枝点低的乔木，利用植物冠丛形成里面上的围合、空间的封闭程度与植物种类、栽植密度有关，常绿植物阻挡了视线，形成围合空间（见图 5－43）。

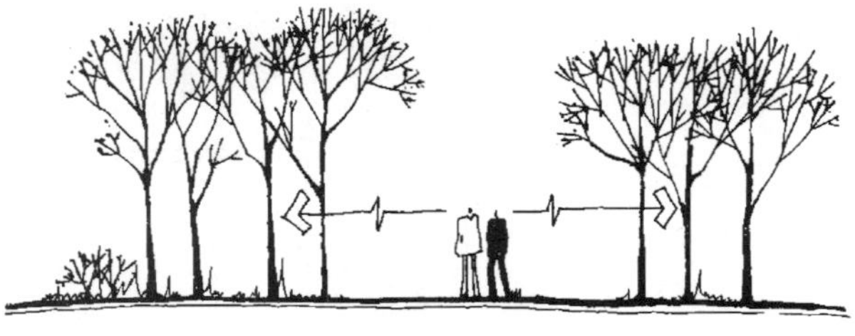

图 5－42　分枝点较高的植物形成半开敞的空间

图 5－43　利用植物配置形成围合空间

2. 塑造空间

利用园林植物能够强化与弱化地形空间，园林中地形的高低起伏可使空间气氛发生变化。利用植物材料能够强调地形的高低起伏（见图 5－44），在地势较高处种植高大、挺拔的乔木，可以使地形起伏变化更加明显；与此相反，如果在地形凹处栽植植物，或者在山顶栽植低矮的、平展的植物可以使地势趋于平坦。在园林景观营造中可以应用植物的这种功能，形成突兀或者平缓的地形景观，与大规模的地形改造相比，可以说是事半功倍。

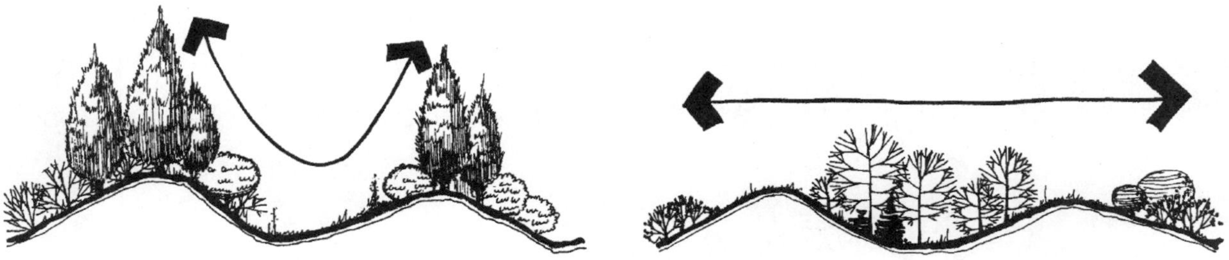

图 5－44　利用植被强化或削弱地形

3. 组织空间

在园林设计中，除利用植物组合形成不同的空间之外，有时还需要利用植物进行空间承接和过渡（见图 5－45），植物如同建筑中的门、窗、墙体一样，为人们创造一个个“房间”，并引导人们在其中穿行。

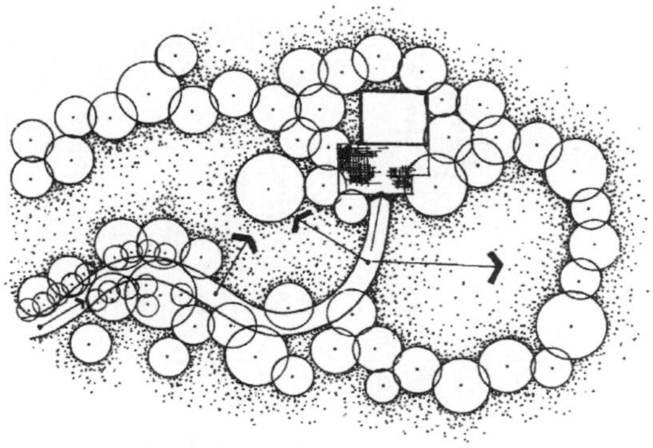

图 5－45　利用植物进行空间的组织

5.2.3.2　美学功能

1. 主景

植物本身就是一道风景，尤其是一些形状奇特、色彩丰富的植物更会引起人们的注意，每一种植物都拥有这样的潜质，问题是设计师是否能够发现并加以合理利用。比如在草坪中，一株花满枝头的紫薇就会成为视觉焦点；在瑞雪过后，一株红瑞木会让人眼前一亮等，这些都是植物本身所具有的潜质。

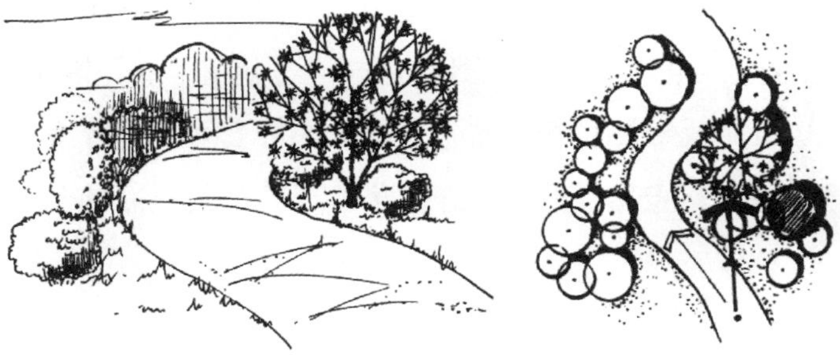

图 5－46　植物的障景和引景功能

2. 障景和引景

中国古典园林讲究通过障景，使得视线无法通达，利用人的好奇心，引导游人继续前行，探究障景之后的景物，即所谓的引景（见图 5－46），道路转弯处栽植一株花灌木，一方面遮挡了路人的视线，使其无法通视；另一方面，这株花灌木也成为视觉的焦点，构成引景观。

3. 框景与透景

将优美的自然景色通过门窗或植物等材料加以限定，如同画框与图画的关系，这种景观处理方式称为框景。框景常常让人产生错觉，疑是挂在墙上的图画，所以框景有“尺幅窗，无心画”之称，利用植物构成框景在现代景观设计中非常普遍。在景观设计中植物的框景也常常和透景相结合（见图 5－47），两侧的植物构成框景将人的视线引向远方，这条视线即称为“透景线”。

5.2.4 园林植物设计

5.2.4.1 滨水植物设计

生活在不同水分条件环境中植物，形成了对水分需求的生态习性与适应性，根据植物与水分的关系，可分为水生，湿生（沼生）、中生、旱生等植物生态类型，它们在外部形态、内部组织结构、抗旱和抗涝能力以及植物景观上都是不同的。在园林应用方面，水景植物根据其生理特征和观赏习性可以分为水边植物、驳岸植物、水面植物三大类型，在不同的地域和气候条件下植物的种类又各有不同（见图5－48）。

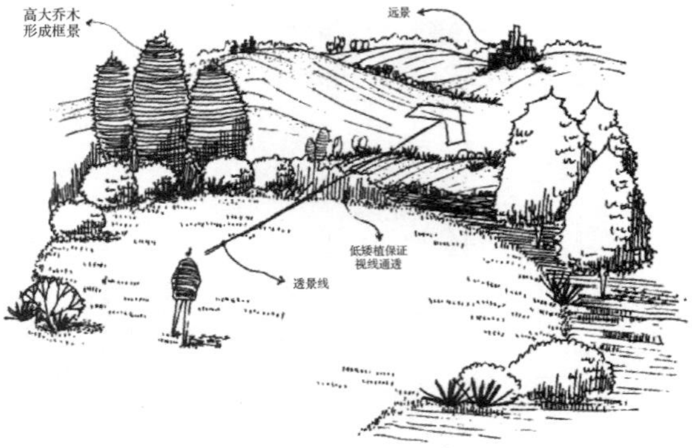

图5－47　植物形成的框景和透景

图5－48　滨水区植物配置剖面图

1. 水边植物

水边植物的作用主要在于丰富岸边景观视线、增加水面层次、突出自然野趣。在北方，常植垂柳于水边，或配以碧桃、樱花，或栽几丛月季、蔷薇、迎春、连翘，春花秋叶，韵味无穷；南方水边植物的种类则更加丰富，如水杉、蒲桃、榕树类、羊蹄甲类、木麻黄、椰子、落羽松、乌桕等，都是很好的水边造景植物。

2. 驳岸植物

园林水景驳岸的处理形式多种多样，植物的种植模式也有多种。在驳岸植物的选择上，除了通过迎春、垂柳、连翘等柔长纤细的纸条来弱化岩石混凝土砖的生硬线条之外，还在岸边栽植一些花灌木、地被、宿根花卉以及水生花卉如鸢尾、菖蒲等，也可以用锦熟黄杨、雀舌黄杨、小叶女贞、金叶女贞组成图案式的植物景观或者剪成不同的造型来进行绿化、美化。另外，许多藤本植物都是很好的驳岸绿化材料，如地锦、凌霄等。

3. 水面植物

水面植物是园林水体绿化中不可缺少的一种植物材料，其种类相当多，可细分为挺水植物、浮水植物、沉水植物等。水面植物的栽植不宜过密或拥挤，要与水面的功能分区相结合，在有限的空间中留出充足的开阔水面来展现倒影以及水中游鱼。

5.2.4.2 道路绿化设计

道路绿化是道路环境和城市绿地系统的重要组成部分，也是体现城市绿化风貌与景观特色的重要载体，直接形成城市地貌、道路空间性格，市民交往环境。城市道路的线型规划与景观设计应与道路周围的土地区划、建筑密度、建筑类型及组合、公用设施及街道建筑小品的布设结合考虑，从空间入手，找出城市空间存在形式中道路空间的实质和特性，从而揭示其存在规律，要掌握植物景观设计的方法，从而进行道路及周围整体空间环境设计。

城市道路绿化断面布置形式是规划设计所用的主要模式，常用的有一板二带式、二板三带式、三板四带式、四板五带式及其他形式。

1. 一板二带式

一板二带式是道路绿化中常用的一种形式，即在车行道两侧的人行道分隔线上种植行道树，以高大的落叶乔木形成遮荫，并在两侧栽植层次丰富的各种树木以提高观赏效果（见图5－49）。

2. 二板三带式

二板三带式是指分隔单向行驶的两条车行道中间进行绿化，并在道路两侧布置行道树。这种形式适合宽阔的道路，其绿带数量较大，生态效益也比较显著，多用于高速公路和人行道路的绿化（见图5－50）。

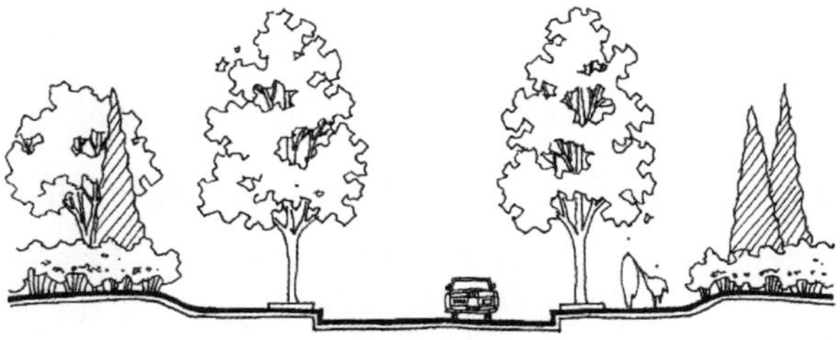

图5－49 一板二带式

图5－50 二板三带式

3. 三板四带式

三板四带式是指利用两条分隔带把车行道分为三块，中间为机动车道，两侧为非机动车道，连同车道两侧的行道树共为四条绿带，此法虽然占地面积较大，但绿量也大，夏天蔽荫效果好，组织交通方便且安全可靠，解决了各种车辆互相干扰的矛盾（见图5－51）。

4. 四板五带式

四板五带式是利用三条分隔带将车道分为四条，从而规划出五条绿化带，以便各种车辆上行、下行互不干扰，有利于限定车速及交通安全，如果道路面积不宜布置五带，则可用栏杆分隔，以节约用地（见图5－52）。

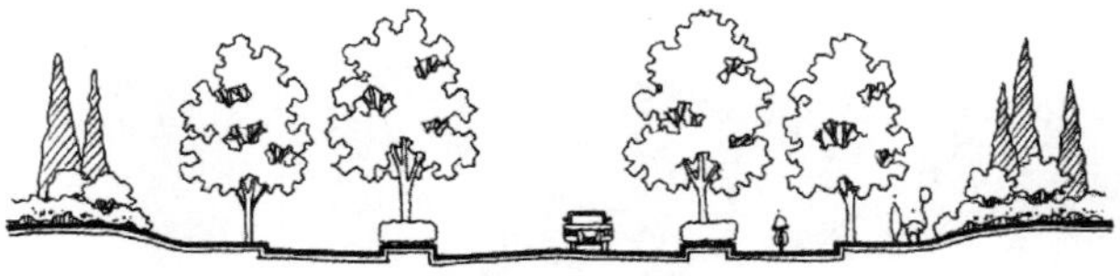

图5－51 三板四带式

图5－52 四板五带式道路的绿化方式

5.2.4.3 林缘线、林冠线设计

树丛、花丛在地面上的垂直投影轮廓即林缘线。林缘线往往是虚、实空间（树丛为实，草坪为虚）的分界线，也是绿地中明、暗空间的分界线，林缘线直接影响空间、视线及景深，对于自然式植物组团，流畅的林缘线给人开阔、大气的感觉，自然式植物景观的林缘线有半封闭和全封闭两种（见图5－53）。

林冠线是指树林或者树丛立面的轮廓线，林冠线主要影响到景观的立面效果和景观的空间感，不同高度的植物组合会形成高低起伏、富于变化的林冠线，可以采取利用圆柱形植物形成过渡和连接，当由相同高度的植物构成的林冠线平直简单，但常会显得单调，此时最好在视线所及范围内栽植一两株高大乔木，就可以打破这一“单调”（见图5－54）。

图5－53　林缘线

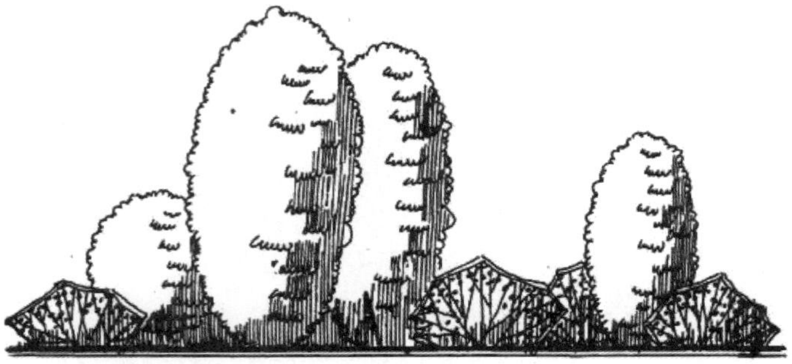

图5－54　林冠线

5.2.4.4　季相设计

在景观设计中，植物不但是“绿化”的元素，还是万紫千红的渲染手段。园林植物随季节的变化表现出不同的季相特征，春季繁华似锦、夏季绿树成荫、秋季硕果累累、冬季枝干挺拔，这种盛衰荣枯的生命规律为创造四季演变的时序景观提供了条件。根据植物的季相变化，把具有不同季相的植物进行搭配种植，使得同一地点在不同时期具有不同的景观变化效果，例如春季观花、夏季观叶、秋季观果、冬季观枝，可以表现出极强的季相变化，给人以不同的时令感受（见图5－55）。

图5－55　植物季相形态变化（春、夏、秋、冬）

景观构成的三个主要方面，即林缘线对应平面、林冠线对应立面，植物季相对应时间，所以说园林景观涉及的是一个三维空间，在进行植物景观设计的时候，需要综合考虑时间和空间，只有这样才能创造一处可游、可赏的植物景观。

5.3 水体

水体是风景园林中最富于变化的要素，水能形成不同的形状和态势，同时水体也是中国园林景观中重要的组成部分，与山、石、路径、树林、亭台、楼阁一起组成令西方世界震惊的中国园林景观文化。水的自然形态决定了水的形式，一切人工水景的效果都来自于自然的启迪，在不同的环境中运用水体的不同形式，从而获得良好的环境效果。

5.3.1 园林水体的类型

5.3.1.1 按平面形式分类

园林水体按照水的平面形式可以分为自然式水体、规则式水体和混合式水体。

1. 自然式水体

自然式水体平面形状自然，有天然水体，也有人工开凿的放天然湖泊池沼、溪涧泉瀑等，具有自然形态。其轮廓形状随地形而变化，因形就势，轮廓柔美，可自成景观要素，具有观赏性（见图5-56）。自然式园林中常采用这类水体，如中国古典园林、英国自然风景园及现代城市公园，我国济南市的珍珠泉就是典型的例子。

2. 规则式水体

规则式水体平面多为几何形，以人工开凿成方、圆、六角、条状等几何形状的水体，具有周边整齐，形体均匀的特征，多为中轴对称之形，如运河、水渠、水池、水井，喷泉等，通过人工开垦、挖掘、砌筑而成。常有山石、雕塑、花坛、花架等园林小品组合成景。一般布置在规则式园林之中，或与规则式的空间形成相呼应。其中方池多设于建筑围合的庭院中。法国巴黎西南郊外凡尔赛镇的凡尔赛宫的花园水池是规则式水体的典型案例之一（见图5-57）。

图5-56 自然式水体

图5-57 规则式水体

3. 混合式水体

混合式顾名思义就是前两者的结合，选用规则式的岸形，局部用自然式水体打破人工的线条（见图5-58）。

5.3.1.2　按水体状态分类

1. 静态水景

静态水景是指水体不流动，或相对流动缓慢，水面相对平静。主要包括湖泊、池沼、潭、塘、井，具有宁静、平和、舒缓的特征，给人为名洁，恬静、安逸、舒适的感受。同时，静水还能反映出周围景物的倒影，丰富了景观层次，扩大了景观的视觉空间，增添了园林景观的虚与实、明与暗的对比，增强空间的韵味，产生海市蜃楼的朦胧美幻效果（见图 5－59）。

图 5－58　混合式水体

图 5－59　静态水景

2. 动态水景

动态水景是水体在受高低落差或压力作用下，产生流动、跌落、喷出的运动状态。常见于河流、溪水、瀑布、喷泉中，动态的水可以使环境显现出活跃的气氛和生动的景象，给人以清新明快、活泼兴奋，变化无穷的感受，由于动态水体的流动、跌落、喷出能够产生音响效果，给人以声形兼备的视觉与听觉感受。为此在当代园林景观设计中得到应用，是最受人们青睐的景观设计元素（见图 5－60）。

图 5－60　动态水景

流动水体是水体由于地势、地形高低落差，使水体产生一定的势能，使水体沿地表斜面流动，其动态效果受地势、地形水量的变化而变化，如河流、小溪。

跌落水体是水体从高地势垂直流落下来形成的水体景观。自然界中多以瀑布形式存在。瀑布具有坠落之美，更具有刺激、恐惧、聆听、观赏、遐想的景观特征，其气势或磅礴，或柔顺洒脱，如瀑布，水幕。

喷出水体是不因受到压力而喷出。形成各种各样的喷泉、涌泉、喷雾效果。现代喷泉的水姿多种多样，随着现代科技技术的发展，喷泉的形式也如雨后竹笋般的蓬勃发展起来，这也是当今水体应用最广的原因，如喷泉、涌泉、喷雾等。

中国园林在崇尚自然的原则下构图以水为主题，其他景物围绕山水来布局，融入人文思想和传统文化底蕴，达到“虽由人作、宛自天开”的艺术境界。

5.3.2 园林水体的功能

5.3.2.1 基底作用

利用大面积水面作为池岸和水中景物的基底，扩大和丰富空间并产生天空及远景的倒影，视域开阔、坦荡，从而发挥托浮岸畔和水中景观的基底作用。营造大面积的水体景观时，发挥视线开阔之处大面积水面的基底作用，充分利用岸边及陆地上其他非水体要素，使之倒映在水中，结合倒影与景物进行整体设计综合造景（见图5－61）。

图5－61 水体基底作用

5.3.2.2 系带作用

宽阔的水面将散落的景观及景点连接统一起来，将不同形状和大小的水面统一在一个整体中，这便是水的系带作用，前者称为点、线型系带作用，后者称为面型系带作用。另外水面还具有一定的可游性，游人在水中划船，使岸上的景物依次展开（见图5－62）。

图5－62 水体系带作用

5.3.2.3 焦点作用

动态水景的喷泉、瀑布、跌水、水帘、水墙、壁泉等，其水的流动形态和声响能吸引游人的注意力。处理好这些水体的位置及尺度和比例的关系，将水景安排在向心空间的焦点上、轴线的交点上、空间的醒目处或者视线容易集中的地方，使水景突出成为视线焦点。充分发挥水体焦点作用，形成园林中的局部小景或主景（见图5－63）。

5.3.2.4 景观作用

园林中的水常常能起到画龙点睛的景观作用，水景以其亦实亦虚、复杂多变的形态增添园林的生机和活力。水中植荷比喻出淤泥而不染的崇高品德，水底的颜色较深则会使水面产生极佳的镜面反射效果，而水面倒影的形成更丰富了园景的层次感（见图5－64）。

5.3.3 园林水景相关要素

在开敞的水面造景，通常利用水面分隔与联系空间的手法增加园林空间层次，主要形式有岛、堤、桥、汀步和水岸等。

图 5－63　水体焦点作用

图 5－64　水体景观作用

5.3.3.1　岛

岛居于水中呈块状陆地，四周有开敞的视觉环境，是欣赏四周风景的中心点，岛即具有实际功能又能体现出游览情趣。岛划分水面空间，增加了水中空间的层次，所以岛具有障景的作用，通过桥和水路进入小岛，又增加了游览情趣，较大的水面中的岛则可以打破水面平淡的单调感（见图 5－65）。

5.3.3.2　堤

堤是指江河、渠道、湖、海岸边或分洪区、围垦区边缘修筑的挡水建筑物。按照堤的位置可分为河（江）堤、湖堤、海堤、渠堤和围堤。堤将大型水面分隔成不同景色的陆地，堤上设道，道中间可设桥与涵洞，沟通两侧水面，堤上可设置亭、廊、花架及座椅等休息设施（见图 5－66）。

图 5－65　岛

图 5－66　堤

5.3.3.3 桥与汀步

桥与汀步使水面隔而不断。较大的水面选择在岛与陆地的最近处建桥，较小的水面选择在两岸最窄的地方建桥（见图5－67）。较小水面的分隔和近距离的浅水处多设汀步（见图5－68），岛与陆地或小水面的对岸连接通常设桥，桥的体量、形态能够极大实现环境中的景观效果。

图5－67 桥

图5－68 汀步

5.4 园路与铺装

这里所说的园路是指风景园林绿地中的道路、广场等各种铺装地坪，园林道路设计包括园路布局、路面层结构和地面铺装等的设计。园路是园林不可缺少的构成要素，起着组织空间、引导游览、交通联系并提供散步休息场所的作用，同时园路还是园林的骨架，它像脉络一样，把园林的各个景区联成整体。园路本身又是园林风景的组成部分，蜿蜒起伏的曲线，丰富的寓意，精美的图案，都给人以美的享受。园路的规划布置反应出不同的园林面貌和风格，我国苏州古典园林讲究峰回路转、曲折迂回，而西欧古典园林凡尔赛宫则讲究平面几何形状。

5.4.1 园路的分类

从使用功能上看，园路一般可以分为主要原路、次要园路、游戏小路和园务路四种类型（见图5－69）。各类园路主次分明有明确的方向性，根据地形、地貌、风景点的分布和园内活动的需要综合考虑，统一规划。

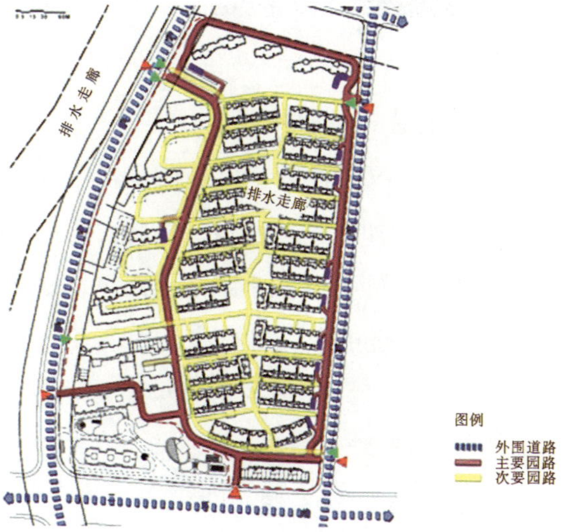

图5－69 园林道路分类示意

5.4.1.1 主要园路

主要园路即园林主干道是指从园林入口通向全园各景区中心、主要建筑、主要景点、主要广场和活动设施的道路。主要园路形成全园的骨架和回环是游人的主要集散通道，通过它对园内外景色进行剪辑，以引导游人欣赏景色。道路宽度一般在3.5~6.0m，一般不超过7.0m，道路两边应充分绿化，以便形成两侧树木交冠的庇荫效果。园林主干道的坡度不宜太大，一般不设台阶纵坡小于8%。主要园路路面结构一般采用沥青混凝土、黑色碎石加沥青砂封面、水泥混凝土铺筑或预制混凝土块等整天铺装，构上能适应管理车辆承载的要求（见图5-70）。

图5-70 主要园路

5.4.1.2 次要园路

次要园路也称园中支路，联系着各个景点是各个分景区的骨架，对主路起辅助的功能作用。次要园路的宽根据公园游人的容量、流量及活动内容等因素而定，一般而言单人通行的园路宽度为0.8~1.0m，双人通行为1.2~1.8m，三人通行为1.8~2.2m。次要园路自然曲度大于主要园路，以优美舒展富于弹性的曲线构成有层次的景观，路两侧植物的开敞程度不同，给人或开朗、或封闭的不同空间感受（见图5-71）。

图5-71 次要园路

5.4.1.3 游戏小路

游戏小路又称游憩小路、游步道、小径，通过这种自由曲折布置的小路来引导游人深入到园林的各个角落，如山上、水边、树林。游戏小路往往形式灵活多样，以优美婉转的曲线构图成景，极尽自然变化之妙，游戏小路是园路系统的末梢，是最能体现艺术性的部分。游戏小路的宽度一般为0.8~1.0m甚至更窄，材料多选用简洁、粗犷、质朴的自然石材，如片岩、条石、卵石等。某植物园内临水小径，路面不宽紧邻水面、更生情趣，草地上以汀步代替的路面，看起来、走起来更有自然情趣（见图5-72）。

5.4.1.4 园务路

园务路是为便于园务运输、养护管理等的需要而建造的路。这种路往往有专门的入口，直通公园的仓库、餐馆、管理处、杂物院等处，并与主环路相通，以便把物资直接运往各景点。在有古建筑的区域以及风景名胜区，园路的规划布置还应考虑消防的要求。

图5-72　游戏小路

5.4.2　园路的功能

园路在园林中起着极其重要的作用，主要表现在组织空间、引导游览、构成独特景观和充当市政管网基础，以及提供散步休息场所等多个方面。

5.4.2.1　引导游览

游人自园林入口进入景区，园路通过组织园林景点，引导游客休憩观景，并将园林的造景序列传达给游客，引导游客按照园林设计的意图、路线和角度来游赏景物，使游客获得步移景异、观景连续多变的感受（见图5-73）。

图5-73　园路引导游览

5.4.2.2　组织空间

园林道路在把园区分隔成若干个不同主题功能景区的同时，又将各个景区联系成一个有机整体，这正是道路流线分隔与联系空间、组织空间的体现。园路是一个线性的狭长空间，园路的穿插把园林划成不同形状、不同大小的一系列空间，通过大小形式的对比，极大的丰富了园林空间的形象，增强了空间的艺术性表现（见图5-74）。

5.4.2.3　自成独特景观

园林道路本身是园林风景的组成部分，它与周围的山体、建筑、花草、树木、石景等物紧密结合，

图 5－74　园路组织空间

通过对园路表面线形、铺装材料、图案色彩的精细设计，形成蜿蜒起伏的曲线，丰富的寓意和精美的图案，给人以美的享受（见图 5－75）。

图 5－75　园路自成独特景观

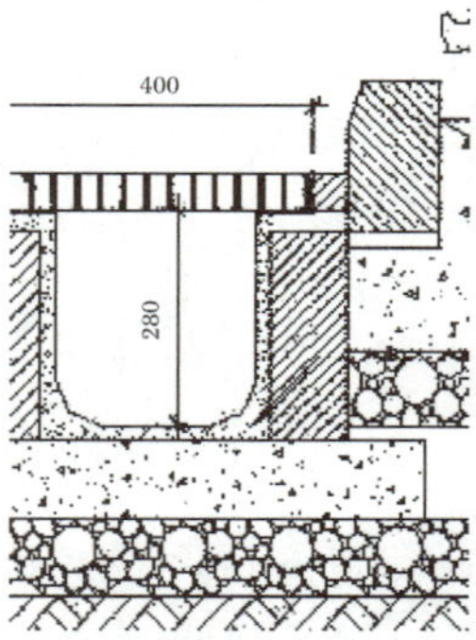

图 5－76　园路市政管网基础

5.4.2.4　市政管网基础

各类园路是水电等工程的基础，直接影响到水、电等管网的布置。大部分工程管线都在城市道路的上部和下部空间中通行，在有限的通行空间中要确保各种管线的通行安全，如路缘石与雨水口剖面示意图（见图 5－76）可见，各部分连接便利互不干扰，在此原则基础上进行城市工程管线综合工作，从水平方向和垂直方向合理布置各类工程管线，既保证本系统工程管线衔接，又便于各系统工程管线彼此交叉通过。

5.4.3　园路的布局

园路规划设计遵循多种原则，因地制宜、因景设路、因游设路，主次分明有明确的方向性。园路的布局宜根据地形地貌、景点的分布、造景艺术、园务活动等的需要综合考虑和统一规划，园路的布局具有回环性、曲折性、多样性及疏密有致等特点。

5.4.3.1　回环性

园林中的道路多为四通八达的环行路，园路的环绕性的目的是满足游客从任何一点出发都能遍游全园，不走回头路，更不能使游人正在游兴时“此路不通”（见图 5－77）。

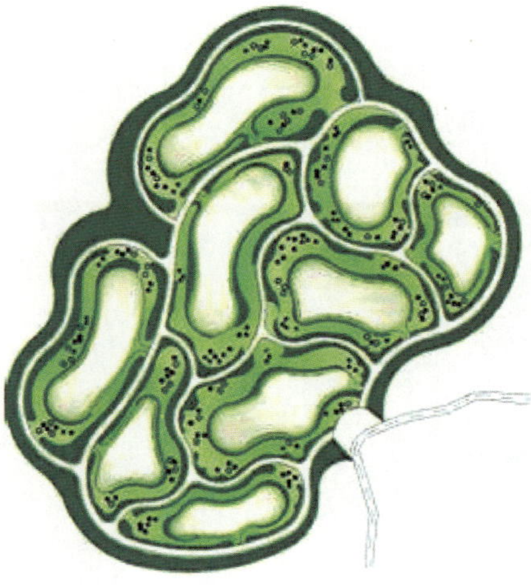

图 5－77　园路的回环性与曲折性

5.4.3.2　曲折性

自然式的园路贵在追求自然野趣，路线自然流畅宜曲不宜直，“路因景曲、境因曲深”，园路随地形地貌和景物而曲折起伏（见图 5－77），若隐若现造成“山重水复疑无路、柳暗花明又一村”的情趣，从而增加园林层次景深，丰富景观延长游览路线。

5.4.3.3　多样性

园路的布局形式是多种多样的，园路以它丰富的体态和情趣来装点园林，使园林因路而更加引人入胜。园路在人流集聚的地方或在庭院内转化为场地，在林间或草坪中转化为步石或休息岛，遇到建筑转化为“廊”，遇山地转化为盘山道、磴道、石级、岩洞；遇到水，路便转化成为桥、堤、汀步等（见图 5－78）。

图 5－78　园路的多样性

5.4.3.4　疏密适度

道路密度指的是在一定区域内，道路网的总里程与该区域面积的比值。园路的疏密度同园林的规模、性质有关，在公园内道路大体占总面积 10%～12%，在动物园、植物园或小游园内，道路网的密度可以稍大，但不宜超过 25%（见图 5－79）。

图 5－79　园路的疏密适度

5.4.4　园路的铺装

园路铺装需要考虑的因素有很多，包括铺装材料的选择与构成运用，材料的强度、形式、耐久性、质感和环保性等，以及施工中所使用的装饰与结构设计，园路表面色彩搭配、纹样和图案设计等等。

图 5－80　园路整体铺装

5.4.4.1　园路铺装的形式

根据路面铺装材料和结构特点，将园路铺装分为整体铺装、块料铺装、粒料和碎料铺装三种形式。

1. 整体铺装

整体铺装包括沥青混凝土路面、水泥混凝土路面、花岗岩大理石贴面、石片及陶瓷类地面砖贴面，以及高分子材料喷涂和贴面、木材贴面等（见图 5－80）。

2. 块料铺装

块料铺装是用石材（料石、小料石、粗料石、毛料石、碎拼青石板、碎拼花岗岩、碎拼磨光大理石、条石）、混凝土、烧结砖、工程塑料等预制的整形板材、块料作为结构面层（见图5-81）。

图5-81 园路块料铺装

3. 粒料和碎料铺装

粒料和碎料铺装包括散置粒料路面、花街铺地、卵石嵌花路等。是古代传统园林铺地的主要方式，以砖瓦、碎石、瓦片等废料、碎料进行艺术加工，可组合成多种图形变化（见图5-82）。

图5-82 园路粒料和碎料铺装

5.4.4.2 园路铺装装饰

1. 图案装饰

利用不同颜色、不同质感的材料，采用相应的铺装方式，在地面上形成抽象或者具象的图案和纹样（见图5-83）。

图5-83 园路铺装装饰——图案

2. 色块装饰

选用不同颜色和表面质感的材料，铺装成各种形状、具有艺术性的颜色块面（见图5-84）。

3. 线条装饰

在浅色调、细质感的大面积底色基面上，以一些主导性的、特色性的线条造型为主进行装饰（见图5-85）。

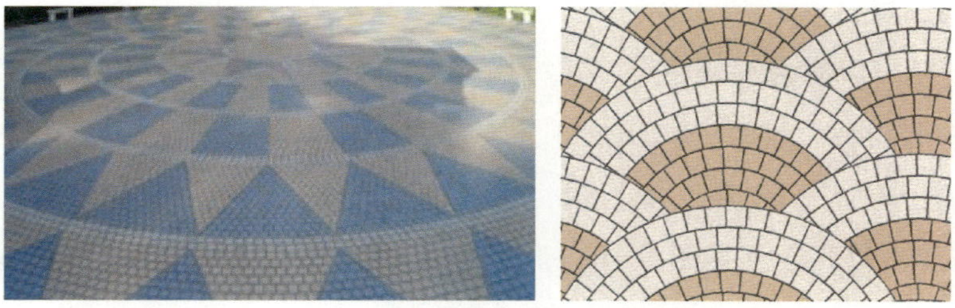

图 5－84　园路铺装装饰——色块

图 5－85　园路铺装装饰——线条

5.4.4.3　园路铺装演变

1. 传统园路风格特点

寓意性和装饰性是传统园路铺装风格的两个主要特点。

（1）寓意性强调“寓情于景”，是有意识地根据不同主题的环境，采用不同的纹样、材料来加强意境。中国古典园林用精雕的砖、细磨的瓦和经过严格挑选的各色卵石拼成，路面铺有以寓言故事、民间剪纸、文房四宝、吉祥用语、花鸟虫鱼等为题材的图案（见图 5－86）。

图 5－86　园路铺装传统——具象

（2）装饰性园路以不同的纹样、质感、尺度、色彩，以不同的风格和时代要求来装饰园林，使园路成为园景的一部分，路面或朴素、粗犷，或舒展、自然、古拙、端庄，或明快、活泼、生动（见图 5－87）。

图 5－87　园路铺装传统——抽象

2. 现代园路材料应用

园路铺装材料选用一般有两种途径：①以对天然材料的利用和简单加工为主的就地取材方式；②依靠工程技术条件研发出满足使用要求的现代材料。现代园林材料表现出对传统材料的继承与扬弃。传统材料多指古代园林中常用的材料，如石材、鹅石、青砖等，这些常见材料在现代园林中依然焕发生命力，且应用领域越来越广泛（见图5－88）。

图5－88　园路铺装现代材料

混凝土具有良好的可塑性和经济实用性，运用在装饰路面的混凝土有彩色混凝土、压印混凝土、混凝土路面砖、彩色混凝土连锁砖、仿毛石砌块等（见图5－89）。压印混凝土又称“强化路艺系统”，是在施工阶段运用彩色强化剂、彩色脱模剂、无色密封剂等三种化学原料对未硬化的混凝土进行固色、配色和表面强化处理后得到的一种混凝土，其图案、色彩的可选择性强，可以根据需要压印出各种图案，产生美观的视觉效果。

图5－89　园路铺装现代工艺

第6章

园林景观设施小品

园林景观设施小品具有实用性和装饰性两个显著特征，即实用型设施和装饰型小品，实用性要求是园林设施的根本要求。园林景观设施小品具体可划分为以下九种基本类型：园林建筑小品、园林休息设施、园林观赏小品、园林服务设施、园林娱乐设施、园林卫生设施、园林照明设施、园林道路设施、园林围护设施等。

6.1 园林建筑小品

园林建筑小品指园林中造型别致且富有情趣的小型建筑物、构筑物设施。传统园林建筑小品表现为亭、榭、廊、阁、轩、楼、台、舫、厅堂等。园林建筑小品有十分重要的作用，可满足人们园林中游憩和观赏的多种功能。现代园林小品的功能与形式在此基础上已有了较大的变化。

6.1.1 廊

有覆盖的通道称廊（见图6-1）。廊的特点狭长而通畅，弯曲而空透，用来连结景区和景点，它是一种既“引”且“观”的建筑，狭长而通畅可达到“引人入胜”的目的，弯曲而空透可观赏到步移景异、千变万化的景色，此外廊柱还具有框景的作用。

6.1.2 亭

亭是园林中最常见的建筑物，主要供人休息观景、兼做景点（见图6-2）。亭的形式千变万化，若按平面的形状分，常见的有三角亭、方亭、圆亭、矩形亭和八角亭；按屋顶的形式有掂尖亭、歇山亭；按所处位置有桥亭、路亭、井亭、廊亭。亭可以任凭造园者的想象力和创造力去丰富它的造型，同时为园林增添美景。

图 6-1　园林建筑小品——廊

图 6-2　园林建筑小品——亭

6.1.3　厅堂

厅堂是江南私家园林中最主要的建筑物，常为园林布局中心，是全园精华汇聚之所（见图 6-3）。厅堂依惯例总是坐南朝北，从堂向北望，是全山最主要的景观面，通常是水池和池北叠山所组成的山水景观。厅的功能多作聚会、宴请、赏景之用，其多种功能集于一体。

图 6-3　园林建筑室内——厅堂

6.1.4　榭

榭常在水面和花畔建造，藉以成景（见图 6-4）。榭都是小巧玲珑、精致开敞的建筑，室内装饰简洁雅致，近可观鱼或品评花木，远可极目眺望，是游览线中最佳的景点，也是构成景点最动人的建筑形式之一。

图6-4　园林建筑小品——榭

6.1.5　阁

阁是园林中最高的建筑物，供游人休息品茗，登高观景（见图6-5）。阁一般有两层以上的屋顶，形体比楼更空透，可以四面观景。

图6-5　园林建筑小品——阁

6.1.6　舫

舫为水边或水中的船形建筑，由于舫不能动又称不系舟。舫在水中，使人更接近于水，身临其中使人有荡漾于水中之感，是园林中供人休息、游赏、饮宴的场所（见图6-6）。

图6-6　园林建筑小品——舫

6.2 园林休息设施

园林休息设施是为游人提供休息、远眺、聊天、野餐、下棋打牌等多种功能的休息亭、休息桌、凳、椅、以及休息廊和花架等一系列构筑物，其本身精巧的造型成为装点园林环境的重要部分。

6.2.1 园椅、园凳、园桌

园椅、园凳、园桌具体设置要求从以下几方面来体现：①布置在环境优美、有景可赏；②夏能遮阴、冬能避风的地方；③园椅、园凳、园桌还要求美观舒适、坚固耐用、构造简单、制作方便、易于清洁，色彩与风格与周围环境相协调（见图6-7）。另外，园椅、园凳、园桌结合建筑设置时，要与建筑实用功能相结合；在广场上设置时，因为有园路通过，一般采用周边式布置，这样有利于形成良好的休息空间；设置在道路两旁的园椅、园凳及园桌，应退出人流路线以外，以免人流干扰，妨碍交通。

图6-7 园椅、园凳、园桌

6.2.2 休息廊、花架

园林休息设施中通常是休息廊和花架结合一体同时出现（见图6-8）。园林休息设施中的休息廊表现为花架的形式称为廊式花架，廊式花架的片版支承于左右梁柱上，游人可入内休息。另一种片式花架，其片版嵌固于单向梁柱上，两边或一面悬挑，形体轻盈活泼。另外还有独立式花架，以各种材料作空格，构成墙垣、花瓶、伞亭等形状，用藤本植物缠绕成型，以供观赏。

图6-8 休息廊、花架

6.3 园林观赏小品

园林观赏小品也称装饰性小品，指园林中的环境雕塑、假山、壁画、浮雕、纪念碑、植物造型小品、树池、花坛、花架、花盆、门洞、空窗、漏窗，以及部分具有装饰性的建筑小品等。

6.3.1 园林雕塑小品

园林雕塑泛指在公园、园林中使用的雕塑，配合园林构图，多数位于室外，题材广泛。园林雕塑通过艺术形象，既可点缀园景，又可成为园林某一局部甚至全园的构图中心（见图6-9）。园林雕塑小品是环境装饰中的一个重要元素，是一种艺术造诣比较高的雕塑作品，因为这些园林雕塑在映衬园林环境的同时也要突显出自己的主题性。

图6-9 园林雕塑小品

在园林中设置雕塑，其主题和形象均应与环境相协调，雕塑体量大小与所在空间的尺度要有恰当的比例，大的恢弘、小的精致，并需要考虑雕塑本身的朝向、色彩，以及与背景的关系，使雕塑与园林环境互为衬托，相得益彰。

6.3.2 园林植物小品

园林植物小品指各种花坛、树池，固定及可移动的花钵、饰瓶等（见图6－10）。

图6－10　园林植物小品

1. 花钵

花钵是种花用的器皿，摆设用的器皿，为口大底端小的倒圆台或倒棱台形状，质地多为砂岩、泥、瓷、塑料及木制品。

2. 花坛

花坛是利用植物进行图案栽植观赏以表现花卉群体美的园林设施。以花坛的表现主题不同进行分类是对花坛最基本的分类方法，可分为花丛花坛（盛花花坛）、模纹花坛、标题花坛、装饰物花坛、立体造型花坛、混合花坛和造景花坛。

3. 花架

花架又称棚架或绿廊，用刚性材料构成一定形状的格架供攀缘植物攀附，花架创造攀援植物生长的条件，同时可作遮荫休息之用。花架是最接近于自然的园林小品。

6.3.3 门洞、漏窗、空窗

园林中的门洞、漏窗、空窗（见图6－11）是作为游人向导、通行、景观的设施，兼具有园林围护设施的功能，同时还具有艺术小品的审美特点。园林意境的空间构思与创造，往往通过门洞、漏窗、空窗的分隔、穿插、渗透，使之方寸之地小中见大，在园林艺术上又巧妙的作为取景的画框，随步移景、转移视线成为情趣横溢的造园障景。

门洞的形式有几何形，如圆形、横长方、直长方、圭形、多角形、复合形等；有仿生形，如海棠形，桃、李、石榴等水果形，葫芦、汉瓶、如意形等。

窗洞分类包括空窗和漏窗，空窗是在园墙上下装窗扇的窗洞（月洞），即可采光通风，又可作取景框，扩大了空间和进深；漏窗是用砖、瓦、木，混凝土预制小块花格等构成灵活多样的花纹图案窗。

图6-11　门洞、漏窗、空窗

6.4　园林服务设施

园林服务设施主要包括标牌、导向牌、广告标识等信息类服务设施，自动售货机、人工售货亭、书报亭等售卖的服务设施，以及候车站台、时钟、自动饮水器、无障碍道路等公共服务设施等。

6.4.1　信息类服务设施

信息类服务设施主要指园林标识类，根据标识传递的信息将标识分为：导向性标识（见图6-12）、说明类标识（见图6-13）、警示限制性标识、景观引赏类标识（见图6-14）等。

图6-12　解说牌

图6-13　路标、指示牌

图6-14　广告标识

6.4.2 售卖类服务设施

现代商业街和景区有许多富有设计感的小商亭、售卖亭，这些小商亭、售卖亭以独特的造型传达着艺术的美感，丰富着城市景观。售卖亭的售卖形式、制作材料及外观样式品类繁多，要根据商品类型及园林销售环境功能要求，选择售卖亭风格样式和制作材料（见图6-15）。

图6-15 售卖类服务设施

6.4.3 其他公共服务设施

园林中具有景观效果的候车站台、景观钟、自动饮水器、无障碍小品等公共服务设施，它们在发挥实用功能的同时，结合文化艺术造型表达一定的主题，点缀城市园林户外场所（见图6-16）。

图6-16 景观站台、景观钟实施

6.5 园林娱乐设施

园林游乐设施不仅包括儿童游乐设施，成人也能够从一些综合性的游乐设施中得到放松，使生活积极而健康。具体包括滑滑梯、沙坑、滑冰场、运动器械、迷宫、水上娱乐场，以及成人冒险、攀、爬、跳、转等设施。综合考虑游乐设施的个性造型、整体摆放方式，使之成为雕塑性的艺术品，为环境增添亮丽色彩。

6.5.1 儿童游乐设施

根据整体环境的需要进行游乐设施的选择与设计，针对不同年龄儿童的心理和生理特点，从设施的尺度、色彩、形态、材质等方面综合考虑。

1. 沙坑

对幼儿和儿童而言，沙坑既是一个与大地亲密接触的场所，也是一个有助于提高创造意识、体验群体生活的地方（见图6－17）。

图6－17　儿童游乐设施（1）

2. 滑梯

滑梯是一种结合了攀登、下滑两种方式的运动式游戏器械，在游乐场所利用率最高。它可以促进幼儿和儿童全身发育。滑梯的标准倾角为30°~35°，着地部分地面应采用类似沙坑的软地面。

3. 秋千

秋千在游乐场所利用率也很高。设计时须考虑到供多人游玩的秋千和成人可使用的秋千。秋千的周围应采用柔性铺装，防止儿童跌伤。

4. 攀登架

攀登架可选用市场上成品的攀登架，也可以单独设计适合各种年龄层次的人群玩耍的新颖造型。材料多选用钢骨和木材，架下必须铺装柔性材料，避免儿童落下时受伤。

5. 跷跷板

跷跷板是供两个或两个以上儿童使用的游具，要求两边的重量相当。跷跷板多选用木材和钢管，宽度为30cm左右，长度根据需求不等，端部应设置缓冲垫或铺装柔性材料（见图6－18）。

6. 游戏墙

游戏墙在现代景观中较多见，为高度1.2m以下的矮墙体，主要供儿童攀爬、钻越，墙上的孔洞有可钻越的，也有窥望洞，富有趣味。可结合简单的几何形体与可爱的动物、植物形体设计游戏墙的外形和孔洞（见图6－18）。

图6－18　儿童游乐设施（2）

6.5.2 成人游乐设施

成人游乐设施多为健身类设施，设置于住宅区、广场、公园等场所。老年人对游乐设施需求主要出于以下几个方面考虑。

1. 健身类设施

日常健身、康复、预防疾病（见图 6－19）。

2. 兴趣类设施

按照内容来选择场地、进行设计如下棋、打牌，或适合集体活动，如跳舞、练功、球类运动等（见图 6－19）。

3. 家庭类设施

为老人提供可以与儿孙共乐的环境，避免孤独感的产生，促进几代人的交流（见图 6－19）。

图 6－19　成人游乐设施

6.6 园林卫生设施

园林卫生设施具体指园林中的垃圾箱、烟灰缸、饮水器、洗手器、公用厕所等。这类设施与城市的给排水等设备有机组合构成系统，设计合理、使用方便、管理完善，并且与园林环境气氛相融合发挥重要作用。

6.6.1 垃圾箱

富有时代气息、进行艺术造型，表达鲜明设计主题的垃圾桶在各种园林环境中应运而生。多种材料的运用，如防腐木材水井造型、青花瓷垃圾箱，形式上富有中国传统文化韵味，能够与周围古典园林的环境和谐一致（见图 6－20）。

图 6－20　传统垃圾箱

垃圾桶是最普通的园林设施，设计上进行文化创意，让脏兮兮的垃圾桶变成漂亮的装饰品，而且还能成为彰显地方文化特色的一个载体。垃圾箱的设计不仅要关注时尚、流行以及产品的经济效益，更要关注与园林环境场所的景观协调性，有主要塑造园林氛围（见图6－21）。

图6－21　时尚垃圾箱

6.6.2　公共厕所

公厕也要有文化特色，要注重公厕建筑外部形态和内部环境的和谐统一。公厕建设体现出对生命个体的人文关怀，尤其是特殊人群如低幼高龄、残疾人士使用，尽量采用无障碍设计。

园林公共厕所在体积、大小、颜色、形状上的设计是其重点，处理好小体积的公厕建筑与大尺度的自然景观相协调，处理绿色文化与“排池”、“臭”观念的矛盾，处理人造设施与自然景观的矛盾，处理客观需求与管理困难的矛盾等。

公园的厕所设施在体积大小上，宜小不宜大，以其小衬园林之大；宜亮不宜暗，亮可明目，更衬园林之深遂；色彩宜柔不宜刚，人工之柔可与环境天然之柔相呼应。形状应视具体位置宜变化多样，以衬园林景观变化之不足，尤其是人工造景的不足。

不同的景区，根据游径不同，游客人群不同，其公共厕所设施设计要求不一。打破传统公厕统一的“火柴盒”式外型和古板单一的颜色，将古典艺术、园林风景和现代建筑风格巧妙地融进公共卫生间的建设中，做到“一厕一景”、“一景一厕”让公厕成为一道亮丽的公园景观（见图6－22）。

图6－22　园林公共厕所

6.7　园林照明设施

园林中的照明设施包括庭院照明、道路照明、装饰照明、环境照明等不同方式，众多的园林照明景观灯，是以烘托环境气氛为主要功能，如路灯、广场灯、建筑景观照明、喷泉水池灯、霓虹灯、信号灯、文化灯等。园林景观设施的功能和意义非常明确，照明设施与园林风格相一致是照明设施须遵守的基本原则。

6.7.1 古典景观型

婺源明清风格的用高大红火的鞭炮景观雕塑灯造型来烘托古代明清时代老建筑“青砖小瓦马头墙、回廊挂落花格窗”的独特风韵，展示徽文化的缩影，构成一个红烛普照万民同乐的灯光主题——“喜庆”。红火的鞭炮景观灯，从设计概念上，采取直接传达方式，红色是生命的、激情的象征，灯型与雕塑艺术品并置，对比高反差造成视网膜的刺激，引发人们对现代商业街消费文化品位，让民众进入所谓“艺术殿堂”，提高商业百货物品的消费理念，给购物的人群增添许多乐趣。(见图 6－23)。

图 6－23　园林古典景观灯

6.7.2 自然生态型

在设计手法风格上追求自然生态的温情感，追求绿林、绿地、绿带的自然生态灯光环境，体现广场文化品位的雕塑小品，设计语言的追求在乎其空间、光影、色彩的感受（见图 6－24)。

图 6－24　园林自然生态景观灯

6.7.3 现代时尚型

景观艺术灯是现代景观中不可缺少的部分，不仅自身具有较高的观赏性，还强调艺术灯景观与现代环境氛围协调统一。大胆使用现代新型材料、简洁形式成就显著的现代时尚风格（见图 6－25)。

图 6－25　园林现代景观灯

6.8　园林道路设施

园林道路是围绕交通安全而设置的，包括台阶、园桥、路缘石等，涉及到路线选型和路面铺装，具体有石材铺面、砖材铺面、混凝土铺面、木材、竹子等天然材料铺面。

图 6－26　园林台阶

6.8.1　台阶

台阶可以构成和连接空间，可以解决空间高差，也可以作为非正式休息场合，还可以作为表演看台。园林中的台阶连接两个高低错落的空间，使空间更加丰富，园中游玩也更有乐趣（见图 6－26）。

6.8.2　园桥

园林中的桥可以组织游览线路、变换观赏视线、点缀水景，还增加水面层次、联系风景点的水陆交通，并兼有交通和艺术欣赏等方面的双重作用。许多园桥在造园艺术上的价值，往往超过交通功能（见图 6－27）。

图 6－27　园桥景观

6.8.3 路缘石

路缘石是设在路面边缘的界石，也称道牙或缘石，在城市道路中人行道或绿化带高出路面时，为保护和支撑边缘用的立式构筑物，它在路面上区分车行道、人行道、绿地、隔离带和道路其他部分的界线，起到保障行人、车辆交通安全和保证路面边缘整齐的作用（见图6-28）。

图6-28 路缘石

路缘石可分为侧石、平石、平缘石三种，统一称为路缘石。

1. 侧石

机动车主路与非机动车路之间的隔离带之间用的石为侧石，即是露出地面的。

2. 缘石

非机动车路与人行路之间的石为缘石，即是只露一面的。

3. 侧平石

人行路与绿地之间的石为侧平石，一般是埋在地下的。

6.9 园林围护设施

园林围护设施是指园林出入口、围墙和栅栏类，具有组织、标识和划分空间的功能，还能够起到控制人流、车流出入与集散的作用。园林围护设施其本身还具有艺术的装饰性、观赏性景观作用，可以塑造空间氛围和美化环境。

6.9.1 园门

园门作为景区入口是园林环境的重要体现，其自身的造型即为景区重要一景，园林小景区入口还起着划分不同景区的作用（见图6-29）。

1. 常见的大门式入口

随着建筑形式的推陈出新，大门设计的造型体现出富有时代感的清新、明快、简约的特点。类型也不断丰富，包括山门式、牌坊式、柱式、顶盖式等，展现地方特色。

2. 利用原山石或模拟自然山石构成入口

用这种巧借地形的方法来构成入口，更顺乎自然、以简胜繁。

图 6-29 园林大门

3. 以自然山石结合亭、廊、台构成入口

将人工和自然这两种不同性质的处理方式糅合在一起，使其布局紧凑，主次有序。

入口的设计涉及景区空间序列与组织的关联性，既要照顾与局部环境的配合，也要注意在同一景区特别是同一游览线上各个景点入口处理是否统一。

6.9.2 园墙

园墙在园林中起划分内外范围、分隔内部空间和遮挡劣景的作用。开敞、通透、“破墙透绿”的围墙设计越来越被人们接受。在原则上，能不设围墙尽量不设，要设置围墙的地方能低尽量低、能透尽量透，只在少量须掩饰隐私处才用封闭的围墙。善于把空间的分隔与景色的渗透联系统一起来，达到围墙隔而不分的目的。根据材料使用的不同，分别有砖墙、混凝土围墙、金属围墙以及竹木围墙等，围墙实践中材料使用更加丰富，多种材料结合起来扬长避短（见图 6-30）。

1. 砖墙

墙柱间距 3~4m，中开各式漏花窗，是节约又易施工、管养的办法。使用砖墙缺点是使空间感觉较为闭塞。

2. 混凝土围墙

一种是以预制花格砖砌墙，花型富有变化但易爬越，另外则由混凝土预制而成。

3. 金属围墙

以型钢为材的表面光洁，性韧易弯不易折断，缺点是每 2~3 年要油漆一次；以铸铁为材的可做各种花型，优点是不易锈蚀又价不高，缺点是性脆又光滑度不够。

4. 竹木围墙

竹篱笆是过去最常见的围墙，现已较少使用。有人设想过种一排竹子而加以编织，成为“活”的围墙（篱），则是最符合生态学要求的墙垣了。

图 6－30　园林围墙

第7章

园林景观设计的内容、方法和步骤

7.1 园林景观设计的内容

园林景观同建筑等其他形式的实用艺术一样，具备地方性、民族性、时代性，它是人们创造的源于自然的、又供人使用的空间环境。具体地讲，就是在一定的地域范围内，运用园林艺术和工程技术手段，通过改造地形、种植植物、营造建筑和布置园路等途径创造美的自然环境和生活、游憩境域的过程。通过园林景观设计，使人类的聚居环境具有日常使用的功能和美学欣赏价值，并能保证生态可持续性发展。在一定程度上，体现了当时人类文明的发展程度和价值取向及设计者个人的审美观念。

在规划指导下的具体的设计内容，主要指城市公共空间的具体景观设计，包括城市广场设计、商业街区设计、道路景观绿化设计、城市公园设计、城郊防护林带设计、滨水景观带设计；特定区域空间包括科技工业园景观设计、居住区景观设计、校园景观设计、旅游地景观设计、建筑外环境景观设计、园林建筑小品、屋顶庭园景观设计等。

7.2 园林景观设计的基本方法

设计前的调研、分析与评价，即对基地现状的调研，包括收集与基地有关的技术资料、进行实地走访测量和以及拍照等工作，以及对用地内部的分析，并在此基础上分析景观的功能需求。

7.2.1 基地现状调研

7.2.1.1 基地现状自然条件

调研内容包括：地形、气候、水体、土壤、植被五个部分。

1. 地形

基地地形图是最基本的地形资料，在此基础上结合实地调查可进一步掌握现有地形起伏与分布、整个基地的坡级分布和地形的自然排水类型。地形陡缓程度的分析能帮助确定建筑物、道路、停车场地，以及不同坡度要求的活动内容是否适合建于某一地形上。坡度分析对如何经济合理地安排用地，对分析植被、排水类型和土壤等内容都有一定作用。

通过对项目地块的地理位置、纸质、地貌等状况的调研，掌握地块的基本现状，可以通过实地调查和拍摄地块现状图片、或谷歌地图搜索等来获得资料。如将地形按坡度大小用四种坡级（<1%，1%~4%，4%~10%，>10%）表示，<1%的说明排水是主要问题；1%~4%表明几乎适合建设所有的项目而不需要大动土方；4%~10%表明需要进行一定的地形改造才能利用；>10%表明不适合大规模用地，若要使用，则需对原地形作较大的改造，这些内容应在坡度分析图上表示出来。

图 7－1　某项目现场地形

如图 7－1 所示某项目场地为狭长形地带南低北高，绕城路由南到北为下坡。地形有一定高差，在景观设计时，要注意考虑景观的整体感、延续性及地形之间的边坡处理。

2. 气候

气候是一切区域环境基础，决定着自然环境状况，人文环境的特征，也是不同建筑风格产生的根源，对于宏观景观设计设计更具直接的指导意义。对气候的调查内容包括温度、湿度、风向、风速、降雨量、日照条件及微气候等。

关于温度、风和降雨通常需要了解下列内容。

（1）年平均温度，一年中的最低和最高温度。

（2）持续低温或高温阶段的历史天数。

（3）月最低、最高温度和平均温度。

（4）各月的风向和强度，夏季及动机主导风风向。

（5）年平均降雨量、降雨天数、阴晴天数。

（6）最大暴雨的强度、历时、重现期。

3. 水体

水体现状调查和分析的内容有以下几项。

（1）现有水面的位置、范围、平均水深；常水位、最低和最高水位、洪涝水面的范围和水位。

（2）水面岸带情况，包括岸带的形式、受破坏的程度、岸带边的植物、现有驳岸的稳定性。

（3）地下水位波动范围，地下常水位，地下水及现有水面的水质，污染源的位置及污染物成分。

（4）现有水面与基地外水系的关系，包括流向与落差，各种水工设施（如水闸、水坝等）的使用情况。

（5）结合地形划分出汇水区，标明汇水点或排水体，主要汇水线。地形中的脊线通常称为分水线，是划分汇水区的界线；山谷线常称为汇水线，是地表水汇集线。

4. 土壤

土壤本身的物理、化学性质随着地域、地区及具体场地的不同，存在着很大差异。因此有必要对设计场地的土壤状况进行比较详细的调查，并以报告书和图纸的形式加以总结分析。土壤调查的内容有以下几项。

（1）土壤的类型、结构。

（2）土壤的 pH 值、有机物的含量。

（3）土壤的含水量、透水性。

（4）土壤的承载力、抗剪切强度、安息角。

（5）土壤冻土层深度、冻土期的长短。

（6）土壤受侵蚀状况。

一般来说，较大的工程项目需要由专业人员提供有关土壤情况的综合报告，较小规模的工程则只需了解主要的土壤特征，如 pH 值，土壤承载极限、土壤类型等。在土壤调查中有时还可以通过观察当地植物群落中某些能指示土壤类型、肥沃程度及含水量等的指示性植物和土壤的颜色来协助调查。

（1）土质区分。土壤质地，将土壤的颗粒组成区分为几种不同的组合，并给每个组合一定的名称，这种分类命名称为土壤质地。如砂土、沙壤土、轻壤土、中壤土、重壤土、黏土等。例如砂土的物理性砂粒（>0.01mm）含量 80%~100%，特征为干时松散，捏不成团；黏土的物理性黏粒（<0.01mm）60%~100%。特征为干时硬块，不易弄碎，湿时粘手，可搓细条弯曲无裂痕（见表 7-1~表 7-4）。

表 7-1　　我国科研中常用的土粒分级标准（1995 年制定）

粒径（mm）	2~1	1~0.5	0.5~0.25	0.25~0.10	0.10~0.05	0.05~0.02	0.02~0.002	<0.002
土粒等级	极粗砂	粗砂	中砂	细砂	极细砂	粗粉粒	细粉粒	黏粒

表 7－2　　各粒级组的主要特征

粒级组	主　要　特　征
石砾	多为岩石碎块
砂粒	常以单粒存在，主要为石英颗粒，通透性好、保水肥能力差。无黏着性、可塑性和胀缩性等性质，矿质养分含量低
粉粒	比砂粒的表面积大，保水性大为加强，透水性减弱，粘结性、黏着性、可塑性仍较弱，矿质营养较砂粒高
黏粒	多呈片状，常以复粒存在，具有很强的黏性、可塑性，但通透性差，保水保肥能力很强，矿质养分含量丰富

表 7－3　　土壤质地与土壤肥力性状关系

土壤质地与土壤营养条件的关系			
肥力性状	砂土	壤土	黏土
保持养分能力	小	中等	大
供给养分能力	小	中等	大
保持水分能力	小	中等	大
有效水分含量	少	多	中小

表 7－4　　简易土壤质地的测定方法

土质	测　定　方　法
砂土	能见到或感觉到单个砂粒。干时抓在手中，稍松开后即散落；湿时可捏成团，但一碰即散
砂壤土	干时手握成团，但极易散落；润时握成团后，用手小心拿举不会散开
壤土	干时手握成团，用手小心拿举不会散开；润时握成团后，一般性触动不至散开
粉壤土	干时成块，但易弄碎；湿时成团或为塑性胶泥。湿时以拇指与食指搓捻不成条，呈断裂状
黏壤土	湿土可用拇指与食指搓捻成条，但往往受不住自身重量，易断裂
黏土	干时常为坚硬的土块，润时极可塑。通常有黏着性，手指间搓捻成长的可塑土条

（2）土质改良。绿化植物普遍需要透气好的肥沃腐殖土。但是，现有的腐殖土资源甚少，远远满足不了景观绿化的发展需要。这就需要进一步改良土壤，对于盐碱土、红黏土、砂石土、板结土、黑鳅土、冷浆稻田土等进行改良（见表 7－5）。

表 7－5　　不同土质土壤的改良方法

改良对象	土壤性质	改良方法
红黏土	多分布在半岛的山丘地，土质黏重、地板发硬、有机质肥力低，怕旱不保苗	（1）施草炭，每亩 6~10t； （2）运客土，可往地里添加腐殖土、河底鱼塘的淤泥； （3）深耕施肥改良，结合深耕大量施入有机质含量高的牲畜粪，每亩 5~10t
盐碱土	盐性大，易烧苗，易涝易旱	（1）工程改良，挖出明碱土，换上优质土； （2）砂压碱，改良暗碱土； （3）增施有机质肥料

续表

改良对象	土壤性质	改良方法
砂石土	多分布在山地，砂多、石头多、漏水、漏肥、怕旱、土质瘠薄	（1）工程改良，修梯田； （2）客土改良，往地里大量施入黏土或河里底土，改善土壤结构，增加保水保肥能力； （3）施肥改良，大量施有机质含量高的农家肥，改变砂土的物理性质，提高土壤肥力
板结土	土壤结构不良，不漏水、板结程度大，影响植物根系生长	（1）施肥改良，增施大量有机质肥料； （2）深耕改良，加深耕层，中耕松土，改善土壤结构； （3）灌水改良，有条件的地方采取灌水和松土结合起来，改善土壤结构
黑鳅土	多分布于低洼沼泽地区，地下水位高，土质粘，旱时硬、涝时泞、易遭霜冻害	（1）客土改良，往地里压砂； （2）施煤灰改良，每亩施5~10t，也可用马粪、炕洞土； （3）挖排水沟，降低地下水位，高垄栽培或台田种植，及栽种抗涝植物
冷浆稻田土	地势低洼，地下水位高，土质粘，地温低	（1）工程改良，挖沟排水，降低地下水位，提高地温； （2）施煤灰改良，每亩施5~10t，提高地温，熟化土壤，改善土壤结构和理化性质； 此外，也可用炉灰、石灰改良，每亩0.1~0.2t； （3）客土改良，压砂垫土，平铺6~10cm厚，翻入土中，改良土壤性质，提高地温
调整土壤中的pH值	绿化植物在pH值为中性或微酸及微碱性的土壤里生长良好。南方植物一般喜欢偏酸性土壤，而北方植物喜偏碱性土壤。中性pH值为6.5~7.5；微酸性pH值为5.5~6.5；微碱性pH值为7.5~8.5，如果大于上述的pH值系数，就需要调整改良土壤了	不论是植树、栽花、种草，首先要测定出土壤酸碱度，然后再对症改良。如果土壤为酸性（pH值为4.5~5.5），或强酸性（pH值为4.5）时，每亩施用6~10t草炭以增加有机质，或者每亩施石灰0.1~0.5t中和土壤酸性。土壤为碱性（pH值为8.5~9.5）或强碱性（pH值为9.5以上）时，应向土壤增施硫酸亚铁

5. 植被

基地现状植被调查的内容有：现状植被的种类、数量、分布以及可利用程度。在基地范围小，种类不复杂的情况下可直接进行实地调查和测量定位，这时可结合基地底图和植物调查表格将植物的种类、位置、高度、长势等标出并记录下来，同时可作些现场评价。对规模较大、组成复杂的林地应利用林业部门的调查结果，或将林地划分成格网状，抽样调查一些单位格网林地中占主导的、丰富的、常见的、偶尔可见的和稀少的植物种类，最后作出标有林地范围、植物组成、水平与垂直分布、郁闭度（指森林中乔木树冠遮蔽地面的程度，它是反映林分密度的指标。它是以林地树冠垂直投影面积与林地面积之比，以十分数表示，完全覆盖地面为1。根据联合国粮农组织规定，0.20（含0.20）以上的郁闭林（一般以0.20~0.69为中度郁闭，0.70以上为密郁闭），0.20（不含0.20）以下为疏林、林龄、林内环境等内容的调查图。

7.2.1.2 基地现状人工设施

调研内容为现有建筑和构筑物、道路和广场、各种管线。

1. 建筑和构筑物

了解基地现有的建筑物、构筑物等的使用情况，园林建筑平面、立面、标高及与道路的连接情况。结合图7－2对某项目基地现状分析以下内容。

（1）项目位于老城区，周边设施较旧，景观质量较差。

（2）主入口两边为旧楼房，中间的间距最宽仅有8m，对景观营造带来困难。

（3）东南面的两栋建筑与红线距离仅有6m，无法形成环形双车道，对区域内交通有一定影响。

2. 道路和广场

了解道路的宽度和分级、道路面层材料、道路平曲线及主要点的标高、道路排水形式、道路边沟的尺寸和材料。了解广场的位置、大小、铺装、标高以及排水形式。

3. 各种管线

管线有地上和地下两部分，包括电线、电缆线、通讯线、给水管、排水管、煤气管等各种管线。有些是供园内使用的，有些是过境的，因此，要区别园中这些管线的种类，了解它们的位置、走向、长度，每种管线的管径和埋深以及一些技术参数。例如高压输电线的电压，园内或园外临近给水管的流向、水压和闸门井位置等。

4. 基地分析与评价

（1）基地现状景观。对于基地现状景观的分析评价，可从对植被、水体、山体和建筑等组成的景观形式、历史文化及特异性等方面去评价，分别标记在调查现状图上；标出主要观景点的平面位置、标高、视域范围（见图7－3）。同时，可用速写、拍照片或记笔记的方式记录一些现场视觉印象，客观地作出环境视觉质量方面的评价。

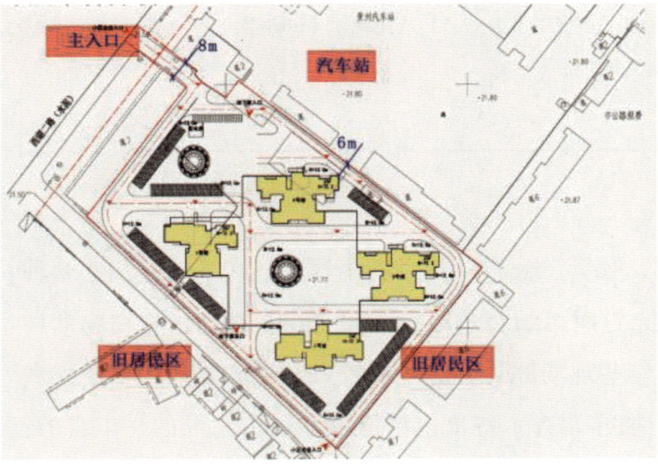

图7－2　某基地现状情况

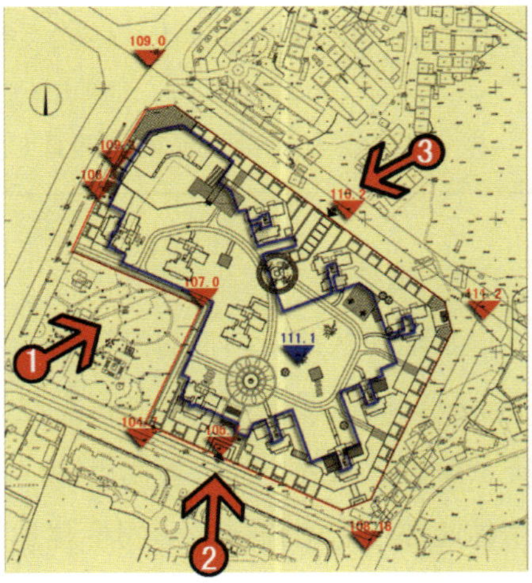

图7－3　基地现状景观分析

（2）基地知觉环境。与了解基地环境总体视觉质量，结合基地视觉质量评价同时进行。了解噪音的位置和强度，噪音与主导风向的关系，顺风时，噪音趋向地面传播，而逆风时则正好相反。了解空气污染源的位置及其影响范围，是在基地的上风还是下风。

（3）基地介入景观。基地介入景观指基地外的可视景观，根据它们自身的视觉特征可确定它们对将来基地景观形成所起的作用。现状环境景观的调查结果，应在底图上标出确切的观景位置、视轴方向、视域、清晰程度（景的远近）以及简略的评价。

现状调查并不需要将所有的内容一个不漏地调查清楚，应根据基地的规模、内外环境和使用目的分清主次，主要的应深入详尽调查，次要内容可简要地了解。

7.2.2 人文环境分析

7.2.2.1 人群行为特征

包含区域位置概况，分析人们在所设计地域的主要功能需要由此产生的行为特点。即所设计地域在整体已建环境中的作用及特点，如处于城市中心还是城郊、是生活区还是商业区、是生态式景观还是集中式广场等，不同的区域会衍生出不同的人群行为。例如主题公园是人们在休息日和节假日常去的地方；居住区的广场是人们日常生活健身、休闲以及聚集交流的场所，游览区的广场需要更多考虑游览者休息的需要。其内容包括：密集度、流动状况、行为特点、视觉需求、特殊要求等。

如图7－4所示，在室外进行谈话交流或歌咏表演之类活动的空间，从人群行为特征来说希望在周围或背面有一些墙壁，使无论在音响上还是视觉上都是封闭空间。而且，如果地面有高差，讲话或唱歌就更便于倾听，在空间上方向性及收敛性也就出来了。

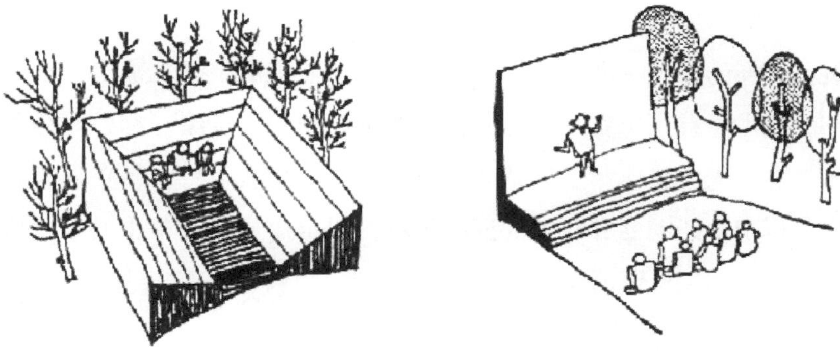

图7－4 人群行为特征（图片来源：芦原义信《外部空间的设计》）

7.2.2.2 地域人文特征

地域人文特征是人性化景观设计的重要内容，也是越来越被人们所重视。通过实例分析，我们会发现在成功的景观环境的设计中，重视人文环境起着至关重要的作用。真正有深度的景观设计是从一个地域的文脉入手，重视历史传统的发展所形成的特定的“文化场”，因为这种人文环境是经过历史沿袭与发展的存在人们的现实生活中，人们在所处环境中的感受是最重要的。例如对豹澥居住区项目设计的历史背景的解读：“豹澥又名豹子澥。保桥寺桥头有面石形似豹子，又属梁子湖水系港汊，水位高时，帆船可直达桥头，澥与海通，豹子澥由此得名。保桥寺于解放后拆毁，似豹子石无存，见桥下岩石上有豹子花纹而已，以后人们简称此地为豹澥，沿用至今。豹澥镇历史悠久，据《江夏县志》记载为‘江夏县六镇之一’，至今建镇已有135年历史。”

对地域人文特征的调查包括调查研究当地历史资料、历史文物、地域内重要的历史人物和事件，从而对这个地区的背景和未来发展有详细的了解和预见。

7.3 园林景观设计的步骤

园林景观设计是一个由浅入深、从粗到细、不断完善的设计过程。根据景观设计规模和内容的不同，设计程序有所不同，一般较简单的景观园林设计，如居住区小区绿地景观、某一街道绿地局部景观等，设计程序相对简单一些，可能由一两个步骤完成，但复杂的景观如城市规划、公园、广场、大型道路等景观规划设计，设计者应先进行基地调查，熟悉物质环境、社会文化环境和视觉环境，然后对所有与设计有关的内容进行概括和分析，最后，拿出合理的方案，完成设计。这种调查——分析——综合的设计过程，一般可分以下几个阶段：招投标和承接任务阶段；场地调查和资料分析阶段；方案设计及详细设计阶段；施工图阶段。

7.3.1 任务产生阶段（接触阶段）

7.3.1.1 招投标

根据相关规定，较大的政府项目都要通过招投标公司公开招标、竞标，招投标公司根据业主要求通过网络等公众媒体发布招标公告，并在一定时间没组织标书的审查、唱标、评标、预公告、签订合同等一系列工作。

1. 标书编写

从事园林景观设计工作的单位在看到投标公告后，对照业主的要求，确定自己的资质、业绩等是否符合要求，满足相关要求并有一定竞争力时，要积极组织相关人员编写标书。标书的核心内容包括项目经费预算、技术方案、人员组成和工作基础。技术方案要切实可行，经费预算要合理，技术力量雄厚、工作基础扎实。标书中还需要有相关的证明材料，如企业或事业单位的营业执照、组织机构代码、法人证明、资质证书、相关业绩证明、技术人员相关证明材料等。

2. 投标与评标

标书制作完成后，按时间要求，及时将标书交到指定地点，接受招投标公司的审查，符合要求的标书公开唱标，公开投标报价，之后由评标人员按照相关标准评标。

3. 签订合同

经评标后确定的最终中标单位在预公告期结束后还应签订项目合同，之后才能正式开展工作。

7.3.1.2 承接任务书阶段

一般来说，如果是委托项目，则由委托方（政府部门、开发商、投资方等）自行编写任务书，设计单位也可补充协助完成；如果为招投标项目，则合同签订后，设计单位必须在进行总体规划构思之前，完成设计任务的编写。

设计任务书要说明建设项目的内容和目的、区域位置、环境条件、设计面积、预计投入等，设计期限设计成果形式等内容。设计任务书是确定建设项目和编制设计文件的重要依据。

设计任务书具体应说明的项目有：①设计项目系统中各类景观的地位、作用及其服务半径、使用效率、服务对象；②景观的位置、方向、自然环境、地貌、植被及原有设施的状况；③景观面积与容量；④景观的性质、政治、文化、体育娱乐活动的大项目；⑤建筑物的面积、朝向材料及造型要求；⑥景观规划布局及在风格上的特点；⑦施工和卫生条件要求；⑧景观建设近期、远期的投资估算；⑨地貌处理和种植规划要求；⑩分期实施的程序。

7.3.2 场地调查和资料分析阶段（认知阶段）

无论设计面积大小，还是项目的难易，设计者都设计方必须对设计任务的现场进行实地调研，便于获得更加丰富的第一手资料，与现场的综合感受。

7.3.2.1 地形设计资料的搜集与现场踏勘

（1）合适比例的地形图，矢量图文件（CAD）。

（2）地质土壤与气象水文资料。

（3）总体规划与市政建设及地上地下管线资料。

（4）所在地的施工水平、劳动力素质与施工机械化程度。

（5）亲临现场，增加对现场区域的感性认识，修正补充地形图不足之处。特别注意如古树、古建，或保留的构筑物的具体位置必须重点表明。

7.3.2.2 资料分析整合

把搜集到的上述资料进行选择、分析、判断是设计的基础。了解利益相关者的意见和建议，包括政府及相关部门、开发商、专家和民众。分析发展优势和限制因素，包括发展优势、自然与社会环境的限制、上层次规划要求、工程技术与资金的限制。分析评价基地现状特征，包括综合评价与区域景观评价，综合场地优劣势的基础上，改进缺点，得出相关结论，最终作出报告和景观设计定位。

7.3.3 方案设计及详细设计阶段（创作阶段）

7.3.3.1 方案设计

当基地规模较大及所安排内容较多时，应在方案设计之前先作出整个园林的用地规划或布置，保证功能合理、尽量利用基地条件，使各项内容各得其所，然后再分区分块进行各布局景区或景点的方案设计。若范围较小，功能不复杂，则可以直接进行方案设计。方案设计阶段本身又根据方案的发展顺序分为：方案的构思、方案选择与确定以及方案的完成三部分。

1. 方案设计内容

方案设计文件包括设计说明及图纸，该阶段的工作主要包括：功能分区、结合基地条件、空间及视觉构图确定各种使用区的平面位置（包括交通的布置分级、广场和停车场的安排、建筑及入口的确定等内容）、技术经济指标。常用图面有功能分析图、道路交通、景观结构、方案构思图和各类规划及总平面图（见图7－5~图7－7）。

2. 方案设计阶段的成果

成果包括以下部分图纸：01. 封面；02. 图纸目录；03. 设计说明（包括设计依据及基础资料（包括由主管部门批准的规划条件，如用地红线、总占地面积、周围道路红线、周围环境、对外出入口位置、地块容积率、绿地率及原有文物古树等级文件，保护范围等）设计理念、手法、材料及技术等

图 7-5　方案构思图

图 7-6　方案总平面图

说明）；04. 区位分析；05. 总体规划及建筑分析；06. 景观彩色总平面图；07. 景观分析图；08. 功能分析图；09. 交通分析图；10. 灯光分析图；11. 竖向设计图；12. 植物分析图（包括主要植物的选择及照片，具体苗木品种、规格）；13. 分区设计图（重点区域及部分主要构筑物设计图）；14. 主要景观区详细设计图（多张）；15. 透视图；16. 剖面图（多张）；17. 构筑物意向图；18. 景观元素控制图；19. 铺地意向图；20. 家具意向图；21. 灯具意向图。

图7－7　功能分析图

7.3.3.2　扩初设计

扩初即“扩充初步设计”，指在方案设计基础上的进一步设计，是对初步设计进行细化的一个过程。扩初设计深度还未达到施工图的要求，是介于方案和施工图之间的过程，施工图是最终用来施工的图纸。

对局部进行仔细推敲，对细节进行合理设计。在这个过程中：①要依据方案平面构图和景观意向，确定在平面立面上应使用何种景观材质，包括确定其品种、颜色、肌理和规格大小等；②要结合场地关系和意境营造，推敲竖向上的空间层次关系，包括推算关键性场地（含景观节点、踏步、花池、水景、栏杆、地下车库等）的标高，确定景墙、廊架等景观构筑物的长、宽、高、甚至结构做法，控制植物的立面层次、观赏形态等景观效果；③要结合夜景设计意向，合理选择景观灯具，确定灯具类别和灯光颜色等。在图纸表达上，扩初设计通常做到包括景观节点各主要平面图、立面图、剖面图，简单表达出大部尺寸、材料、色彩，有时还需要表达出节点做法和详细的大样以及工艺要求等，同时可以在图面上附以景观示意图和说明性文字加以补充。所有一切，都是为了能将方案抽象的概念和线条落实到具体之处，在保证景观效果的同时控制工程造价，使方案具有可实施性。

1. 扩初设计控制要点

审核方案阶段各项设计控制要点并进行调整完善，需达到以下几点。

（1）设计深度需符合项目要求。

（2）需符合整体规划中的使用性质、设计原则、比例要求等。

（3）复核人防、消防及其他有关的设计规范和设计标准。

（4）与建筑物单体设计中各使用功能相统一。

（5）与建筑结构、结构体布置相符合（柱网、荷载、结构伸缩缝等）。

（6）设计概算符合投资要求。

2. 扩初设计内容

（1）贯彻方案设计思路，完善使用功能、空间关系、交通组织，深化总体平面。

（2）规范主体节点设计，完善空间尺度及比例关系。

（3）设计细节保持风格统一，规划道路、小品、树池及构架等细节特色。

（4）主要种植思路。

（5）硬质材料运用、色彩搭配。

（6）成本控制。

3. 扩初阶段成本控制要点

各部分设计成本的比例关系，是本阶段的控制要点（见图7－8）。

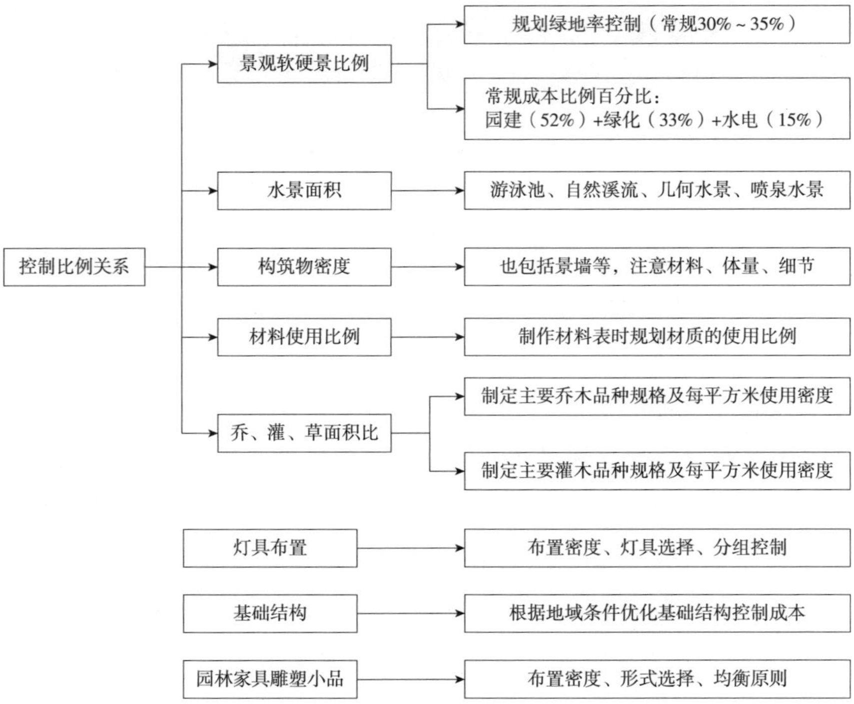

图7－8　比例关系图

4. 成果内容

（1）彩色总平面（见图7－9）以及总平面的相关分析图纸（结构分析、功能分析、管理分析、交通分析等）。

（2）景观环境的分析（特色、主题、环境氛围、景观层次、轴线节点、相应设施等）。

（3）总体的竖向设计。

（4）各组团应该有大的剖面图，如反应出建筑与景观以及车库顶板的关系（有车库的组团）。

（5）节点放大平面设计（见图7－10）。

（6）节点剖面图，反应出地型与周边环境的关系（见图7－11）。

图 7－9　彩色总平面

图 7－10　节点放大平面设计

图 7－11　节点剖面图

（7）小品及构筑物的平、立、剖面图（见图 7－12）。

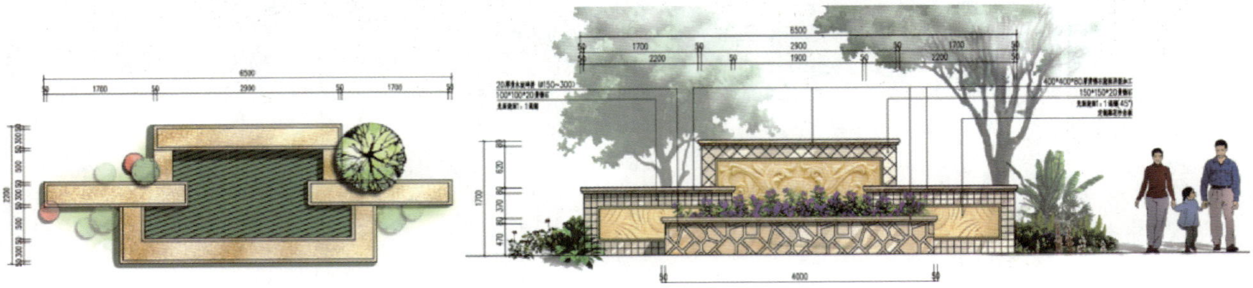

图 7－12　小品以及构筑物的平、立、剖面图

（8）详细的植物设计，确定苗木的品种，以及种植形式。

（9）结合综合管网进行设计。

（10）综合考虑照明、排水等设施。

（11）相关公共设施、小品、灯具的意向图片（见图 7－13）。

（12）主要植物图片。

7.3.4　施工图阶段（实现阶段）

施工图阶段是将设计与施工连接起来的环节，是非常具体、准确并具有可操作性的图纸文件，根据设计方案和扩初设计，结合各工种的要求，分别绘制出能具体、准确指导施工的各种图面，是将园林景观设计变为现实的重要步骤。施工图直接面对施工人员，同时也是工程预结算、施工组织管理、施工监理及验收的依据。因此，施工图要求严谨，图纸表达准确、清晰。

7.3.4.1　制图规范

1. 图纸幅面（简称图幅）

图纸要尽量符合国家建委《建筑制图标准》（GB 50104—2010）的规定，图纸尺寸见表 7－6。如要加长图纸，只允许加长图纸的长边，特殊情况下，允许加长 1～3 号图纸的长度、宽度，零号图纸只能加长长边，加长部分的尺寸应为边长的 1/8 及其倍数。4 号图不得加长。一般图纸尺寸及绘制方法均应尽量遵守此规定，便于图纸的统一及保存。

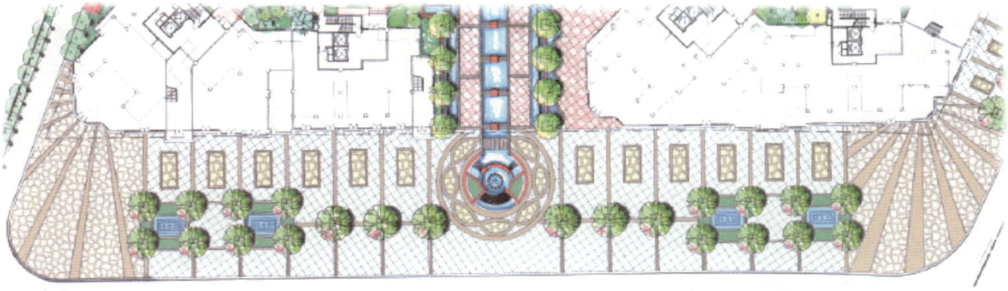

热闹的商业街

图 7－13　相关公共设施、小品的意向图片

表 7－6　　**国家标准工程图图纸幅面及图框尺寸**

幅面代号 / 尺寸代号	A0	A1	A2	A3	A4
$B \times L$	841×1189	594×841	420×594	297×420	210×297
C	10			5	
A	25				

注　表中尺寸单位为毫米（mm）。加长图幅为标准图框根据图纸内容需要在长向（L 边）加长 $L/4$ 的整数倍，A4 图一般无加长图幅。总工办已制作有 A3～A0 幅面的标准图框及加长图框，可直接调用。（C 指除装订边其余三边的边宽尺寸，A 指装订那一边的边宽尺寸。）

考虑到施工过程中翻阅图纸的方便，除总图部分采用 A2～A0 图幅（视图纸内容需要，同套图纸统一）外，其他详图图纸采用 A3 图幅。根据图纸量可分册装订。

2. 绘图比例

选定图幅后，根据本张图选定图幅后，根据本张图纸要表达的内容选定绘图比例（见表 7－7）。

表 7－7　　**绘图常用比例表**

图纸	内　容	常用比例
总平面图	详细标注方案设计到的道路、建筑、水体、花坛、小品、雕塑、设备、植物等在平面中的位置及与其他部分的关系。标注主要经济技术指标，地区风玫瑰图	1∶2000，1∶1500，1∶1000，1∶500 或 1∶800，1∶600

续表

图纸	内　　容	常用比例
种植总平面图	在总平面中详细标注各类植物的种植点、品种名、规格、数量，植物配植的简要说明，苗木统计表。指北针	1∶2000，1∶1500，1∶1000，1∶500 或 1∶800，1∶600
雕塑——小品总平面布置图	在总平面中（隐藏种植设计）详细标出设计到的雕塑、景观小品的平面位置及其中心点与总平面控制轴线的位置关系，雕塑—小品分类统计表。指北针	1∶2000，1∶1500，1∶1000，1∶500 或 1∶800，1∶600
铺装物料总平面图	在总平面中（隐藏种植设计）用图例详细标注各区域内硬质铺装材料材质及其规格，材料设计选用说明、铺装材料图例、铺装材料用量统计表（按面积计）。指北针	1∶2000，1∶1500，1∶1000，1∶500 或 1∶800，1∶600
总平面放线图	详细标注总平面中（隐藏种植设计）各类建筑、构筑物、广场、道路、平台、水体、主题雕塑等的主要定位控制点及相应尺寸标注	1∶2000，1∶1500，1∶1000，1∶500 或 1∶800，1∶600
分区平面图	按总平面分区图将各区域平面放大表示，并补充平面细部	1∶1000，1∶500，1∶250，1∶200，1∶100 或 1∶800，1∶600，1∶300
竖向设计总平面图	在总平面图中（隐藏种植设计）详细标注各主要高程控制点的标高，各区域内的排水坡向及坡度大小、区域内高程控制点的标高及雨水收集口位置，建筑—构筑物的散水标高、室内地坪标高或顶标高，绘制微地形等高线、等高线及最高点标高、台阶各坡道的方向。（标高用绝对坐标系统标注或相对坐标系统标注，在相对坐标系统中标出 0 标高的绝对坐标值）指北针	1∶2000，1∶1500，1∶1000，1∶500 或 1∶800，1∶600

7.3.4.2 总体要求

施工图的设计文件要完整，内容、深度要符合要求，文字、图纸要准确清晰，整个文件要经过严格校审，避免“错、漏、碰、缺”。施工图设计应根据已通过的初步设计文件及设计合同书中的有关内容进行编制，内容以图纸为主，应包括封面、图纸目录、设计说明、图纸、材料表及材料附图等。施工图设计文件一般以专业为编排单位。各专业的设计文件应经严格校审、签字后，方可出图及整理归档。

1. 施工图纸要求内容

图纸要注明图头、图例、指北针、比例尺、标题栏及简要的图纸设计内容的说明。图纸要求字迹清楚、整齐，不得潦草；图面清晰、整洁，图线要求分清粗实线、中实线、细实线、点划线、折断线等线型，并准确表达对象。

2. 施工设计平面的坐标网及基点、基线

一般图纸均应明确画出设计项目范围，画出坐标网及基点、基线的位置，以便作为施工放线的依据。基点、基线的确定应以地形图上的坐标线或现状图上工地的坐标据点，或现状建筑屋角、墙面，或构筑物、道路等为依据，必须纵横垂直，一般座标网依图面大小每 10m 或 20m 左右一条，形成坐标网，作为施工放线的依据。

3. 设计深度

施工图的设计深度应满足以下要求。

（1）能据以编制施工图预算。

（2）能据以安排材料、设备订货及非标准材料的加工。

（3）能据以进行施工和安装。

（4）能据以进行工程验收。

7.3.4.3 主要施工图纸及画法

1. 施工总图（放线图）

主要表明各设计因素之间、具体的平面关系及它们的准确位置。同时要清楚的表明放线的坐标网及基点、基线的位置，除作为施工的依据外，还要作为绘制所有平面施工图的依据（见图 7－14）。

（1）图纸内容。

1）现状的地下管线、建筑物、构筑物、现状树木等。

2）设计的地形等高线、高程数字、山石、水体、景园建筑、构筑物的位置、道路广场、园灯、座椅、垃圾箱等。

3）放线坐标网。

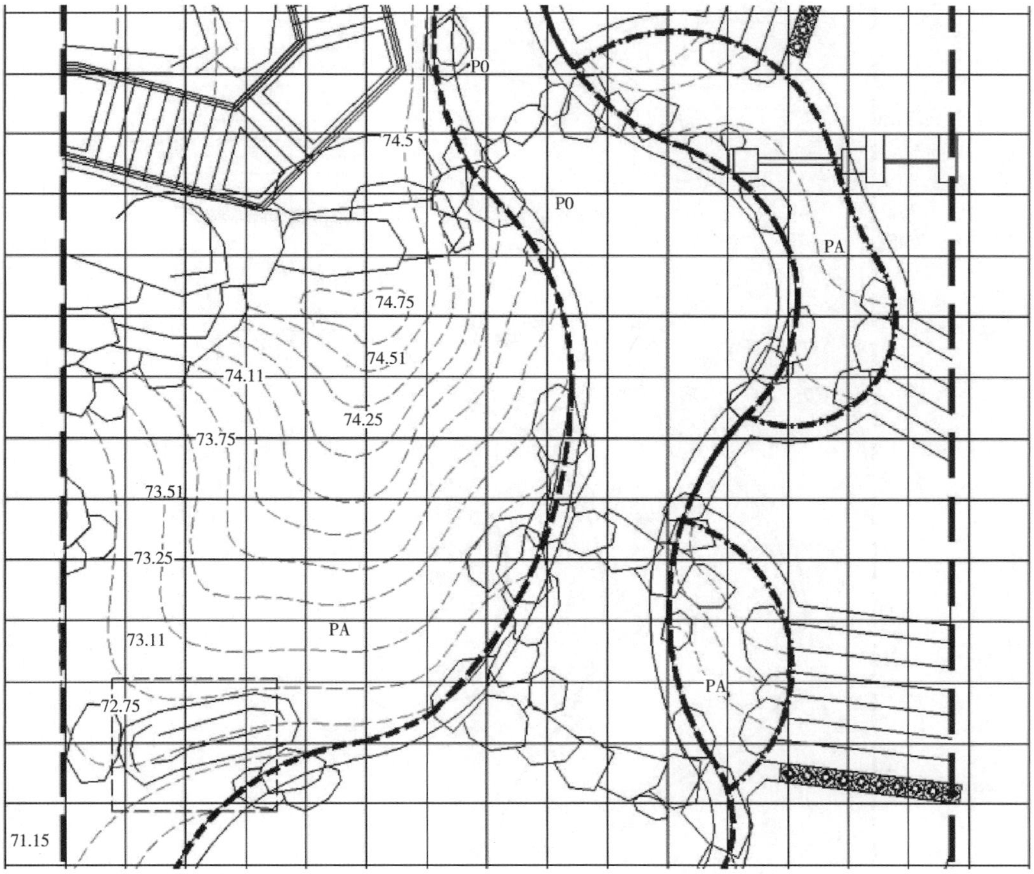

图 7－14　水系网格定位图（注：网格间距为 1m×1m）

（2）表示方法。

1）地下管线用细红线表示。

2）地形等高线用细黑虚线表示。

3）山石、水体均用最粗黑线加细线表示。

4）景园建筑用粗黑线，或粗—细黑线表示，因一般都是景区中的景点，需要突出。

5）其他道路广场、灯杆、座椅等小构筑物，可按图例用稍粗或细黑线表示，不需要突出。

2. 竖向设计（高程图）

竖向设计主要表明有关的各设计因素之间具体的高差关系。根据节约原则，具体确定制高点、山峰、丘陵、高地、缓坡、平地、溪流、河湖岸边、池底等的具体高程、以及各区的排水方向、雨水的汇集点及各景区景园建筑、广场的具体高程等。一般绿地坡度不得小于0.5%以利排水，缓坡坡度在8%~12%、陡坡在12%以上。

（1）图纸内容。

1）平面图。依据竖向规划，在施工总图的基础上，要表示出现状等高线、坡坎、高程，设计等高线、坡坎、高程。设计的溪流河湖的驳岸、河底线及高程（见图7－15）。各景区景园建筑、休息广场的位置及高程，以及填挖土方范围等。

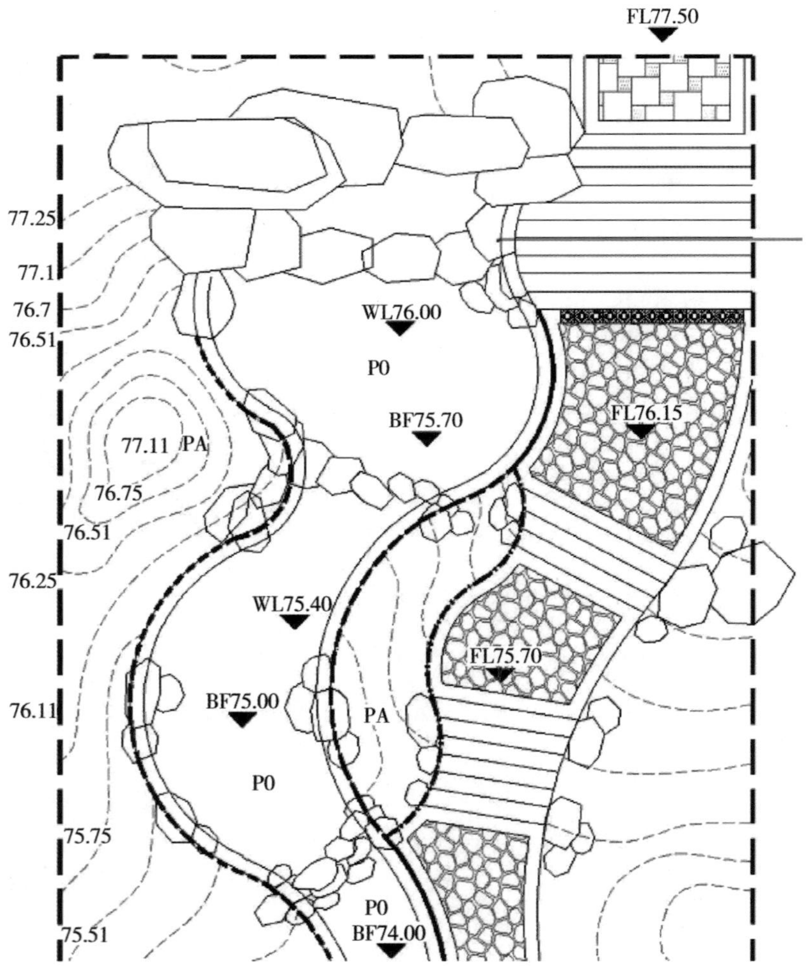

图7－15　竖向设计的平面图

2）剖面图。主要部位山形、丘陵坡地的轮廓线及高度、平面距离等。要注明剖面的起止点、编号，以便与平面图配套。

（2）表示方法。

1）平面图。现状等高线、坡坎等一律用细红线表示，现状高程用加括号的细红数字表示。设计等高线用不同粗细的黑线表示，设计高程用不加括号的黑色数字表示，如同一地点设计高程写在上面、下划一横线，现状高程写在下面，排水方向用细黑箭头表示。填挖方地区，可用不同的线条来表示，并注明填方、挖方量。

2）剖面图。轮廓线用黑色粗线表示。高度及距离用黑色细线表示。每个剖面均要注明编号，以便与平面图配套。

3. 道路广场设计

道路广场设计主要表明园内各种道路广场（主要环路、主干道、次干道、小路等）的具体位置、宽度、高程、纵横坡度、排水方向。路面做法、结构、路牙的安装，与绿地的关系及道路广场的交接、拐弯、交叉路口、不同等级道路的交接、铺装大样等。

（1）图纸内容。

1）平面图。依据道路系统规划，在施工总图的基础上，画出各种道路广场、台阶山路的位置，并注明每段的高程、纵坡坡度等。一般混凝土路面纵坡在0.3%~5%之间、横坡在1.5%~2.5%之间，圆石或卵石路纵坡在0.5%~9%之间、横坡在3%~4%之间，天然土路纵坡在0.5%~8%之间、横坡在3%~4%之间。

2）剖面图。比例一般为1∶10或1∶20。主要表示各种路面、山路台阶的宽度及具体材料的拼摆、及道路的结构层（面层、垫层、基层等）厚度做法。每个剖面都要有编号，并于平面图配套（见图7-16）。

（2）表示方法。

1）平面图。可用不同粗细的线条表示不同等级路面的位置。例如：路边线稍粗或稍细一点，或涂以深浅不同的色彩，或在路边线内加划不同细线等。主要道路的转弯处或地形有变化处，要注明路面高程、坡向及纵坡坡度（坡向可用黑色细箭头表示）。

2）剖面图。图纸上部画路的一段平面大样，用以说明路面材料的铺设方法，要注明尺寸。在平面大样图下面画道路剖面、表示道路结构成分、并要注明清晰各层的厚度、材料、做法等。

3）路口交接示意图。首先用细黑线画出坐标网，用粗线画路边线，用一般线条画路面内铺装材料的拼接、摆放变化等（铺装材料大小为示意性）。

4. 种植设计图（植物配置）

主要表现树木花草的种植位置、品种、种植方式、种植距离等。

（1）图纸内容。

1）平面图。根据树木规划在施工总图的基础上，画出常绿树、落叶树、针叶落叶树，常绿灌木、开花灌木、绿篱、灌木篱、花卉、草地等的具体位置、品种、数量、种植方式、如何搭配及距离等（见图7-17）。

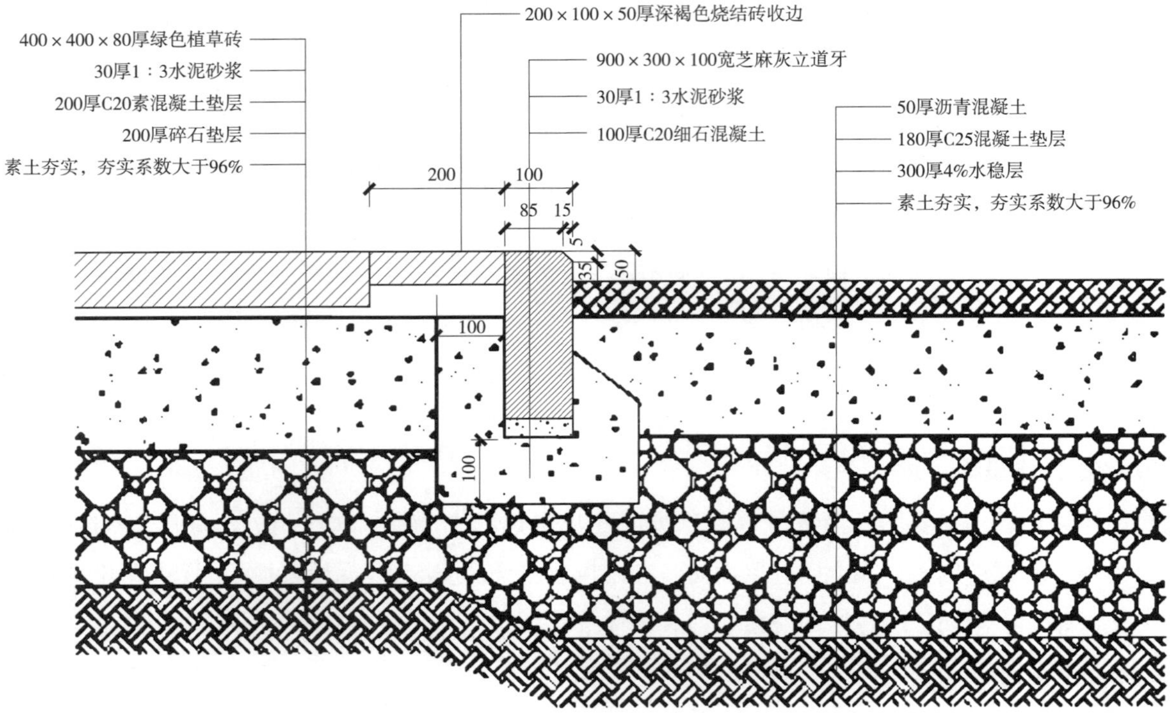

② 车行沥青道路与停车位相接剖面做法详图 1：10

图7－16　剖面做法详图

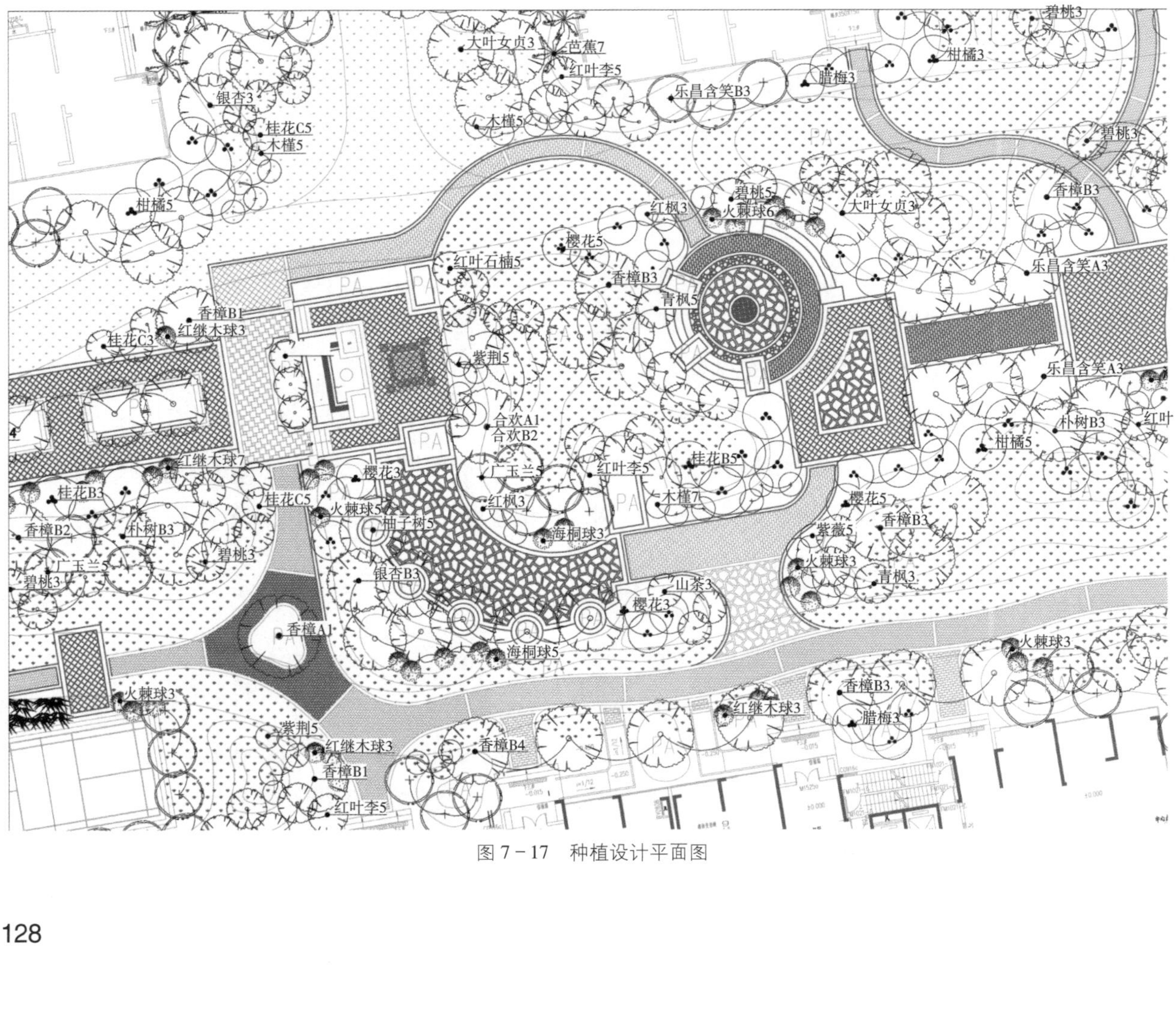

图7－17　种植设计平面图

2）大样图。重点的树群、树丛、林缘、绿篱、花坛花卉及专类园等，可附大样图。

（2）表示方法。

1）平面图。在施工总图的基础上，按一般绿化设计图例表示。在同一幅图面中树冠的表示不宜变化太多、花卉绿篱等的表示也应统一，以便图纸清楚、整洁、一目了然。要保留的现状树与新植树需要区别表示，乔、灌木、花卉的画法是下压上，如乔木树冠下有灌木或花卉时，则画灌木或花卉，乔木的树冠可不画全。树冠图的大小一般以施工后3~5年、绿地基本成型时的情况来绘制，一般高大乔木5~6m，孤立树7~8m，中小乔木3~5m，一般绿篱宽0.5~1m，花灌木1~2m。树冠画好后，用黑色细笔在树冠内注明品种、数量。成排成行的树要注上间隔距离。重点的树群、树丛等，也要注上株间距离或另附大样图。为了使图面清晰，相同的树种用直线相连，不用反复标注。如果图纸比例小，注字困难，也可以采用树木编号办法，但在图上要附有编号与树种对照表，以便于施工。

2）大样图。比例要求1∶100即可。要将组成树群或树丛的各种树木位置画准，品种数量用细笔注清，并用细线画出坐标网，注明树木间的距离。重点树群、树丛最好在平面大样的上部画上立面，以便于施工参考选苗。

5. 水系设计图

水系设计图主要表明水体的平面位置、水体形状、大小、深浅以及工程做法。

（1）图纸内容。

1）平面位置图。根据竖向规划，以施工总图为依据，画出泉水、小溪、河湖等水体及水体附属物的平面位置（见图7－18）。

2）纵横剖面图。水体平面及高程有变化的地方都要画出剖面图。通过这些图表示出水体的驳岸、池底、山石、汀步及岸边处理等的关系（见图7－19）。

3）进水口、溢水口、泄水口大样图。

4）池岸、池底工程做法图。

5）水池循环管道平面图。

（2）表示方法。

按土建工程设计规范出图。

1）平面位置图。首先用细黑线画出坐标网，然后按水体形状画出各种水的驳岸线、水底线及山石、小桥等的位置，并应分段注明岸边及池底的设计高程。最后用粗线将岸边曲线画成折线，作为湖岸的施工线，同时应用粗线加深山石等，以便利施工。

2）纵横剖面图。

3）进水口、溢水口、泄水口大样图。

4）池岸、池底工程做法图（见图7－20）。

以上三种图纸全按土建工程画法出图。

5）水池循环管道图。在水池平面位置图基础上，用粗线将循环管道走向、位置画出，并注明管径、每段长度、标高以及潜水泵型号，并加简单说明确定所选管材及防护措施等。

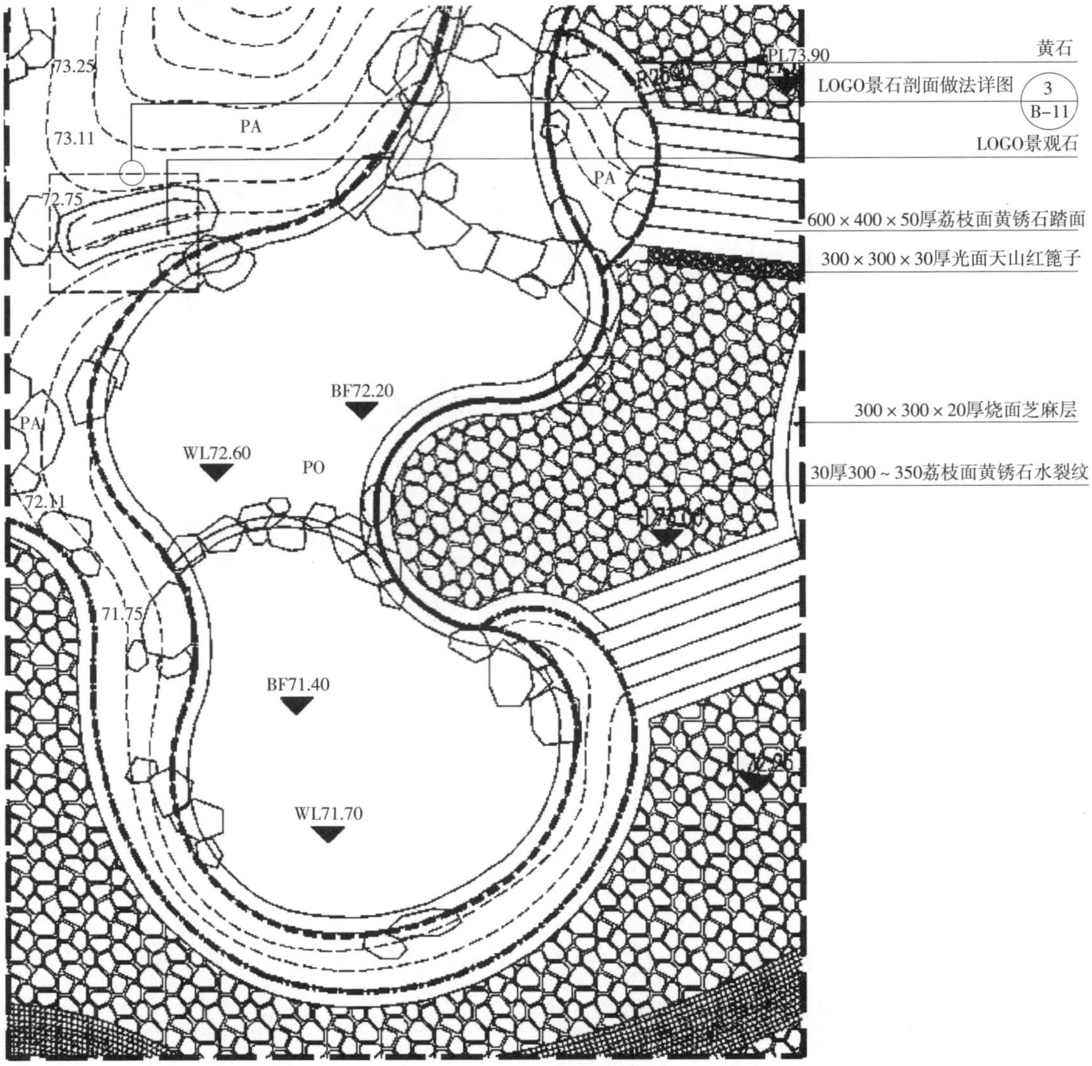

图 7-18　水系平面位置图

图 7-19　水系剖面图

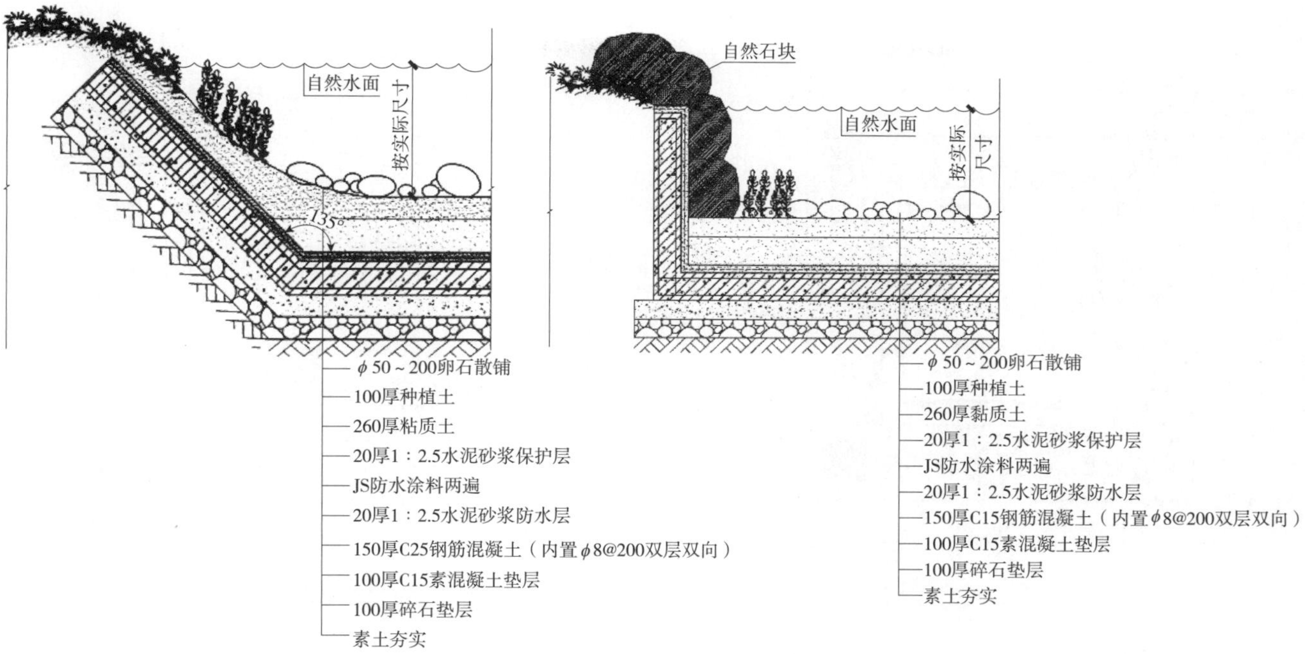

图7－20 自然水系通用作法大样图

6. 景园建筑设计图

景园建筑设计图表现各景区景园建筑的位置及建筑本身的组合、尺寸、式样、大小、高矮及作法等（见图7－21）。

（1）图纸内容。

1）建筑的平面位置（建筑与环境的关系）。

2）建筑底层平面。

3）建筑各方向的剖面。

4）屋顶平面。

5）必要的大样图。

6）建筑结构图。

（2）表示方法。

除将建筑的平面位置图以施工总图为基础画出外，其余图纸均按国家有关“建筑制图标准”画出。

7. 管线设计

在管线规划图的基础上，表现出上水（消防、生活、绿化用水）、下水（雨水、污水）各种管网的位置、规格、埋深等。

图纸内容及表现方式：应按照市政设计部门的具体要求正规出图，内容包括如下。

（1）平面图。根据管线规划图在种植设计的基础上，表示出管线及各种井的具体位置、坐标，并注明每段管线的长度、管径、高程及如何接头等。每个井都要有编号。一般原有干管用红线或黑细线表示，设计的管线及检查井则用不同符号的黑色粗线表示。

（2）剖面图。主要画各号检查井。用黑粗线表示井内管线及截面等交接情况。

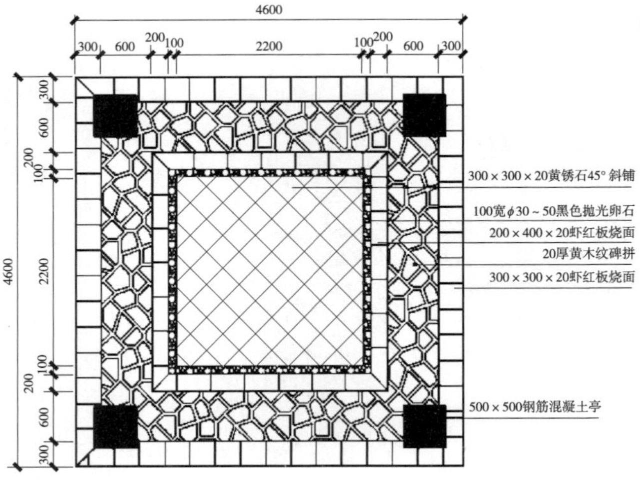

① 中心景观亭地面铺装图 1:50

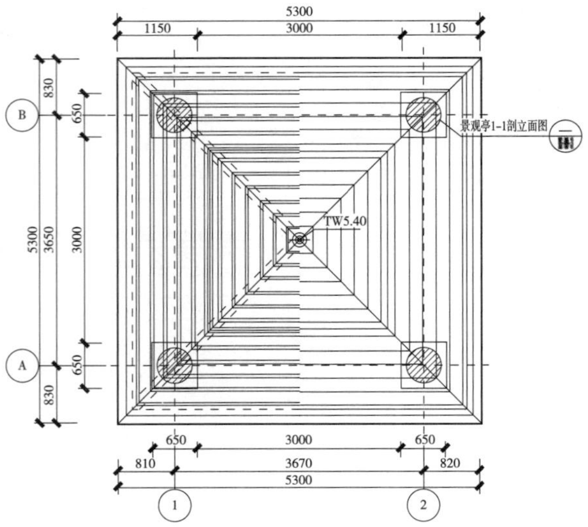

② 中心景观亭屋顶平面图 1:50

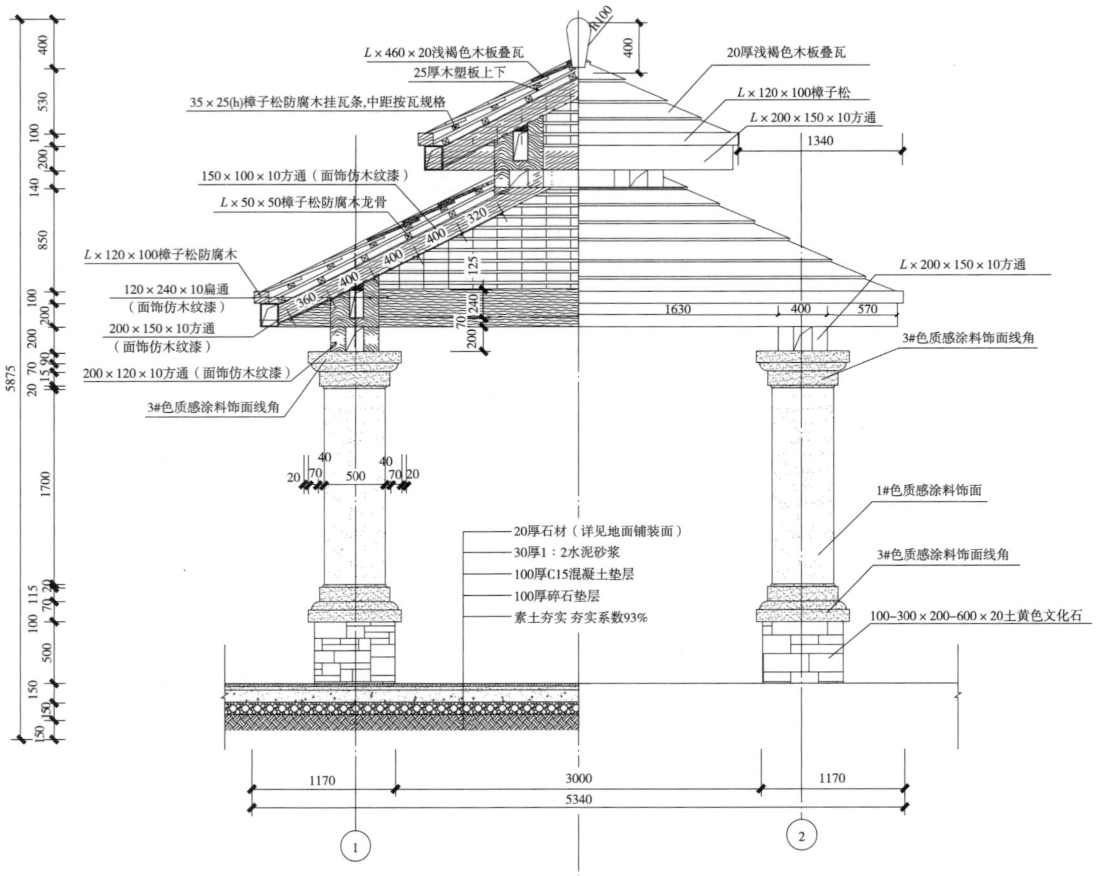

① 景观亭1-1剖立面图 1:30

图7-21 景园建筑图纸

8. 电气管线设计

在电气规划图的基础上，将各种电气设备、绿化灯具位置及电缆定向位置等具体表示清楚。

图纸内容及表示方法：应按照供电部门的具体要求及建筑电气设计安装规范正规出图。应该施工图较多的是庭园照明及水池配电图，一般在种植设计的基础上，用粗黑线表示出各路电组的定向、位置及各种灯的灯位及编号，以及电源接口位置等。并应在图上注明各路用电量、电线选型敷设、灯具选型及颜色要求等。

9. 山石设计

最好做山石施工模型，便于施工人员掌握设计意图。或参照施工总图及水体设计画出山石平面图，并示意性的画出立面剖面图，注明高度及要求。

10. 苗木表及工程量统计

苗木表：包括编号、品种、数量、规格、来源、备注等（见表7-8）。

工程量：包括项目、数量、规格、备注等。

表7-8　　苗　木　表

乔　灌　木										
编号	分类	名称	图例	拉丁学名	胸径（cm）	冠幅（m）	苗高（m）	数量	单位	
1	常绿乔木	樟树A		Chinnamomum camphoro	25~30		8~9	3	株	移栽苗3年以上，带骨架全树冠移植
2		樟树B			12~14		6~7	69	株	枝下高3~3.5m
3		广玉兰A		Mognolio grandifloro	20~22		6~8	11	株	树冠开展，树下高3.5~4m
4		广玉兰B			10~12		5.5~6	81	株	移栽苗，枝下高3~3.5m
5		桂花A		Qsmanthus fragrans	16~18	4~4.5	5以上	1	株	短主干型，一级分支四个以上
6		桂花B			10~12	2.8~3.5	3.5以上	12	株	独干，公支高点0.8~1.2m
7		桂花C			短主干型	2.5~2.8	3以上	97	株	多分支，多支点1m以下
8		桂花D			丛生型	1.8~2.2	2.5~3	99	株	丛生自然型，无偏冠
9		杜英		Elaeocarpus sylvestris	10~12		5~5.5	84	株	树干笔直挺拔，公支均匀
10		棕榈		Trachycarpus fortunei			干高1.4~1.6	63	株	剥棕，树形饱满
11		深山含笑		Michelia moudioe	7~8		4.5~5	52	株	树形完整自然
12		乐昌含笑		Michelia chaprnsis	10~12		5.5~6	65	株	枝下高3~3.5m
13		柚子		Citrus grandis	16~18		5.5~7	5	株	树形完整自然
14		红果冬青		Ilex cordlina	20~22		7~8	4	株	截干后具2~3头分支

第 8 章

园林景观的设计表达

8.1　园林景观平面图、立面图和剖面图

地形、水面、植物、建筑物及构筑物是构成园林实体的四大要素。园林中景物的平面图、立面图、剖面图是以上这些要素的水平面（或水平剖面）和立（剖）面的正投影所形成的视图。地形在平面图上用等高线表示；水面在平面图、立面图上分别用范围轮廓线和水位线表示；树木则用树木平面和立面表示。地形、水面、植物在平、立（剖）面图中的详细表示方法见后。

8.1.1　平面图

园景平面图是指景观设计场地范围内其水平方向进行正投影而产生的视图。平面图主要表达场地的占地面积、形状、场地内建筑物及构筑物的大小及屋顶形式和材质、道路与步行道的宽窄及布局、室外场地（主要指硬质场地）的形状和大小及铺装材料、植物的布置及品种、水体的位置及类型、户外公共设施和公共艺术品的位置、地形的起伏及不同的标高等。

平面图的画法有以下几步。

（1）先画出基地的现状（包括周围环境的建筑物、构筑物、原有道路、其他自然物以及地形等高线）。

（2）依据“三定”原则，把景观设计中的相关设计内容的轮廓线画入，“三定”即定点、定向、定高。

“定点”即依据原有建筑物或道路的某点来确定新建内容中某点的纵横关系及相距尺寸；“定向”即依据新设计内容与原有建筑物等朝向的关系来确定新设计内容的朝向方位；“定高”即依据新旧地形标高设计关系来确定新设计内容的标高位置。

（3）画出景观设计中的相关设计内容的划分线和材料图例（如地坪划分和材料、室外场地的划分

和材料、植物、水体等)，地形的等高线。

(4) 加深、加粗景观设计中的相关设计内容的轮廓线，再按图线等级完成其余部分内容。其中，各相关设计内容的轮廓线最粗，其余次之。

景观设计平面图的绘制应注意图面的整体效果，应主次分明，让人一目了然，避免因为表达的内容多了而造成图面混杂和零乱（见图8-1和图8-2)。

图8-1 局部景观平面表现(1)

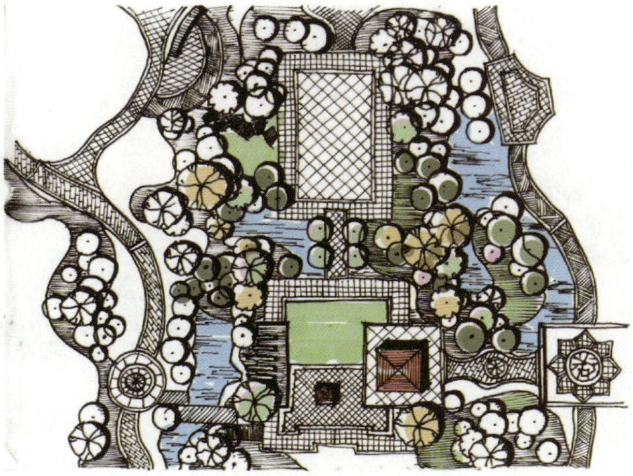

图8-2 局部景观平面表现(2)

8.1.2 立面图

景观设计立面图是景观设计要素在场地的水平面的垂直面上的正投影。景观设计的立面图亦如建筑设计的立面图一样，可根据实际需要选择多个方向的立面图。景观设计立面图主要表达了景观设计在垂直方向上的轮廓起伏和节奏、地形的起伏标高变化、设计所用树木的形状和大小、建筑物及户外公共设施和公共艺术品的高、宽、体量等（见图8-3)。

立面图的画法有以下几步。

(1) 依据景观设计平面图画出其建筑物或构筑物等景观要素相应的水平方位，画出其轮廓线。

(2) 画出地平线（包括标高的变化)。

(3) 画出建筑物或构筑物的高度体量以及树木等的轮廓线等。

(4) 加深地坪剖断线，并依此按图线的等级完成各部分内容。其中地坪剖断线最粗，建筑物或构筑物等轮廓线次之，其余更细。

图8-3 立面图表现

8.1.3 剖面图

园景剖面图是指某园景被一假想的铅垂面剖切后，沿某一剖切方向投影所得到的视图，其中包括园林建筑和小品等剖面（见图8－4和图8－5）。通常园景剖面图的剖切位置应在平面图上标出，且剖切位置必定处在园景平面图中，在剖切位置上沿正反两个剖视方向均可得到反映同一园景的剖面图。剖面图可以准确地看出剖切部位的景观组成，以及相互间横向、竖向的关系。

图8－4 剖面图表现（1）

图8－5 剖面图表现（2）

8.2 基本要素表达

8.2.1 植物表达方法

8.2.1.1 树木的表达方法

1. 树木的平面表达法

树木的平面表达可先以树干位置为圆心、树冠平均半径为半径作出圆，再加以表现，其表现手法很多，风格变化较大。根据不同的表现手法可将树木的平面表示划分为下列四种类型（见图8－6）。

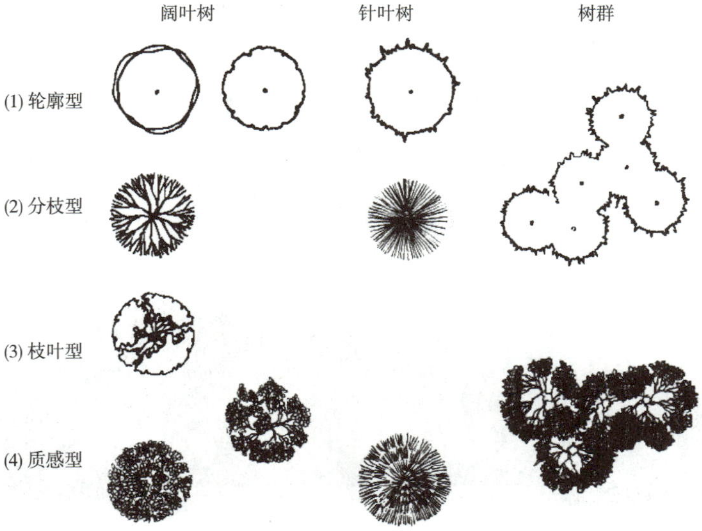

图8－6 树木平面表达的四种类型

（1）轮廓型。树木平面只用线条勾勒出轮廓，线条可粗可细，轮廓可光滑，也可带有缺口或尖突。

（2）分枝型。在树木平面中只用线条的组合表示树枝或枝干的分叉。

（3）枝叶型。在树木平面中既表示分枝、又表示冠叶，树冠可用轮廓表示，也可用质感表示。这种类型可以看作是其他几种类型的组合。

（4）质感型。在树木平面中只用线条的组合或排列表示树冠的质感。

尽管树木的种类可用名录详细说明，但常常仍用不同的表现形式表示不同类别的树木（见图8－7和图8－8）。各种表现形式当着上不同的色彩时，就会具有更强的表现力。当表示几株相连的相同树木平面时，应互相避让，使图面形成整体。当表示成群树木的平面时可连成一片。当表示成林树木的平面时可只勾勒林缘线（见图8－9）。

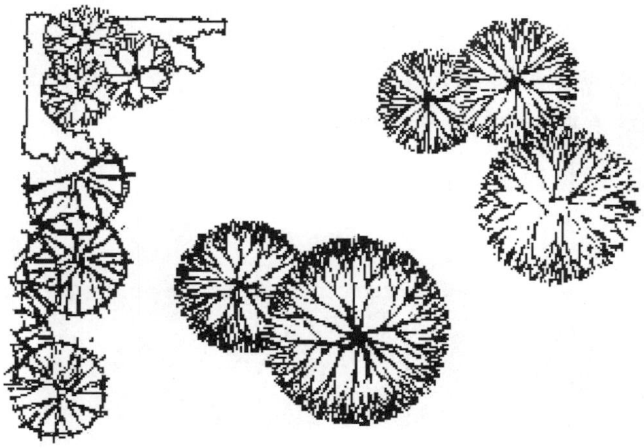

图8－7　分枝型树木平面图例

图8－8　质感和枝叶型树木平面图例

图8－9　大片树木的平面表示法

2. 树木的立面表示法

树木的立面表示法也可分成轮廓、分枝和质感等几大类型，但有时并不十分严格。树木的立面表现形式有写实的，也有图案化的，或稍加变形的，其风格应与树木平面和整个图面相一致（见图8－10）。

图 8－10　树木立面表示的几种类型

8.2.1.2　灌木和地被物的表达方法

灌木没有明显的主干，平面形状有曲有直。自然式栽植灌木丛的平面形状多不规则，修剪的灌木和绿篱的平面形状多为规则的或不规则但平滑的。灌木的平面表示方法与树木类似，通常修剪的规整灌木可用轮廓、分枝或枝叶型表示，不规则形状的灌木平面宜用轮廓型和质感型表达（见图 8－11）。

地被物宜采用轮廓勾勒和质感表现的形式。作图时应以地被栽植的范围线为依据，用不规则的细线勾勒出地被的范围轮廓。

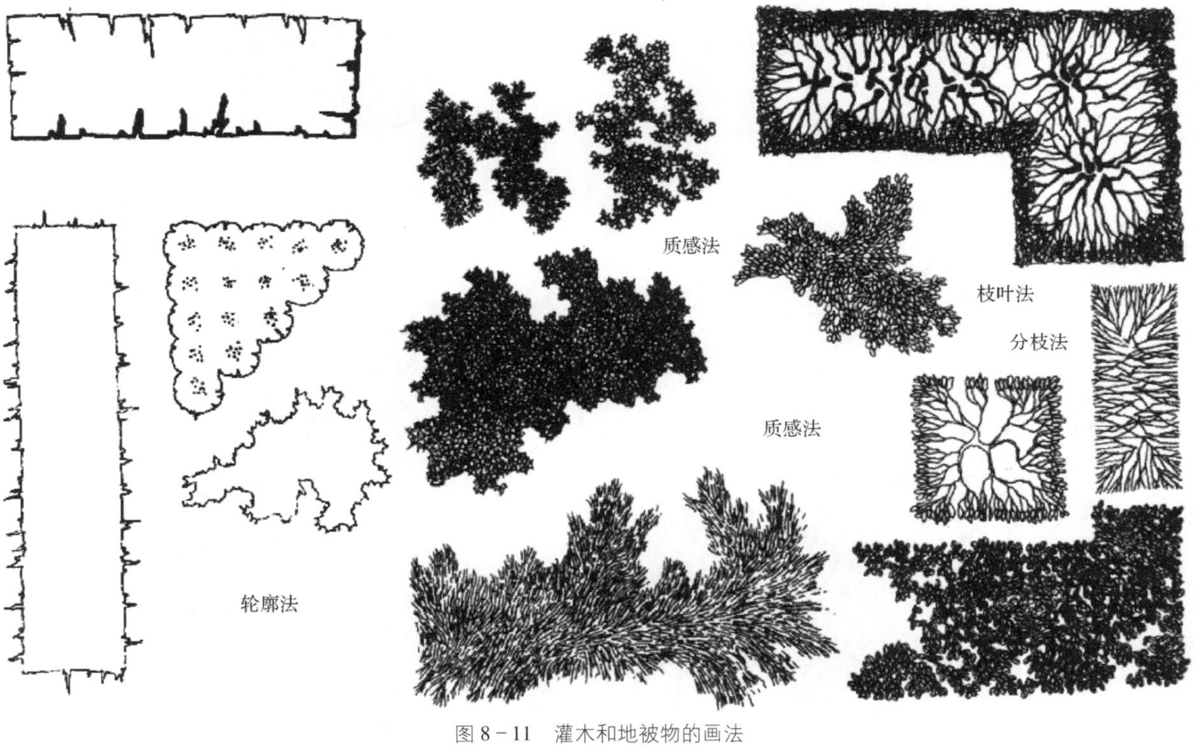

图 8－11　灌木和地被物的画法

8.2.2　水面及石块的表达方法

8.2.2.1　水面的表达方法

水面表达可采用线条法、等深线法、平涂法和添景物法，前三种为直接的水面表达方法，最后一种为间接表达法（见图 8－12）。

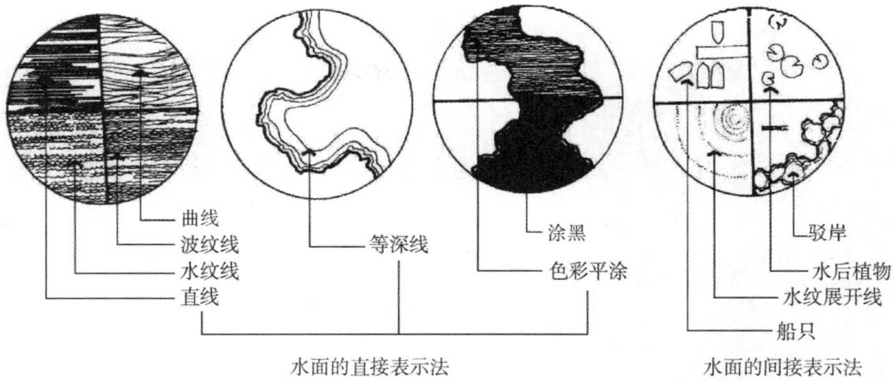

图 8-12 水面的几种表达法

1. 线条法

用工具或徒手排列的平行线条表示水面的方法称为线条法。作图时，既可以将整个水面全部用线条均匀地布满，也可以局部留有空白，或者只局部画些线条。线条可以采用波纹线、水纹线、直线或曲线。组织良好的曲线还能表现出水面的波动感。

2. 等深线法

在靠近岸线的水面中，依岸线的曲折作二三根曲线，这种类似等高线的闭合曲线称为等深线。通常形状不规则的水面用等深线表达。

3. 平涂法

用水彩或墨水平涂表示水面的方法称为平涂法。用水彩平涂时，可将水面渲染成类似等深线的效果。先用淡铅作等深线稿线，等深线之间的间距应比等深线法大些，然后再一层层地渲染，使离岸较远的水面颜色较深。

4. 添景物法

添景物法是利用与水面有关的一些内容表达水面的一种方法。与水面有关的内容包括一些水生植物（如荷花、睡莲）、水上活动工具（湖中的船只、游艇）、码头和驳岸、露出水面的石块及其周围的水纹线、石块落入湖中产生的水圈等。

8.2.2.2 石块的表达方法

平、立面图中的石块通常只用线条勾勒轮廓，很少采用光线、质感的表达方法，以免使之凌乱。用线条勾勒时，轮廓线要粗些，石块面、纹理可用较细较浅的线条稍加勾绘，以体现石块的体积感。不同的石块，其纹理不同，有的圆浑、有的棱角分明，在表现时应采用不同的笔触和线条（见图 8-13）。剖面上的石块，轮廓线应用剖断线，石块剖面上还可加上斜纹线。

（a）立面方块的画法　　（b）平面石块的画法

图 8-13 石块的表现技法

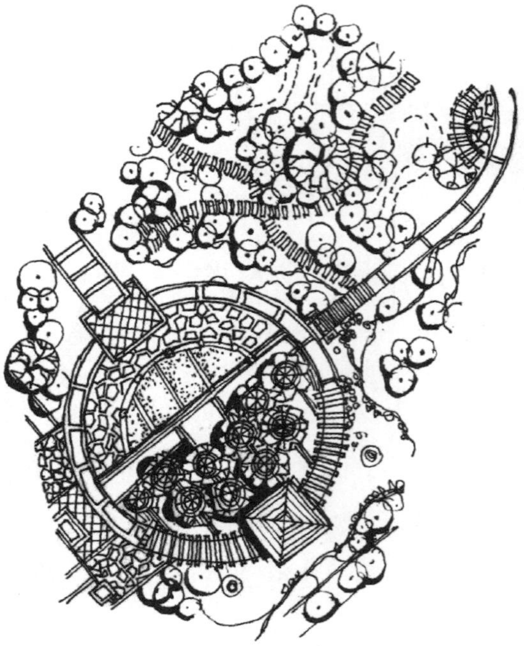

图 8－14　平面图表现图例（1）

8.3　平面图表现

在平面图、立面图、剖面图、透视图和鸟瞰图中，平面图最重要（见图 8－14~图 8－16）。平面图能表示整个园林设计的布局和结构、景观和空间构成以及诸设计要素之间的关系。在各阶段的设计中，平面图的表现方式有所不同，例如施工图阶段的平面图较准确、表现较细致；分析或构思方案阶段的平面图较粗犷、线条较醒目，多用徒手线条图，具有图解的特点。平面图可以看作为视点在园景上方无穷远处投影所获得的视图，加绘落影的平面图具有一定的鸟瞰感，带有地形的平面图因能解释地形的起伏而在园林设计中显得十分有用。在平面表现图中应注意图面的整体效果；在平面分析图中应清晰、醒目、主次分明。

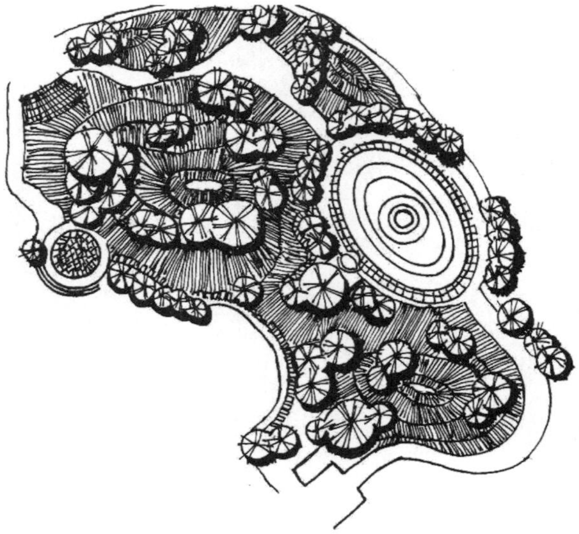

图 8－15　平面图表现图例（2）

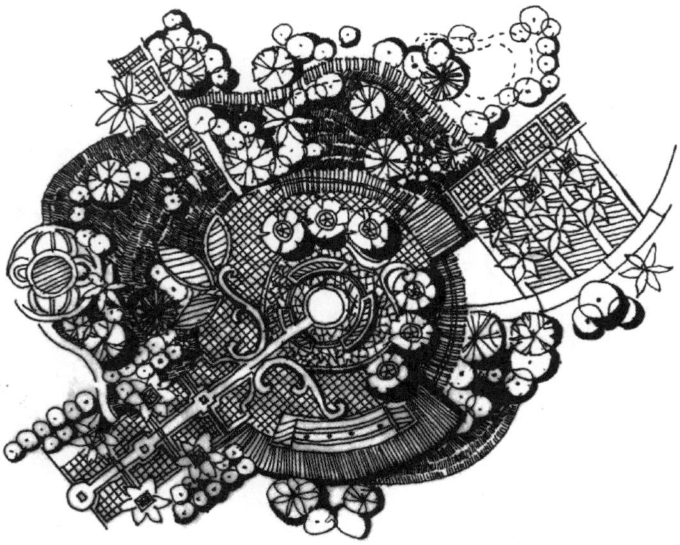

图 8－16　平面图表现图例（3）

8.4　透视图表现

8.4.1　透视图的基本知识

1. 透视图概述

透视一词，最早来源于拉丁文 Perspicerc，含义是透过透明平面来观看景物，并将所见物象描绘下来得到具有近大远小的图像，这个图像就是透视图。“透视”在《现代汉语词典》中的定义为：“用线条或色彩在平面上表现立体空间的方法。”透视原理就是在平面上研究如何把我们看到的物象投影成形的原理，其本质就是研究在平面上立体造型的规律。

当人们站在玻璃窗内用一只眼睛观看室外的建筑物时，无数条视线与玻璃窗相交，把各交点连接起来的图形即为透视图。透视投影相当于以人的眼睛为投影中心的中心投影，符合人们的视觉形象，富有较强的立体感和真实感（见图 8－17）。

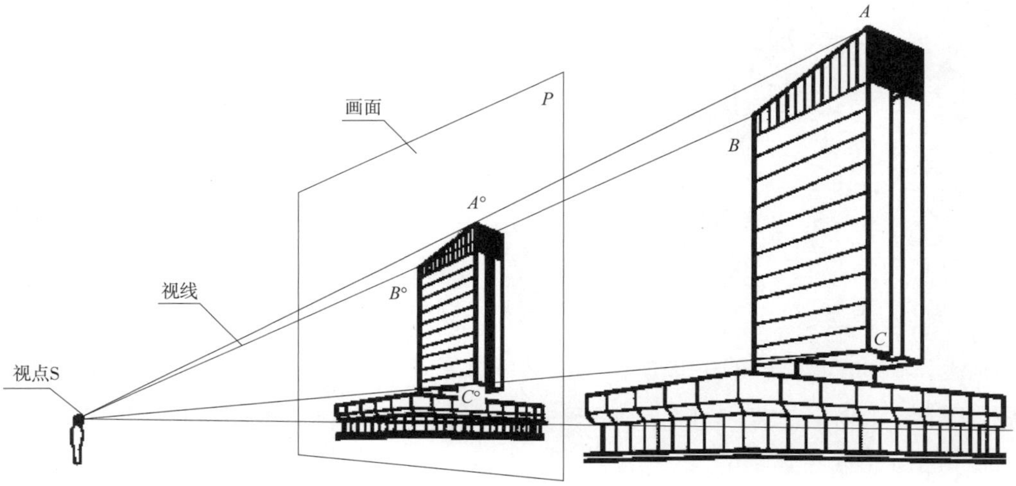

图 8－17　透视图的含义

2. 透视图与三面正投影

透视图与三面正投影图的形成都包含三个要素：即物体、投射光线和投影面。投射光线可分为两类：一类是平行光线，如日光；另一类是放射光线，如灯光。这种光线由一个中心点向各个方向透视，呈放射状态。光线的投射形式不同，所以投影面的成像也大不一样（见表 8-1）。

表 8-1　透视与正投影图的比较

项　　目	三面正投影图	轴　测　图	透　视　图
所属投影的种类	平行投影	平行投影	中心投影
投射线	相互平行	相互平行	汇聚
投影面	三个	一个	一个
是否能反应实形	能够反映	不能	多数情况下不能
主要特点	长对正、高平齐、宽相等	能量取尺寸，但不符合人眼视觉规律	近大远小，近高远低

3. 透视图的常用术语

为了学习透视图的作图方法，首先要了解有关的术语和符号（见图 8－18）。

画面（*P.P*）：透视图所在的假想的透明画面。

基面（*G.P*）：物体所在的水平面。

基线（*G.L*）：基面与画面的交线。

视点（*E*）：人眼所在的点，即观察点。

站点（*S*）：视点 *E* 的水平投影。

心点（*C.V*）：过视点向画面作垂线所得的交点。

视平面（*H.P*）：过视点的水平面。

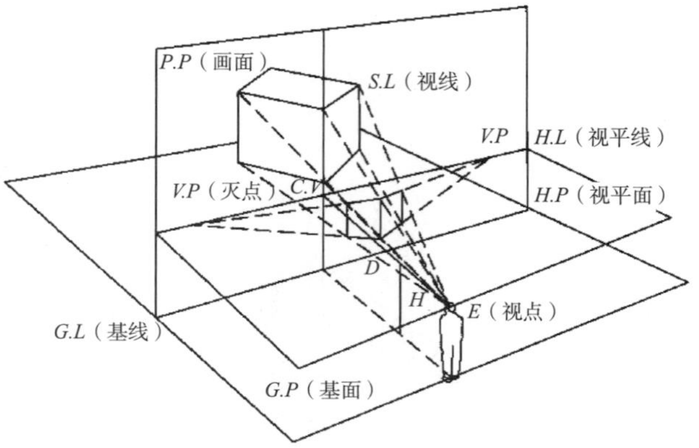

图 8-18　透视图术语图解

视距（D）：视点到画面的距离。

视高（H）：视点到基面的距离。

视线（$S.L$）：视点与物体任意点的连线。

灭点（$V.P$）：透视图中平行线的交点（消失点）。

视平线（$H.L$）：视平面与画面的交点。

8.4.2　透视图的分类

根据物体与画面的不同位置，透视图可分为一点透视、两点透视和三点透视。

1. 平行透视（一点透视）

当画面垂直于基面，物体上的主要立面（长度和高度方向）与画面平行，所作出的透视图称为平行透视。此情况下，景物中，有一组相互平行的主向轮廓线，垂直于画面，其透视只有一个灭点 S^0，所以又称为一点透视（见图 8-19）。

2. 成角透视（两点透视）

当画面垂直于基面，物体上的主要表面与画面倾斜，但其上的铅垂线与画面平行，所作的透视称为成角透视，此时在画面中有两个灭点，因此称为两点透视（见图 8-20）。

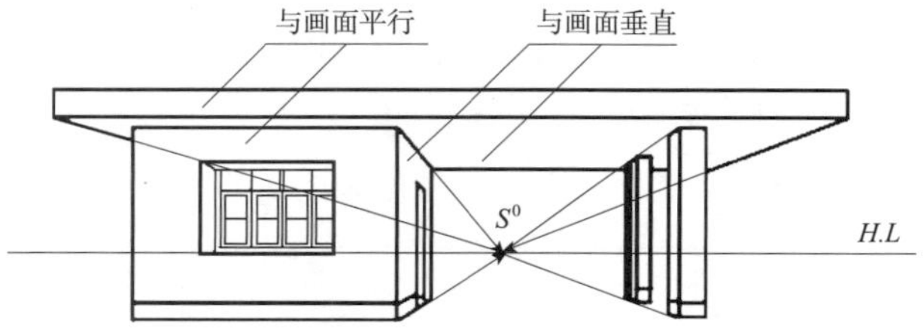

图 8-19　平行透视

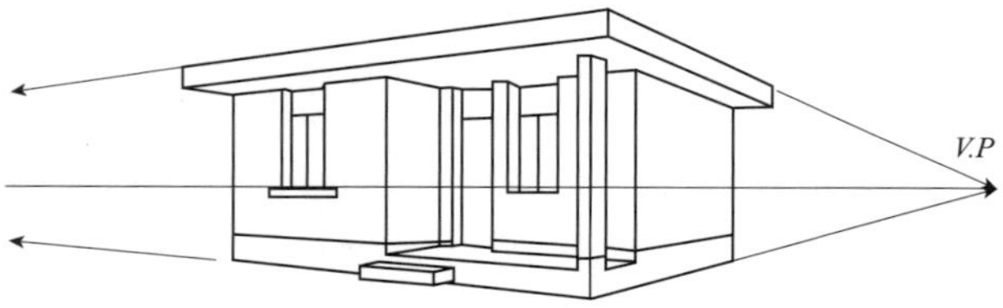

图 8-20　成角透视

3. 斜透视（三点透视）

当画面倾斜于基面时，画面倾斜于建筑物的三个主要面，所作出的透视图称为斜透视。同时，由于所作的透视图有三个灭点，因此也称为三点透视（见图 8-21）。在这三种透视图中，平行和成角透视应用最多，斜透视因作图复杂，较少采用。

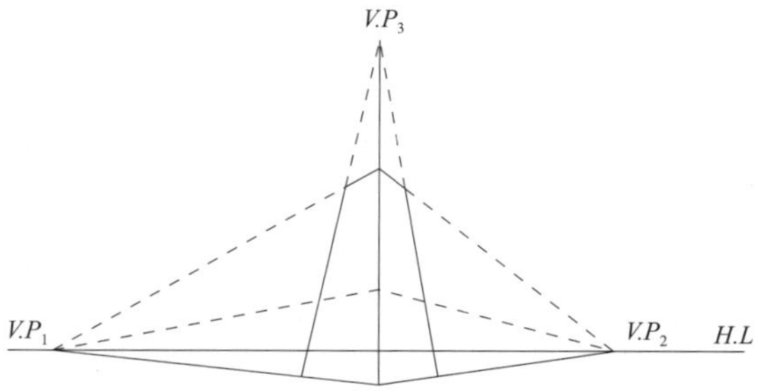

图 8-21　斜透视

8.4.3　透视图的作法

下面用视线法（也称建筑师画法）来解释其作图步骤。

1. 一点透视

在透视图上，因投影线不是互相平行而是集中于视点，所以显示物体的大小并非真实的大小，有近大远小的特点。形状上，由于角度因素，长方形、正方形在透视图中，常被表现为不规则四边形，直角绘制成锐角或钝角，四边不相等。

利用建筑物与视点的连线在画面上形成的交点，再用这些交点与灭点连线求出透视平面，然后利用真高线求出物体的透视图的作图方法，称为视线法，也称建筑师法。下面用视线法来解释一点透视的作图原理。

第一步：平面图与 P. P 线交于 A、B 两点，立面图垂直置于 G. L 上。从平面图上的 A、B 两点引出表示宽度的垂线，再自立面图引出表示高度的垂线，四条垂线分别交于 a、b、c、d 点。任意定出 H、L 和 E 点，并由 E 点作垂线交 H、L 线于 C. V 点（见图 8 - 22）。

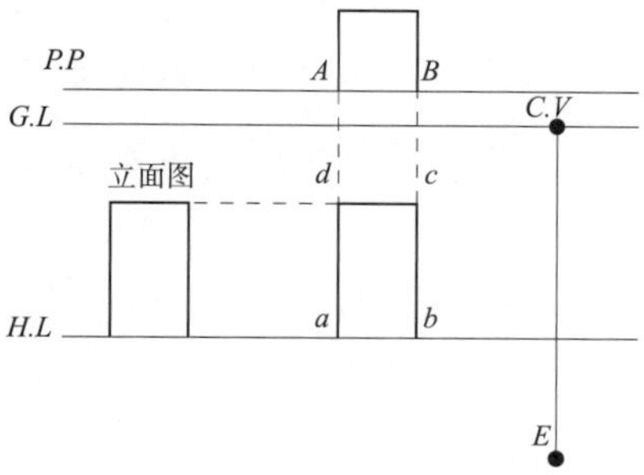

图 8 - 22　一点透视作图原理步骤一

第二步：自 E 点向 A、B、C、D 点连线。在 H. L 线上产生交点 1、2、3、4（见图 8 - 23）。

第三步：分别从 a、b、c、d 点向 C. V 引透视线（见图 8 - 24）。

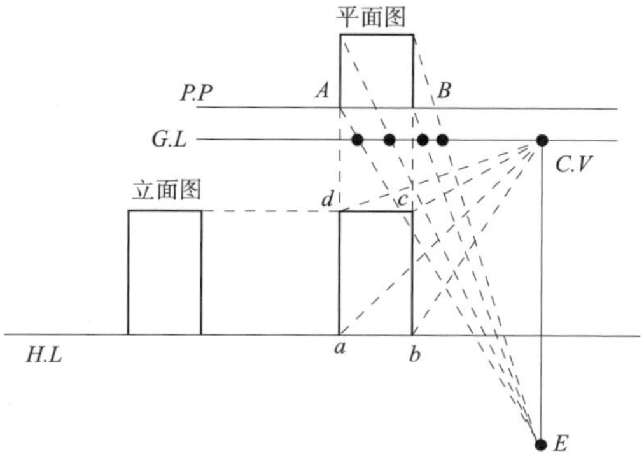

图 8 - 23　一点透视作图原理步骤二

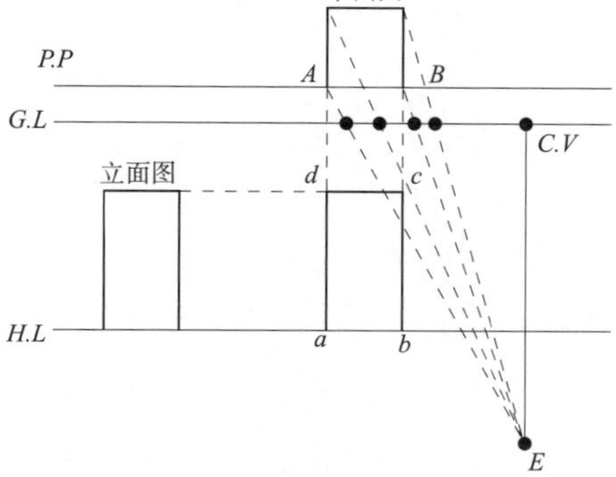

图 8 - 24　一点透视作图原理步骤三

第四步：由 H. L 线上的 1、3 点向下作垂线，与透视线分别交得 e、f、g、h 四点，连接后即作出正面的透视图（见图 8 - 25）。

第五步：由 H. L 线上的 2、4 点向下作垂线，与透视线分别交得 i、j、k、l 四点，连接后即完成了立方体的一点透视图（见图 8 - 26）。

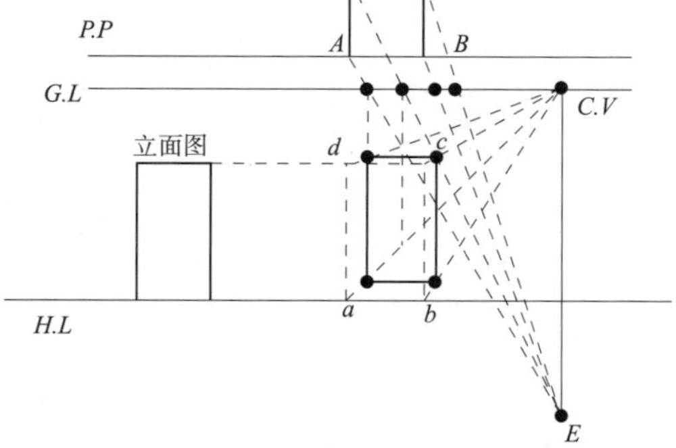

图 8 - 25　一点透视作图原理步骤四

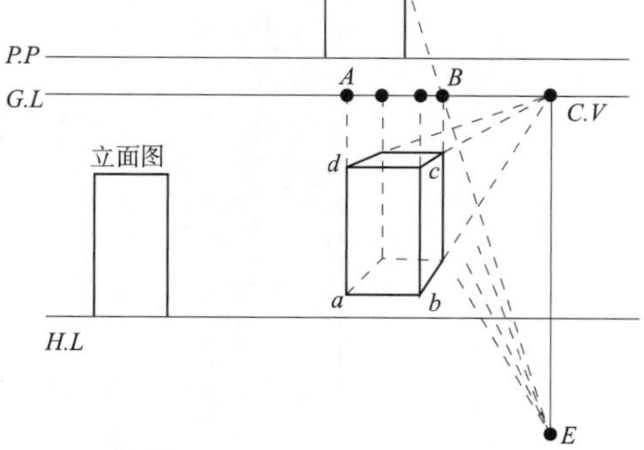

图 8 - 26　一点透视作图原理步骤五

理解一点透视的作图原理，就为学习后面的透视方法打下良好的基础。

2. 两点透视

下面来解释两点透视的作图原理。

第一步：画一个立方体的平面图交视平线 $H.L$ 于 C 点，从 C 点向下作垂线并任取一个视点 E_0，从 E_0 任意作两条斜线交 $H.L$ 线于 $V.P_1$、$V.P_2$ 两点，然后再从 E_0 引线连接 A、B 点，交 $H.L$ 线于 D、E 点。在视点 E_0 与视平线 $H.L$ 之间，定出基线 $G.L$，把立面图放置在 $G.L$ 上，如图 8－27 所示。

第二步：从立面图引真高线交 C-E_0 线于 F 点，同时从 D、E 点向下作垂线与 F-$V.P_1$ 和 F-$V.P_2$ 相交，连接这些交点并作透视线即求出该立方体的两点透视（见图 8－28）。

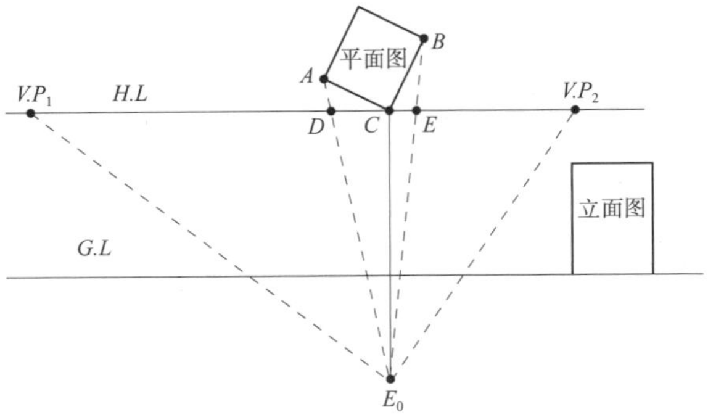

图 8－27　两点透视的作图原理步骤一

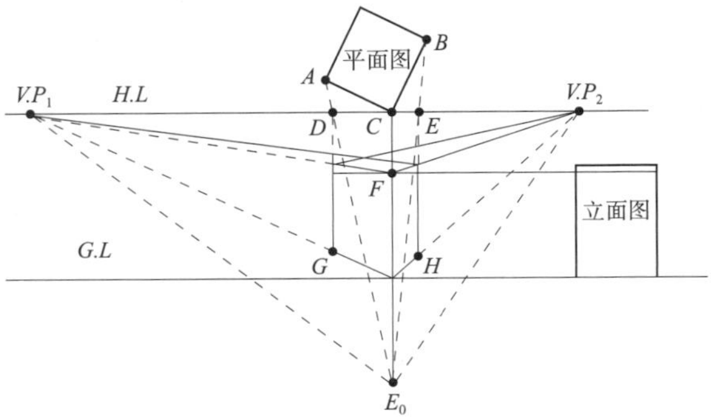

图 8－28　两点透视的作图原理步骤二

3. **室外景观透视**

第一步：分析设计意图，在平面图上绘制透视网格。

这是一个住宅小区的景观设计方案，从平面图上可以看到在建筑围合的中间区域设计了休闲木制平台、人工水景、草坪和树木等景观要素，这些都是透视图需要表现的内容。根据以上的分析，我们可以将透视图面分为三个部分进行表现：休闲木制平台为前景，水体、草坪和树木为中景，景观造型和建筑为背景。视点如图 8－29 所示设置在平面图的东南角，以 4500mm×4500mm 为单位画出透视网格。根据画面需要，以东西向的 9 轴和南北向的 a 轴为透视图的基本透视框架线。

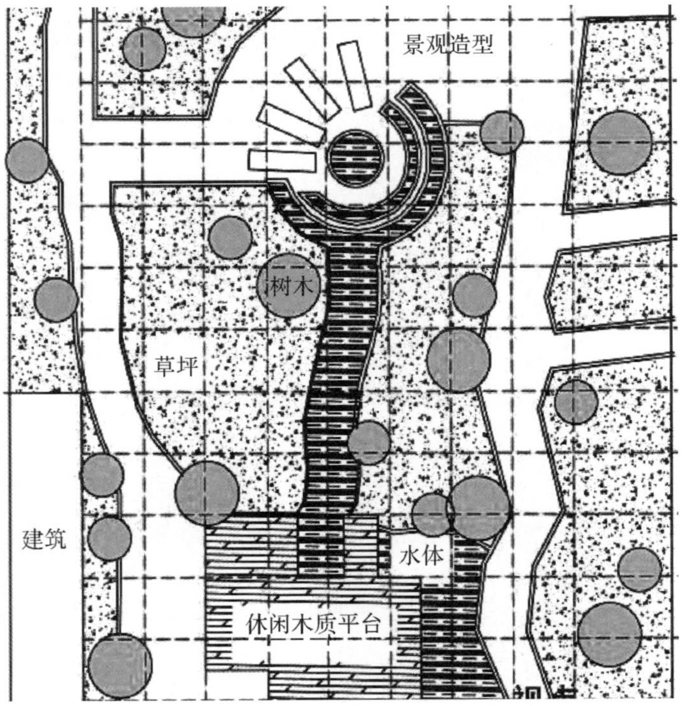

图 8－29　步骤一

第二步：绘制景观的空间尺度网格。

画出基线 $G.L$，确定视平线 $H.L$ 的高度为9m，在 $H.L$ 线上画出垂线 AB，AB 线为透视图的真高线。在 AB 线的两侧 $H.L$ 线上定出灭点 $V.P_1$ 和 $V.P_2$，通过 A、B 点与 $V.P_1$ 和 $V.P_2$ 连线，画出透视图天、地的基本网格线，根据平面图上确定的网格位置，定出南北向的 a 轴线和东西向的9轴线。

按照快速作图法的基本方法画出边长为18m的正立方体 $ABCDEF$，连接 BE 线的中点 G 和 CE 线上的中点 H 并延伸到 K 点，同理可以找到 L 点，通过绘制对角线的方式可以纵向和横向地延伸空间。求得这些透视点后，向灭点 $V.P_1$ 和 $V.P_2$ 引线即可画出该空间的透视网格（见图8－30）。

第三步：在透视图的地面网格中画出平面图的布局。

在景观设计中，水体、草坪的轮廓线往往比较生动、复杂，进行透视描绘时容易变形，因此将透视图的地面网格按照平面图网格标注方式进行南北向和东西向标注，这样在绘制时可进行对照，非常方便和准确。有了准确的透视网格，可以轻松地将平面图中的轮廓线绘制到具体的透视网格中去（见图8－31）。

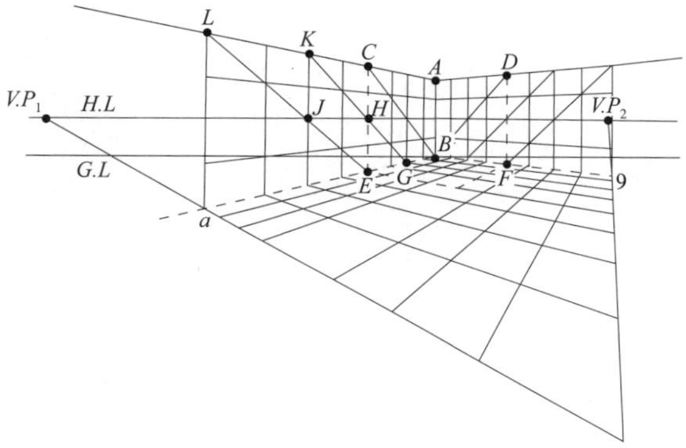

图8－30 步骤二

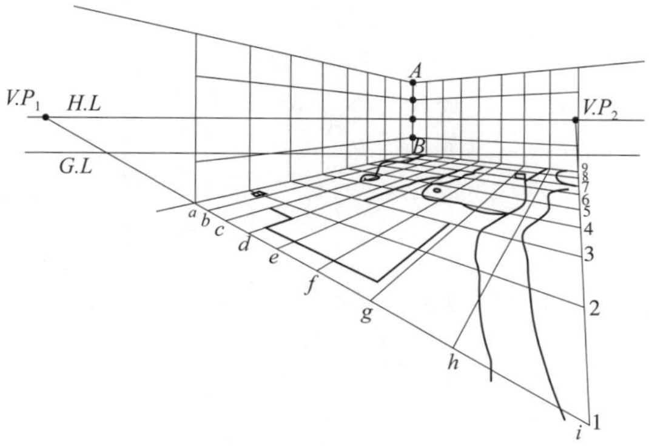

图8－31 步骤三

第四步：拉伸物体的高度，延伸绘制空间的深度。

以 AB 线为真高线，可根据物体的具体高度，按比例地进行物体高度的拉伸，在高度的拉伸过程中注意透视远与近的构图处理。从平面图中可以看到，东西轴线为1～13，而透视图中只表现到1～9，也就是说还有9～13的空间深度需要表现。运用对角线的连接可延伸空间的深度。如图，从 G 点连接 AB 的终端，延伸至与 $A-V.P_2$ 交于 M 点，再过 M 点作垂线，注意即可求得9～13的透视网格。同理运用这种办法可以创建绘制所需要的透视图的深度和高度（见图8－32）。

第五步：绘制透视远景。

根据上一步求得的透视网格，先按照平面布局的位置，确定其透视图中地面的位置，然后以 AB 线为高度依据，拉伸出远景的景观造型，同时根据平面图的布局位置，再画出远景的建筑透视（见图8－33）。

第六步：加入配景，刻画细节。

刻画出该景观中的树木、岩石和池水等细节。在刻画树木和花卉时一定要注意不同种类植物的特有外形，注重其差异性，同时需要画出植物前后的疏密关系和空间的层次关系（见图8－34）。

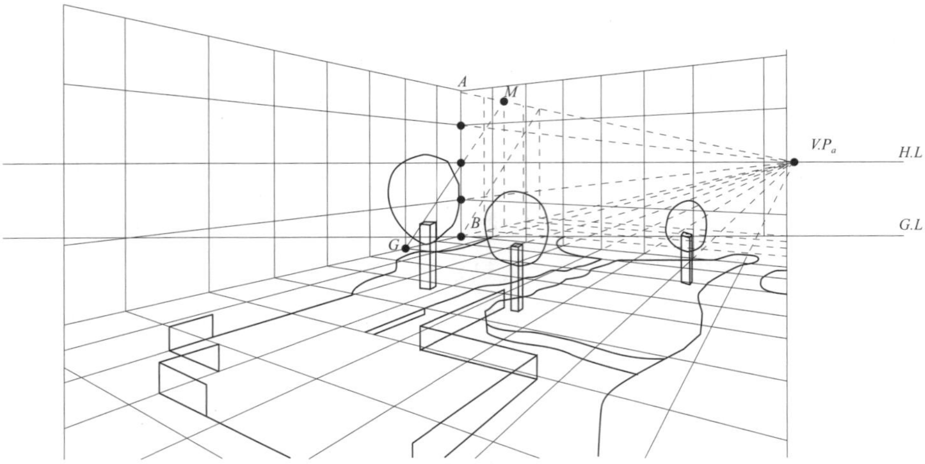

图 8－32　步骤四

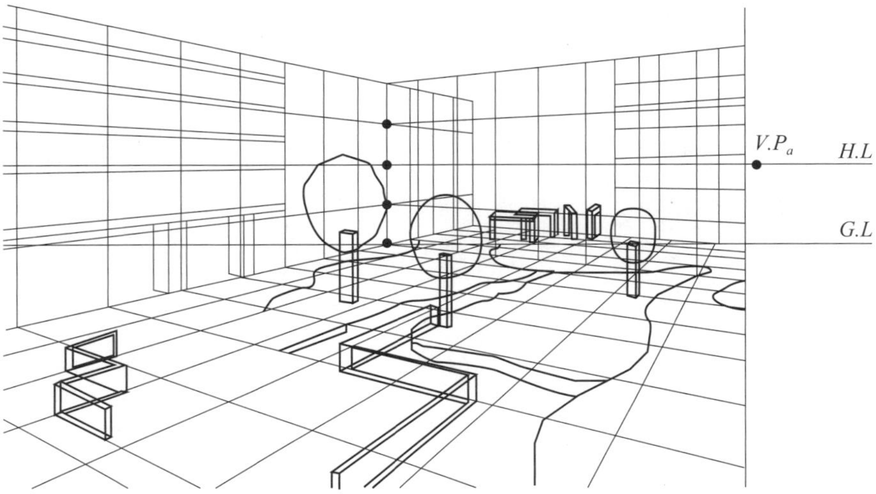

图 8－33　步骤五

图 8－34　步骤六

第七步：上色。

用马克笔进行绘制，注意色彩的冷暖搭配，加重物体的暗面处理，加强明暗、色彩的对比，丰富画面关系（见图8－35）。

图8－35　步骤七

第 9 章

居住区景观设计

9.1 居住区景观设计概述

9.1.1 居住区景观设计要点

9.1.1.1 居住区景观用地构成

居住区景观设计通过对基地自然状况的研究和利用，发挥居住区周围环境有利的因素，包括公共自然山水环境与居住区的融合和协调，这些空间共同构成了居住区外部环境的物质基础。居住区景观规划设计最终都将落实到规划区域内的用地上，居住区用地组主要为住宅用地、道路用地、公共服务设施用地、绿地等。

1. 住宅用地

住宅用地指居住建筑基地占有的用地及其前后左右附近必要留出的一些空地（住宅日照间距范围内的土地一般列入居住建筑用地），其中包括通向居住建筑入口的小路、宅旁绿地、杂务院等。

2. 道路用地

道路绿地指居住区范围内的不属于住宅用地和公共服务设施用地内的道路的路面以及小广场、停车场、回车场等。

3. 绿地

居住区绿地指居住区公园、小游园、运动场、林荫道、小块绿地、成年人休息和儿童活动场地等。

4. 设施用地

公共服务设施用地指居住区各类公共用地和公用设施建筑物及底占有的用地及其周围的专用地，包括专用地种的通路、场地和绿地等。

9.1.1.2 居住区景观设计原则

居住区景观的设计的主要目标是营造生态化、景观化、宜人化、舒适化的物质环境，营造开敞半开敞空间、立体化空间处理，有亲和力的社会文化环境，体现既有功能意义又涉及到视觉和心理感受。

1. 体现以人为本

“以人为本”即人性化景观设计，强调人与自然环境和谐共生，保护人居环境的生态美，保持生物系统多样性，注重环境生态及景观塑造。强调人性化设计的空间功能，给人产生归属的感觉，又能尊重自然、利用自然、设计结合自然的观点，才能体现“以人为本”设计理念的真正内涵。

2. 突出空间立意

景观设计必须与居住区设计整体风格呼应，不同居住区设计风格将产生不同的景观配置效果（见图9-1）。园林景观根据开放度和私密性组织空间，强调植物栽种的季节化和立体化，景观空间塑造既需要硬质铺装和室外家具也要有比较私密的空间，营造动性的娱乐空间与静性的休息区分割，构景上遵循城市设计和园林设计的一般规律，如对景、轴线、节点、路径、视觉走廊、空间的开合等。

图9-1　不同设计风格产生的居住区景观效果

3. 注重生态设计

对于人居景观生态环境而言，共生与再生原则要求我们特别注意和自然环境的结合，善于因地制宜、因势利导。在居住区户外景观设计中，通过环境设计为居民提供良好的日照、通风、阻隔噪音、吸附有害气体等条件，实现居住区地域的多样性，使人的感觉和感受处在绿色的生态环境中。

4. 选用材料技术

材料的选用是居住区景观设计的重要内容，尽量使用当地较为常见的材料，体现地方自然特色。现代景观利用新技术来提升生态价值，如利用太阳能为广场、庭院供给照明和音箱设备用电；采用地表循环设计理念，收集雨水为灌溉和水景提供主要资源；利用浮筒原理建设的栈道、亲水平台，即环保又有趣。

5. 体现风水理念

风水是多学科综合为一体的一门自然科学，其宗旨是审慎周密地考察、了解自然环境。顺应自然，有节制地利用和改造自然，创造良好的居住与生存环境，有利于景观设计的人性化、自然化，从而促进人类健康和可持续发展。

9.1.2 居住区景观设计发展

9.1.2.1 居住区景观设计现状

城市居住区户外环境的建设，可以提高社会、环境及经济效益，也是住宅内部空间的延伸。随着经济的发展，我国人口城市化进程不断上升，人们在经历了住宅“量”和“质”的苦恼后，不得不重新认识居住区环境的审美性、可适应性以及可持续性。目前，居住区景观设计的误区主要有：景观雷同、设计抄袭严重；设计在图纸上往往表现的美妙绝伦，但事实上完全体会不到设计者的“独具匠心”；树种及水环境使用不当，居住绿地不能形成完善的生态环境系统；景观过于分散，缺乏户外活动场地，在不同程度上诱发了人们的精神压抑等。

9.1.2.2 居住区景观设计发展趋势

近年来，房地产经营理念发生变化，从单纯的卖楼盘转向更多地关注生态环境与历史文化，倡导社区新的生活方式，现代居住区环境景观出现了一些新的发展趋势。

1. 智能化

随着社会的进步和计算机技术的发展，以及人们对智能化设施需求的日益增加，住区景观设计已经急速向智能化方向发展。住区智能化系统通常包括综合布线系统、电视监视系统、可视对讲系统、家居智能网络系统、有线电视系统、背景音乐广播系统等几方面。

2. 主题化

居住区是一种独具特色的商品，它不仅体现房主的社会经济地位，而且要满足他们不同的品位、文化和使用功能等个性方面的要求。景观设计的“主题化”特点是突出个性，体现以人为本，例如：体现知识阶层的“文化社区”、体现绿色环保的“可持续发展社区”、体现科技创新的“数字社区”等。

3. 多样化

居住区景观设计开始关注人们不断提升的审美需求，呈现出多元化的发展趋势，提倡简约明快的景观设计风格。同时环境景观更加关注居民生活的方便、健康与舒适性，不仅为人们所欣赏，还要为人们所利用（见图9－2）。

图9－2 居住区景观设计的多样化

4. 生态化

创造自然、舒适、亲近、宜人的景观空间，实现人与景观的有机融合，充分体现地方特色和历史文化内涵。“天人合一”的哲学思想是美的最高境界，具有生态性的居住环境能够唤起居民美好的情感寄托，人与大自然共生共栖，才能体验到永恒的真理。

5. 人性化

人性化设计不仅是给人们生活带来方便，更重要的是让使用者与景观之间的关系更加融洽。人们对景观的心理感知是一种理性思维的过程，一方面要让人触景生情，另一方面还要使“情”升为“意”，这时“景”升为“境”，即“境界”，成为感情上的升华，从而满足人们高层次精神享受的需要。在进行景观设计时，应注意整体性、实用性、艺术性、趣味性的结合。

一个良好的居住环境，为人们提供物质功能和精神功能双重价值，以人为主体，以空间环境为客体，构架现实通向理想的桥梁。在居住区环境日益受到重视的今天，景观设计的有关原则、理念、手法等，都值得我们去认真学习研究。

9.2 案例解析——武汉金地·圣爱米伦居住区景观设计

9.2.1 案例概况

金地·圣爱米伦项目位于湖北武汉市洪山区南湖片，西接李纸路、东临连接武梁路和南湖南路的规划路线，项目挈领“南湖版块”与“珞南版块”，规划中的南二环在地块南面，⑤⑦号线交通地铁两条轨道路经金地·圣爱米伦。项目规模地块总面积约 226405.45m^2，红线内景观规划面积约为 11.6 万 m^2，是区域内 2010 年最具有法式风情代表性的高端社区（见图 9－3 和图 9－4）。该区域属于南湖片区，各项配套设施完善，建成后的金地·圣爱米伦将融入南湖大型居住新城集超市、影院、餐饮、娱乐为一体的综合生活圈。

图 9－3　金地·圣爱米伦项目位置及用地范围

9.2.2 设计理念

金地·圣爱米伦项目景观规划以法兰西庄园规划思想为主导，设计理念取自原汁原味法兰西风情，

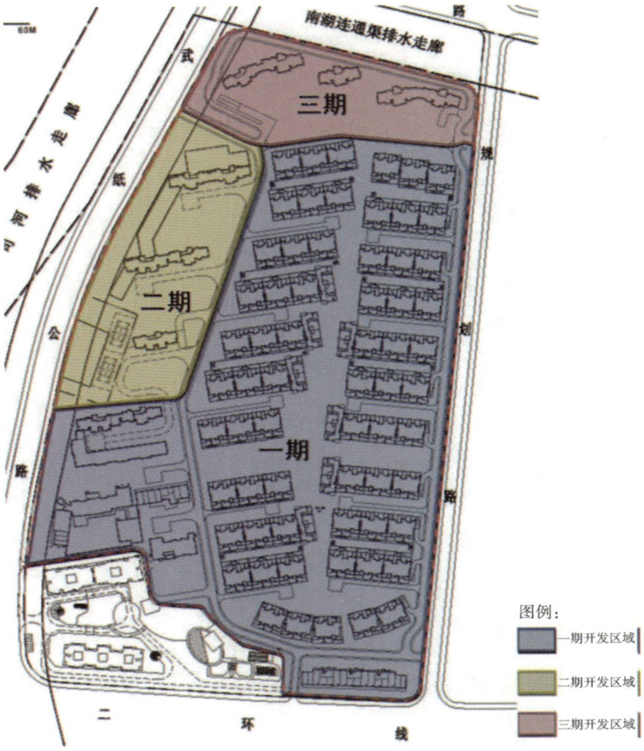

图 9－4　金地・圣爱米伦居住区总平面图

概念主题为“景观、不远观”，是糅合南湖片区浓郁的人文氛围及周边的景观资源，嵌入珍奢的法式庭院及高层观景雅院，设计宗旨目标为建成纯正法式庄园血统，全方位原境演绎法兰西浪漫舒适生活（见图 9－5）。

规划设计范围内整体以 125～239m^2 叠加院墅、墅景高层及 TOWNHOUSE，加之园林水系、植被、颇有逸境的小品及各类高端商业配套所构成，以“原境触感・38 万方法式都会庄园”之姿，成就 2010 年度区域内最具代表性的法式风情高端社区。

金地・圣爱米伦建筑设计以整体的雄伟，洋溢出新古典主义的隽永，精心提取设计元素表达法兰西浪漫风情。法式建筑将贵族气息在冷静克制中优雅散发：轴线对称式建筑造型，赋予条理、计划的雄伟感；孟莎式双坡屋顶，坡度有转折，增加空间感，彰显厚实而内敛的气势；风情考究的老虎窗，或圆或尖，造型各异，赋予建筑凹凸有致的感观效果；ART DECO 装饰艺术风格，格外注重表现材料的质感与光泽；细致处理廊柱线条，法式廊柱、雕花、线条……金地・圣爱米伦精细雕琢每处风情。

图 9－5　法兰西理念设计来源

9.2.3　景观规划设计

圣爱米伦以两条景观轴贯穿于整个设计区域，形成典型的“十”字格局，从主轴上引导“三个基本点”的设计方法（见图9-6）。

“十”字格局的主轴是整个广场的主干道，由此道路贯穿于各功能分区和景观带。

“三个基本点”是主轴线上为居民提供活动、集会、观赏、交流、休憩的景观核心。轴线交叉或道路交汇处设置景观节点，各景观相互联系，相互协调，组成即丰富又温馨的大面积景观带，且营造成一个相互贯通，互相补充的居住区城市广场景观。双中央主轴全程首创，洋房、高层错落有致、交相辉映，法式园林实景呈现，品位浪漫法兰西生活意境。

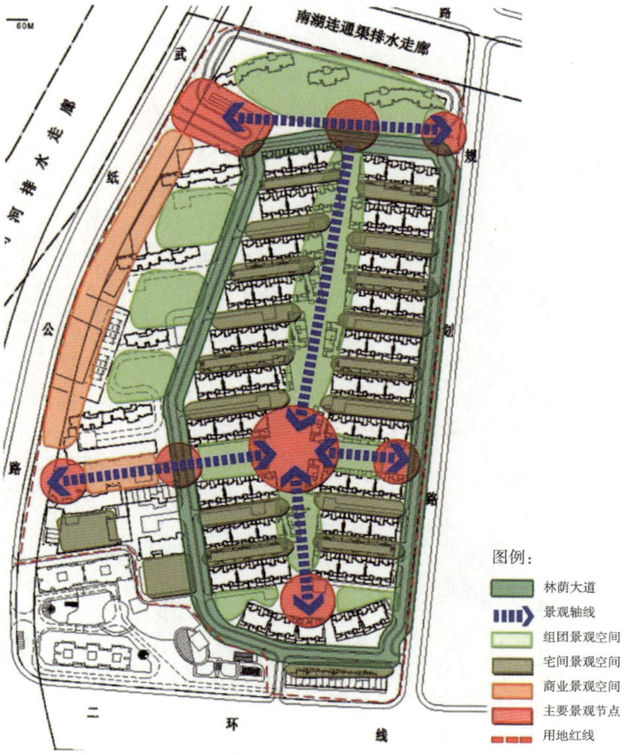

图9-6 圣爱米伦居住区景观“十”字格局

9.2.3.1 功能分区

景观规划设计对圣爱米伦一、二、三期进行整体的功能分区划分，根据场地的条件规划出五大区域，分别是室外雅座区、商业街区、林荫大道区、水景公园区和文化别院区，并对各区赋予不同的功能主题（见图9-7）。

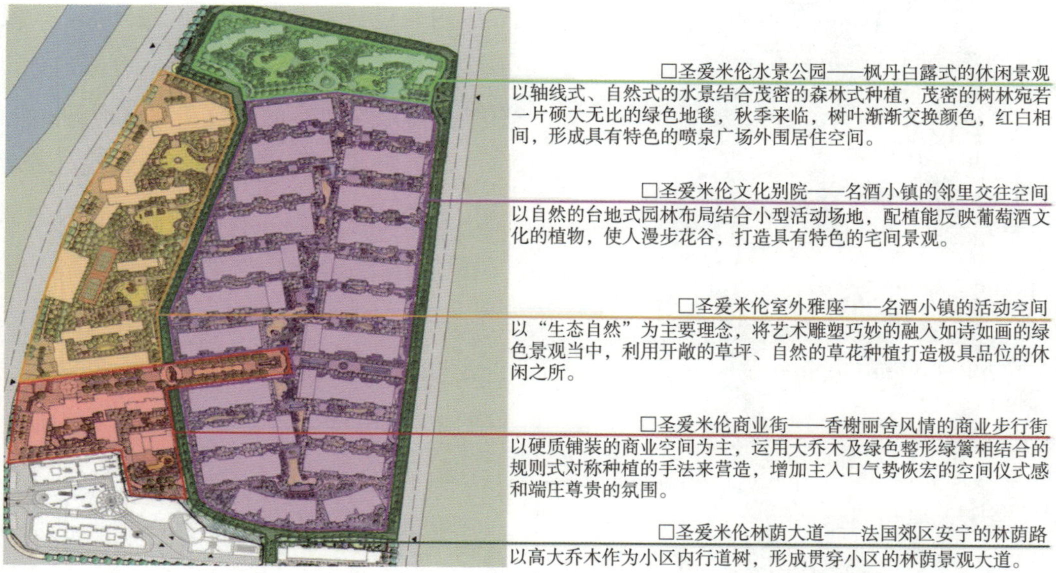

图9-7 圣爱米伦居住区功能分区划分

圣爱米伦商业街区（见图9-8）是本景观设计项目的重点和核心区域，即中心景观区，该区域位于规划设计范围的入口及中轴线上，在这里需营造开放的公共空间，透过广场、会所、商街等构成的可识别性社区中心。为此特地对该区域进行了空间分类和重点设计表达，划分出六类个性空间：入口空间、商业轴线空间、宅间轴线空间、宅间公共空间、宅间庭院空间和会所庭院空间，各空间秉承“一地多用”的原则，根据场地的性质和活动的内容以及设施的设置，满足不同的功能需求，既各自独立又相互协调。

图 9－8　圣爱米伦居住区商业街空间分布

图 9－9　圣爱米伦居住区交通流线分析图

9.2.3.2　交通流线

圣爱米伦规划设计遵循人车分流的原则，交通流线清晰，保证安全亦便于管理。设计除对规划区内外进行了总体交通流线分析外，还对中心景观区进行了详细流线分析，确保内外部道路的畅通和中心区景观的高效和共享（见图 9－9）。

中心景观区交通分析图在居住区范围内以人行道路为主，与小区各个功能区以及建筑入口相互贯通，相互联系，路线围绕建筑和功能区而设计，使人们能够便捷到达各个区域，主要运用自由式与规则式结合的设计手法，即缩短了两点之间的距离、节约成本，简单易达（见图 9－10）。

9.2.3.3　节点分析

方案设计中有效利用建筑空地设计邻里活动场地、中心活动广场和南端草坪广场，精心打造出生动宜人的景观节点。设计注重对室外雅座区（楼间花园区）、商业街区、林荫大道区、水景公园区、文化别院区等几大景观空间的营造（见图 9－11）。

案例对包括主入口广场、商业步行街、景观绿轴、一期中心广场的中心景观区进行了细致分析，并在该重点区域梳理出 10 个更为详细的景观节点（见图 9－12）。

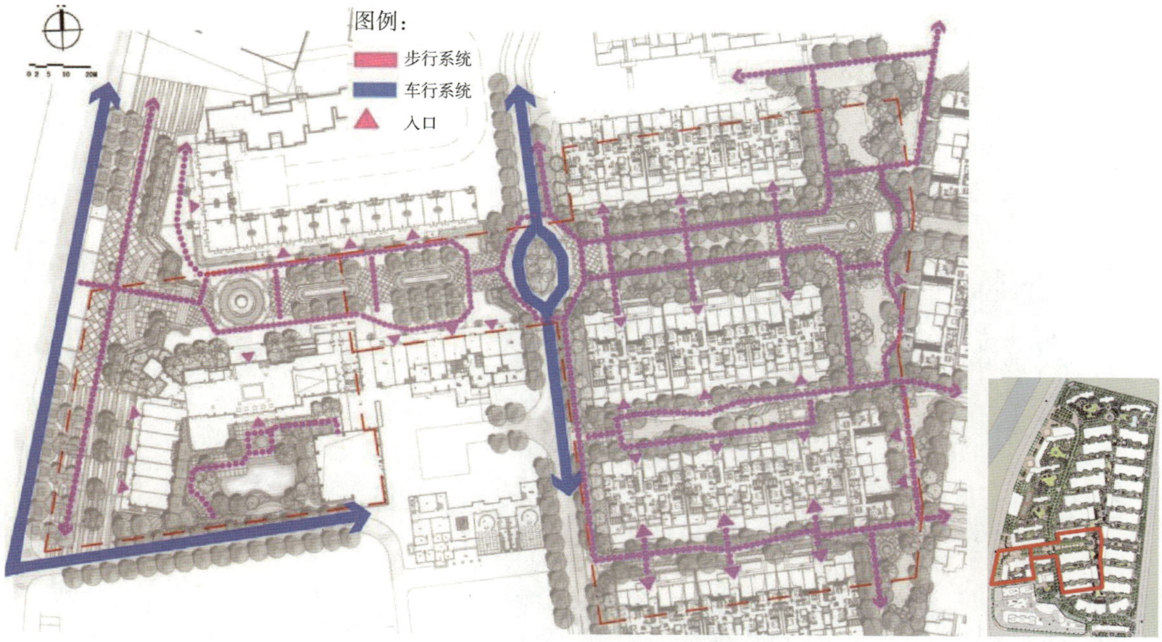

图 9－10　圣爱米伦中心景观区详细流线分析图

9.2.4　细部景观设计

细节是景观设计成败的关键，案例重点对商业街及入口做了较深入的放大平面设计，主要从水体设计、植物设计、景观设施设计、景观小品设计及地面铺装设计等几方面展开。

9.2.4.1　水体设计

水是景观设计中不可缺少的物质要素，能增加环境灵动感起到画龙点睛的效果。圣爱米伦居住区入口中心区以喷泉水体、景观水池等作为点睛之笔，使居住区的景观更具有灵性（见图 9－13）。此外水还可以调节气候、改善环境、丰富景观的层次，为居民健康提供一定的生态保障。

图 9－11　圣爱米伦居住区景观节点分析图

入口主轴线上沿轴线方向连续设置有中心喷泉和商业中心水景，在商业街中心区形成连续的水景观，结合两旁小乔木，分割出两旁步行商业空间。

中心喷泉设置在商业街入口的位置，居中设置花坛，花坛中间有水池，水池中置一具有法兰西特点的叠层荷花钵，荷花钵与法国胜利天使雕塑巧妙组合，荷花层次突出、节节高升，在高处盛水形成

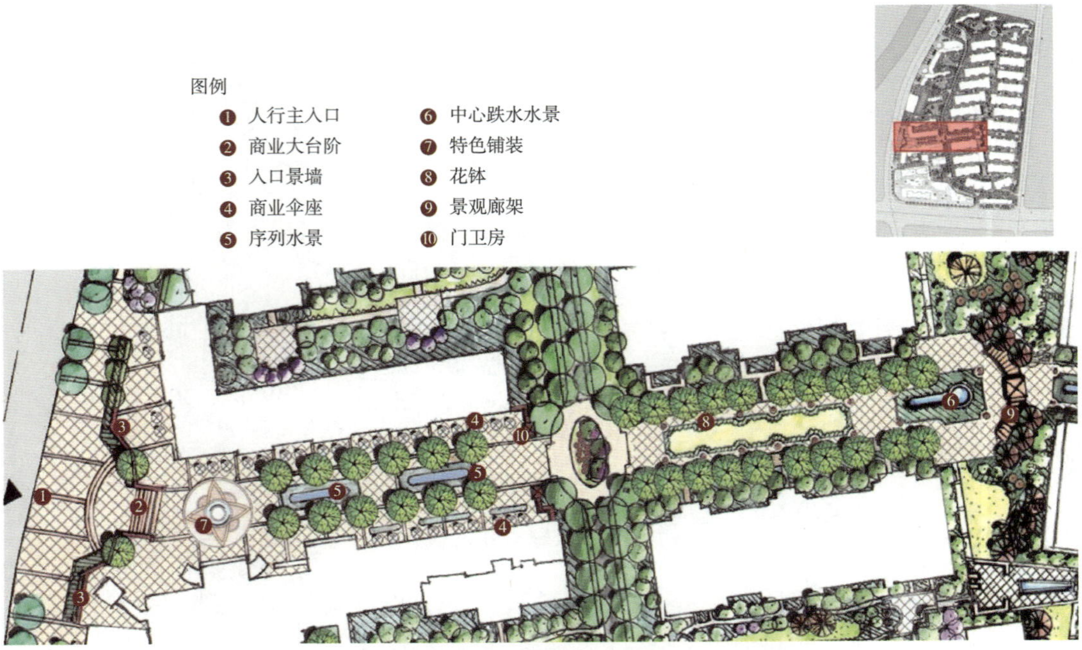

图 9－12　圣爱米伦中心景观区景观节点分析

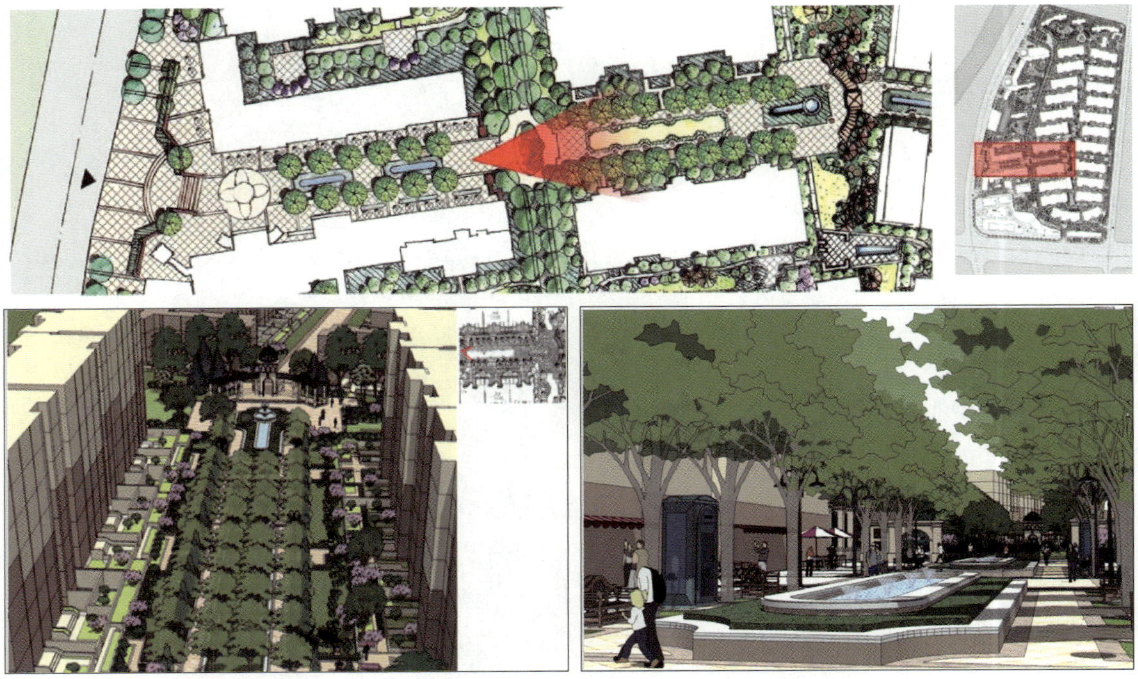

图 9－13　圣爱米伦居住区入口水体设计

跌水景观，水与植物花坛动与静结合生动别致，构成住宅区出入口的视觉焦点和点睛之笔，在组织人流动线的同时充分体现出该景观小品的识别性、导向性（见图 9－14）。

9.2.4.2　植物设计

圣爱米伦商业街是小区对外形象展示的重要区域，行道树应当选择树型挺拔，树姿端正优美的高大乔木，并合理搭配一些观赏性强的灌木地被。其中成系列的摆放种植有四季花卉的花钵，共同形成主入口大气不凡的气质，回收水池周边种植丰富的水生植物，部分地方需要达到一定的密度，能起到很好的围合作用，植物品种考虑选择桂花、红枫、紫薇，以及有热带风情的棕榈树和蒲葵等。

圣爱米伦商业街采用规则式栽植 20cm 全冠常绿乔木—香樟，形成入口林荫树阵，显现出高档住宅区的高端、大气、上档次。乔木、灌木科学搭配组合，注重植物季相变化四季有花，通过散植、丛植、孤植、混植等配置形式，空间形式活泼。两侧小院围墙边，以微地形结合多层次的灌木和小乔木为主，构成自然生动的绿化空间（见图 9－15）。

图 9－14　中心喷泉效果图

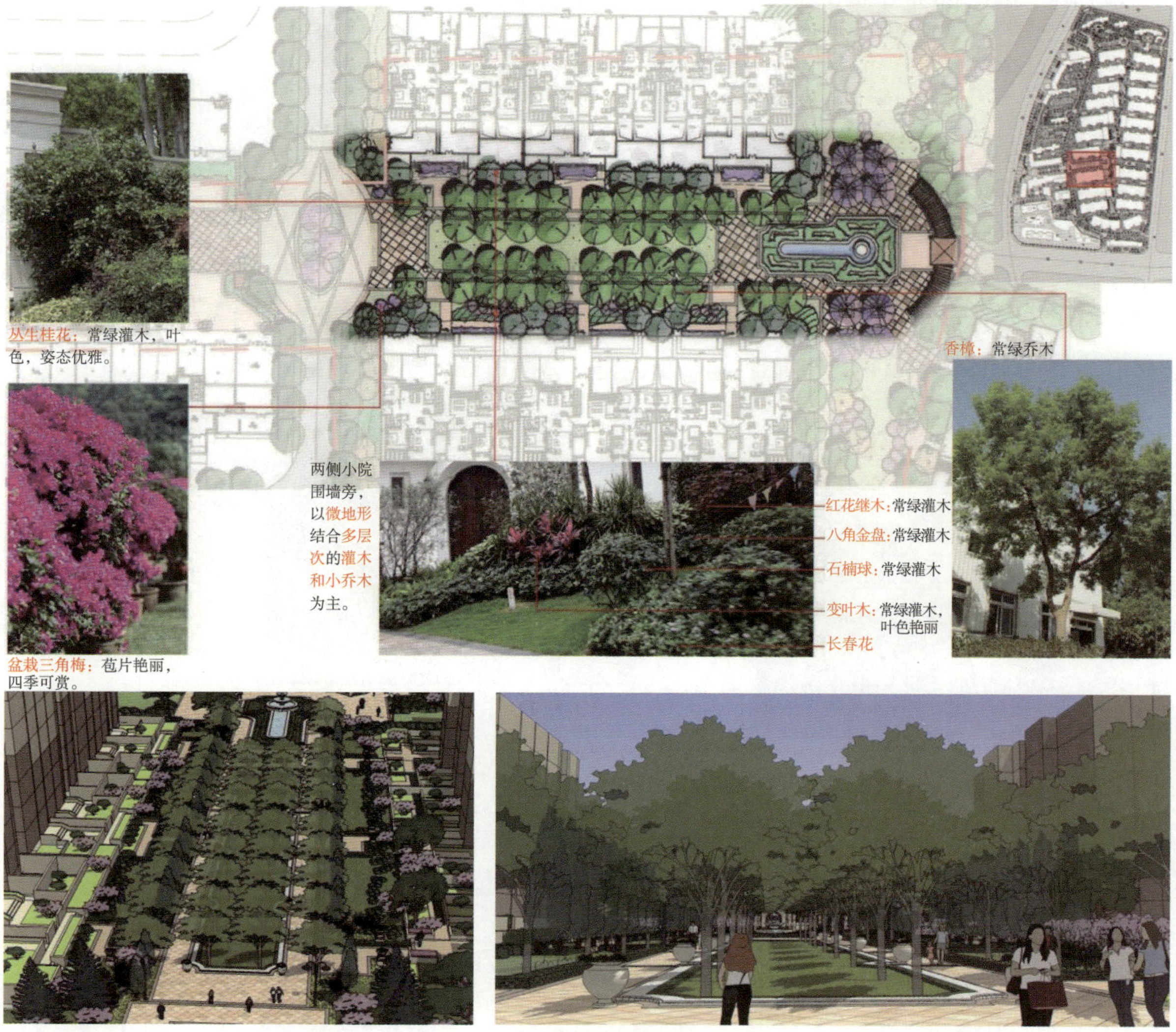

图 9－15　商业街轴线及两旁植物设计

林下树池及水池边种植应季草花，烘托热烈的商业气氛。树下种植植物意向为：多年生草本、花多密集，四季盛开的四季海棠；叶片宽大柔和，形态高雅、四季观赏的吊兰等。水池边植物意向为多年生草本植物，姿态优美，花期近乎全年的长春花。通过科学合理的植物配置更好的展现了植物的特性，形成生态化、景观化、功能化的植物美景（见图9－16）。

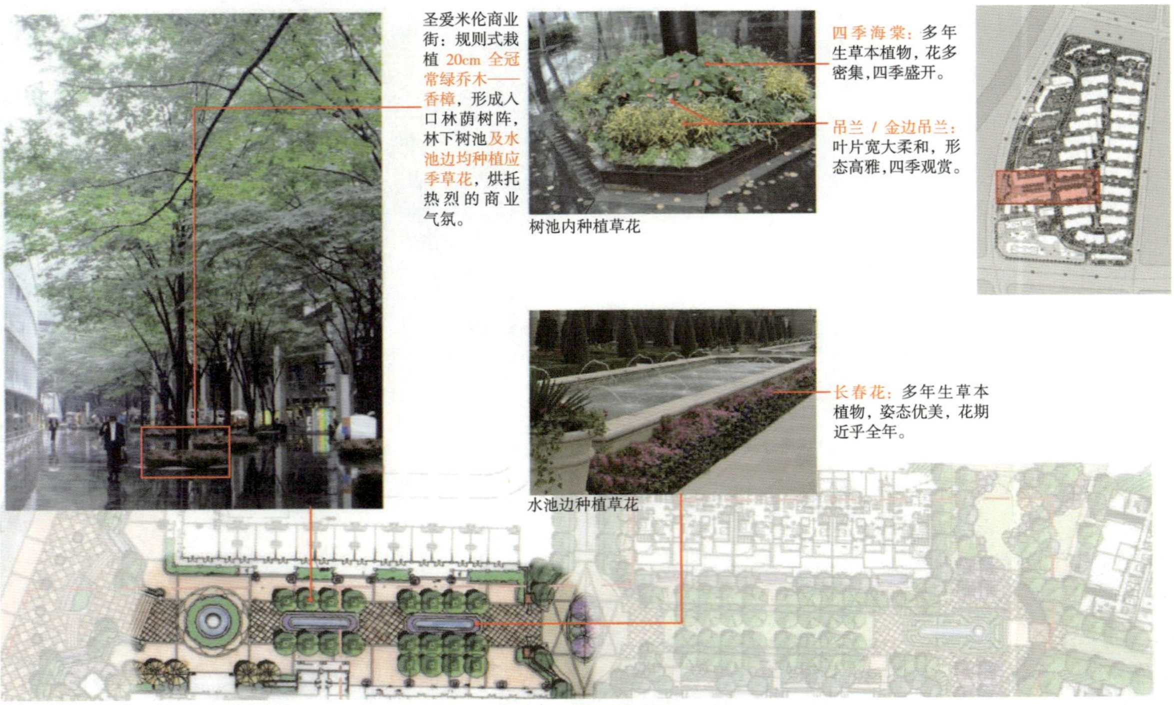

图9－16　树下及水池边植物设计

圣爱米伦会所游泳池周边的植物设计，主要栽植20cm左右全冠常绿乔木——栾树，主要中层小乔木以桂花为主。水池周边植物意向为种植花卉：鸢尾、花叶黄菖蒲 、水葱、叶细芒等（见图9－17）。

图9－17　会所区游泳池周边植物设计

9.2.4.3 景观建筑设计

圣爱米伦大门入口及围墙景观，具有显著法式风格的装饰和线条，烘托浓郁的法式氛围，开敞外向的胜利天使广场、与风情商街景观、宅间轴线巴黎原境喷泉长廊遥相呼应，多重秘境园林如众星拱月一般，彰显圣爱米伦高档住宅区的温婉端庄、大气磅礴（见图9－18）。

图9－18　宅间植物意向设计

水景公园入口的庭院式大门和密林，法式“庭院深深”的设计理念，筑就多重居住形态，浸透圣爱米伦法式生活精髓（见图9－19和图9－20）。

图9－19　圣爱米伦大门入口及围墙景观

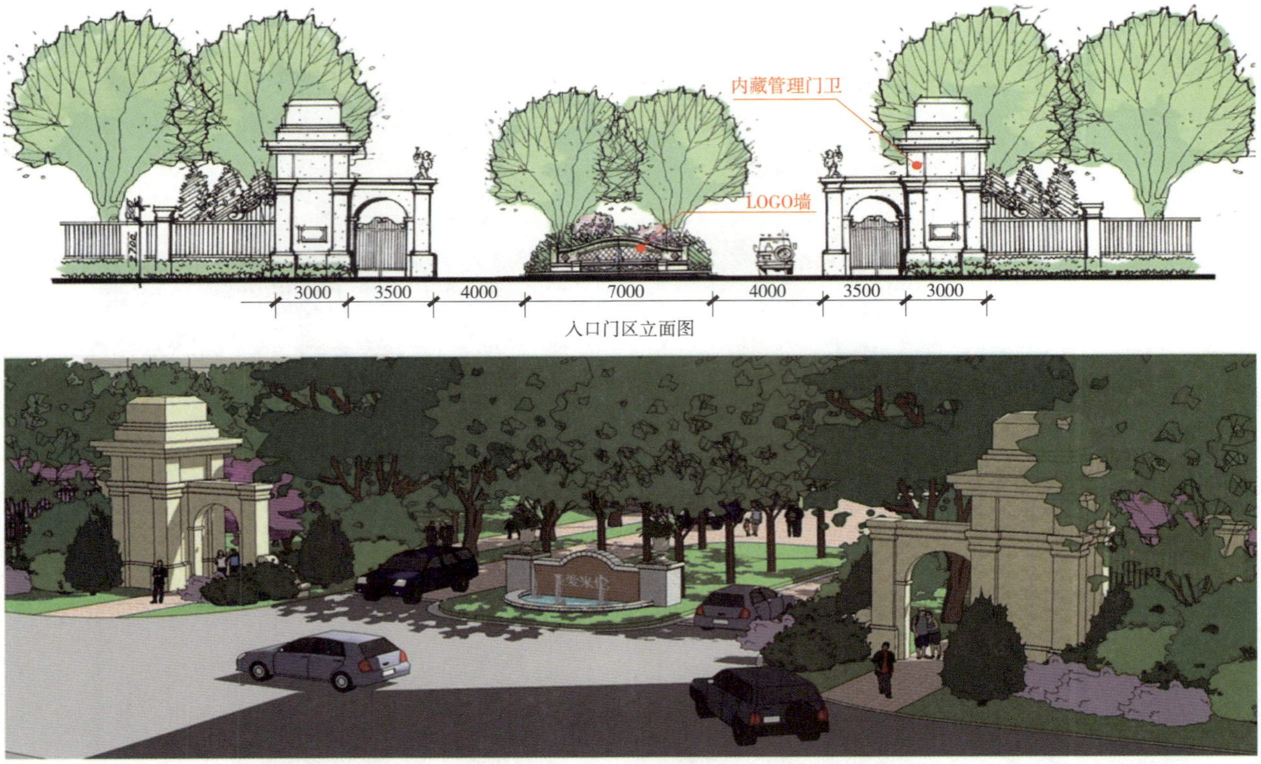

图 9－20　入口庭院式大门景观设计

清水砖会所院墙被拱形造型门平面分割，拱形门洞在墙面衬托对比下显得更加立体而生动（见图 9－21）。

图 9－21　会所清水砖墙与拱形门设计

小区入口组团轴线尽头设景观廊架，视线经商业轴线空间、宅间轴线空间终将停留在一组景观廊架上，景观亭采用金属材质的穹顶，与柱廊托起的花架高低错落，构成功能与形一体的视觉中心（见图 9－22）。

图9-22 景观廊架效果图

利用低容积率的有利条件创造富有品质感的建筑入口空间，实现洋房建筑与户外环境的自然融合（见图9-23）。

图9-23 宅间建筑入口空间景观设计

9.2.4.4 景观小品设计

（1）花钵。案例对花钵的分布做了细致安排，对花钵的样式重点做了多种意向设计。法式花钵是圣爱米伦最具典型特征的装饰设施，其优美、活泼的姿态无处不在（见图9-24）。

（2）其他服务设施小品。案例对垃圾桶、座椅、伞架等服务设施小品的分布及意向做了初步设计

图 9－24　景观小品花钵的设计

考虑。在商业街设置大量伞座，丰富商业气氛。在商业区、宅间公共区设置大量休闲座椅完善公共空间功能（见图 9－25）。

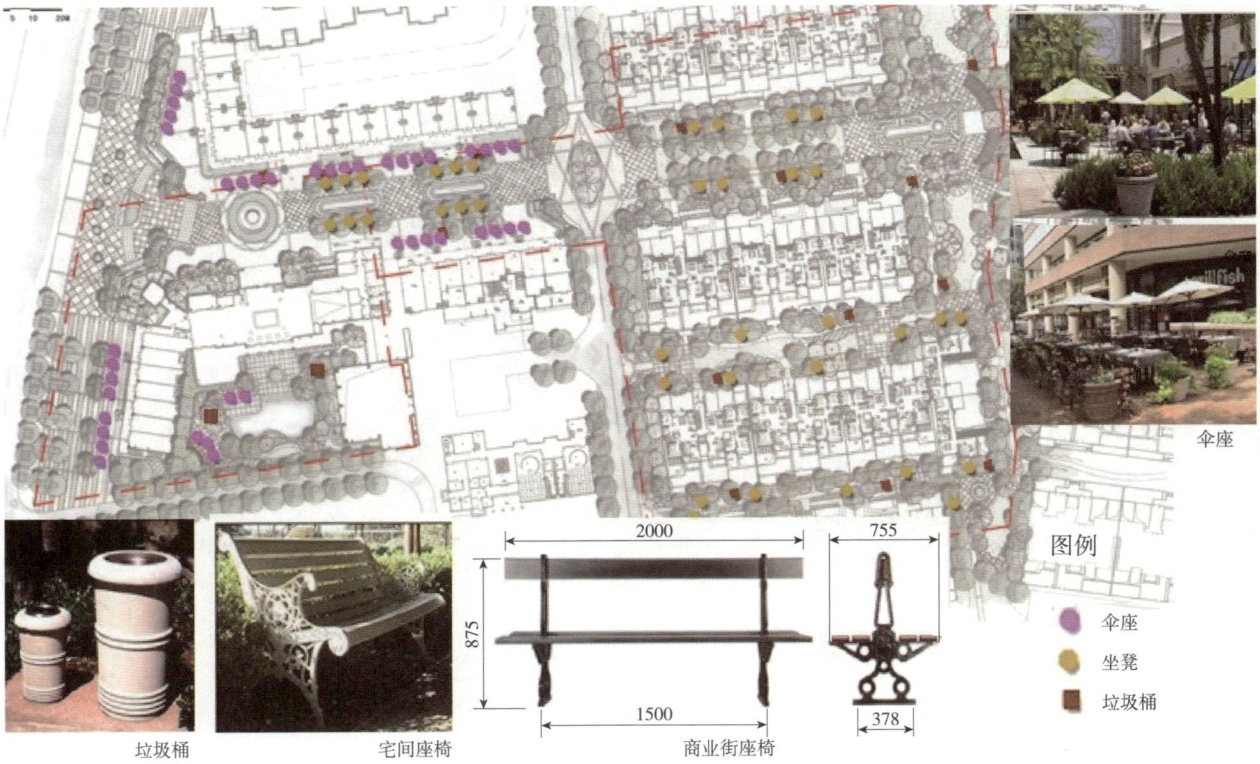

图 9－25　服务设施小品设计

（3）其他装饰性小品。对小区内可能存在的花池小品、喷水小品等做了意向设计（见图 9－26）。

图 9－26 装饰性小品设计

（4）装饰照明灯具。对小区内各功能区域的高杆灯、庭院灯、廊灯、草坪灯、壁灯、墙头灯、地埋灯进行设计意向选择。灯具设计风格展现建筑物自身的特点和独特风格，并与建筑的法式风格相协调，古典奢华（见图 9－27）。

图 9－27 照明灯具的设计

第10章

广场景观设计

10.1 广场景观设计概述

凯文．林奇认为“广场位于一些高度城市化区域的核心部位，被有意识地作为活动焦点，广场经过铺装，被高密度的构筑物围合，有街道环绕或与其连通”。《人性场所》用大段文字来表述的观点是：广场是一个主要为硬质铺装的、汽车不能进入的户外公共空间，其主要功能是漫步、闲坐、用餐或观察周围世界。《百度百科》中城市广场的释义为：满足多种城市社会生活需要而建设的，以建筑、道路、山水、地形等围合，由多种软、硬质景观构成的，采用步行交通手段，具有一定的主题思想和规模的城市户外公共活动空间。

10.1.1 广场景观设计要点

当前的“广场”是一种泛广场概念，住区、商业、办公、街心绿岛、绿地等均可美其名曰“广场”，充分反映出人民对精神生活的渴求。广场以其在城市空间环境中的表现力和感染力，有巨大的凝聚力。现代城市广场是城市居民社会生活的中心，是城市不可或缺的重要组成部分，被誉为“城市的客厅”（见图 10－1）。城市广场与人类存在着双向互动关系，人的行为与心理是广场景观设计的依据和根本。现代城市广场景观设计的内容包括：休息设施、种植、地形变化 地形变化、公共艺术、喷泉、铺装、活动节目、售卖、信息和标识等。

10.1.1.1 城市广场景观设计原则

城市文化广场是城市道路交通系统中具有多种功能的空间，是人们文化活动的中心。中碳智业集团为您解答，城市广场景观设计一般还应把握以下原则。

1. 以人为本的原则

一个聚居地是否适宜，即是否与市民在行为空间和行为轨迹中活动和形式相符。适宜，即是一种充分而适意。现代广场则出现大片的绿地，并通过巧妙的设施配置和交通，强化广场作为公众中心“场所”精神。现代广场的规划设计以“人”为主体，体现“人性化”，其使用进一步贴近人的生活。

图 10-1 “城市的客厅”

2. 地方特色的原则

城市环境、文化反映城市的精神状态，城市居民的生活水平，是城市文明程度的集中体现。首先，城市广场景观设计应该突出其适应当地的地形地貌和气温气候等。其次，城市广场还应该突出其人文特性和历史特性。城市广场建设应承继城市当地本身的历史文脉，适应地方风情民俗文化，突出地方建筑艺术特色。

3. 效益兼顾的原则

城市文化景观广场的功能向综合性和多样性衍生。因此，城市广场景观规划设计不仅要有创新的理念和方法，而且还应体现出社会与环境和谐相处。首先，城市广场是城市中重要的建筑、空间和枢纽，是市民社会生活的中心，起着当地市民的“起居室”，外来旅游者“客厅”的作用。其次，城市文化广场建设是一项系统工程，涉及到建筑空间形态、立体环境设施、园林绿化布局、道路交通系统衔接等方面。

4. 突出“文化”的原则

城市文化广场是相对于商业、休闲等功能性等，它以文化活动为主要内容，文化的特征更加明显。广场文化是在广场这个特定的空间里呈现出的文化现象及其本身蕴涵的文化特质。文化气息浓厚的广场建筑、雕塑和配套设施等为广场文化挖掘出更为深远的意义。同时，各城市区域、风俗文化的表现也是广场文化最突出的一种形式。

10.1.1.2 广场景观设计手法

1. 自然环境

在进行文化广场的环境设计时，大量引入树林、绿化、花卉、草坪、动物、水等自然环境，是广场环境设计的重要手法。

2. 艺术设施

重视公共雕塑及一些环境艺术设施 ，包括柱廊、雕柱，浮雕、壁画、小品、旗帜等艺术作品在广场环境设计中的作用。雕塑是运用形体与材料来表达设计意图与思想的一种方法，成功的雕塑作品不仅在人为环境中有强大的感染力，而且用它本身的形与色装饰着环境，成为组成环境设计的重要因素。

3. 组织空间

用轴线设计来组织广场空间，轴线是贯穿于两点之间的，围绕着轴线布置的空间和形式可能是规则的，或不规则的。轴线强烈地存在于人们的感觉中，沿着人的视线，轴线有深度感和方向感，轴线的深度及其周围环境、平面与立面的边角轮廓决定了轴线的空间领域。

10.1.2 广场景观设计的现状和趋势

10.1.2.1 广场景观设计的现状

1. 城市广场热潮

我国近十多年以来城市广场如雨后春笋般地出现，不少原有的公园也相继拆掉围墙，改成了绿化广场，纯粹意义上的城市公共绿地已逐渐演变为城市广场的一个组成部分。在生态城市中星罗棋布的小面积绿地即“微缩”绿色空间的营造，将成为生态城市的绿色特色。

2. 地方特色不明显

当前一哄而上、千城一面是广场建设的最大弊端。一些建设者照搬其他城市建设成功的广场的表面形式，而没有结合本地方的实际情况，对地方历史和文化底蕴的挖掘明显不够，导致广场建设缺乏文化理念设计素材和根据，缺乏理性地去追求一些图案化的表面及所谓“后现代”化的造型，使得广场的内容远看似有、近看却无，从而失去了地方特色。

3. 生态环境破坏严重

城市人口的膨胀，广场建设中片面追求建设规模，忽视步行感受的设计和建设，致使城市人性空间丧失严重，生态环境恶化，城市广场舒适度迫切需要得到提升。

10.1.2.2 广场景观设计的趋势

随着人们认识的深化，环境意识的加强，城市空间设计的评价标准取决于人、自然环境、社会经济和人文历史。从对人类环境行为的研究入手，深化设计手法，并把城市环境主要理解为一种综合的社会场所，引导城市广场景观设计向深层次发展。

1. 人性化

满足人类生存和发展的需求，不仅是城市发展的最终目标，而且是人类社会进步的根本动力。现代城市广场应体现人性化的设计特征，结合现代的设计理念，满足人们的生态环境、使用功能、精神文化的方面的需求，创造舒适、方便的交往休憩空间。确定人的主体地位，认识人与环境的双向互动关系，强调把关心人、尊重人的宗旨体现在空间环境的创造中。

2. 场所化

场所是指创造包括社会历史、文化、自然等所有特色加在一起的空间形式。每一个场所都有区别于其他地方的特征，这就是场所的可识别性，场所有清晰的实体造型，其形象质量使人在瞬间就能产生明确印象。避免单一固定功能，设计为使用者提供能够适应多种不同活动的场所，使场所高效使用。

3. 生态化

城市广场设计强调城市生态环境的整体性，通过融合、嵌入、缩微、美化和象征等手段，在点、线、面不同层次的空间领域中引入自然、再现自然，并与当地特定的生态条件和景观特点相适应，从而使人们在有限的空间中，领略无限的自然。

10.2 案例解析——湖北五峰县“城市之声”民族广场景观设计

10.2.1 案例概况

10.2.1.1 区位分析

五峰土家族自治县位于湖北省西南部，邻接湖南省，位于鄂西南边陲，属武陵山支脉，系云贵高原东延部分的尾翼地带，全境皆为山区，东临宜都市、松滋市，西倚鹤峰县、巴东县，南交湖南石门县，北毗长阳县。面积 2072km^2，人口约 20.77 万人，以县治西南五峰山得名，境内河流多，水能蕴藏量大。

地处中亚热带湿润季风气候区，四季分明、冬暖夏热、雨量充沛、雨热同季，暴雨甚多。山间谷地热量丰富，山顶平地光照充足。境内垂直气候带谱明显，年平均气温 12.8℃，年平均降水量在 1400mm 左右。

五峰土家族自治县是中国茶叶之乡，绿色清凉世界。三峡深处人家、世外桃源五峰。这里民风淳朴、人杰地灵，是一座文化的宝库。民间歌谣、故事、传说、谚语原汁原味，有百里幽峡国家 4A 级风景区“柴埠溪国家森林公园”、国家级自然保护区“后河森林公园”等优质旅游资源。

五峰土家族自治县位于“鄂西生态文化圈”南部，属于恩施土家风情旅游板块。随着“大三峡旅游圈”和“新清江旅游线”的开启，五峰土家族自治县凭借自身的旅游资源，必然成为其中的亮点之一，同时依托自身的地理条件，五峰土家族自治县将成为“北接大三峡，南连张家界”的桥梁，在湘鄂西大旅游经济圈中发挥重要作用（见图 10－2）。

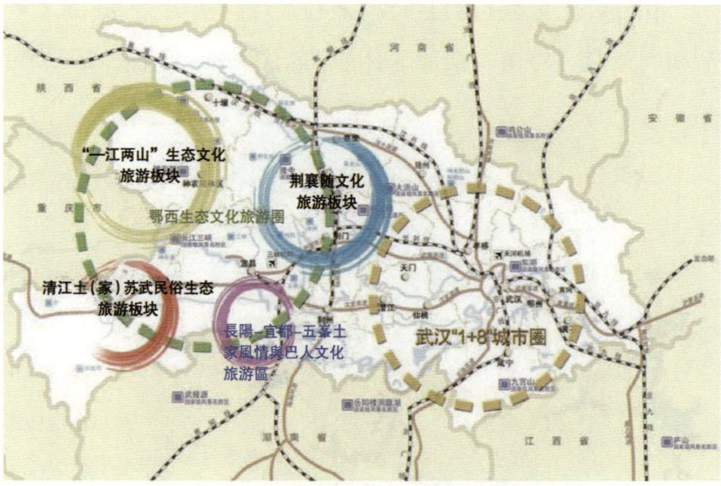

图 10－2 五峰土家族自治县区位图

10.2.1.2 规划分析

1. 基地概况

五峰土家族自治县行政中心项目位于五峰县渔洋关新城区用地的庙岭——大丽寨——三房坪组团，是渔洋关新城区建设的核心，东、南临杨家河，西至寨子山，北临渔阳河（见图 10－3）。规划用地面积约 128157.2m^2，规划地上总建筑面积为 8 万 m^2。在行政中心项目整体规划基础上，建筑群围合形成的南北轴线南端约 3.4 万 m^2 的地块上，拟规划设计成一现代市民广场，即为本案——“城市之声”民族广场（见图 10－4）。

在五峰土家族自治县行政中心景观功能分区中，由北向南的主要划分为：开放式行政办公区，“风情五峰”景观长廊区，“城市之声”民族广场区三大部分，“城市之声”民族广场为本章解析重点。

图 10－3　五峰土家族自治县行政中心基地概况

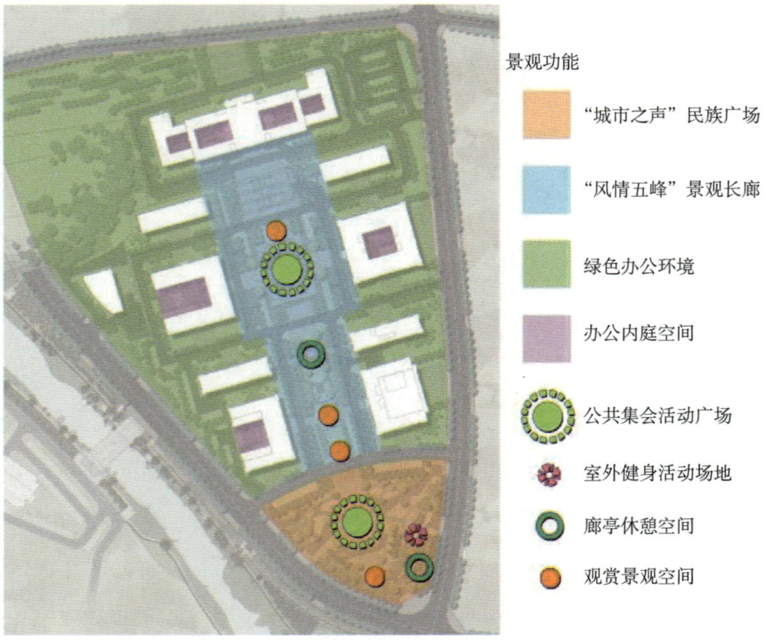

图 10－4　“城市之声”民族广场景观功能

在五峰土家族自治县行政中心景观结构中，“城市之声”民族广场区位于南北主轴线南端，是人们活动、集合、停留、交流、休憩的景观核心（见图 10－5）。

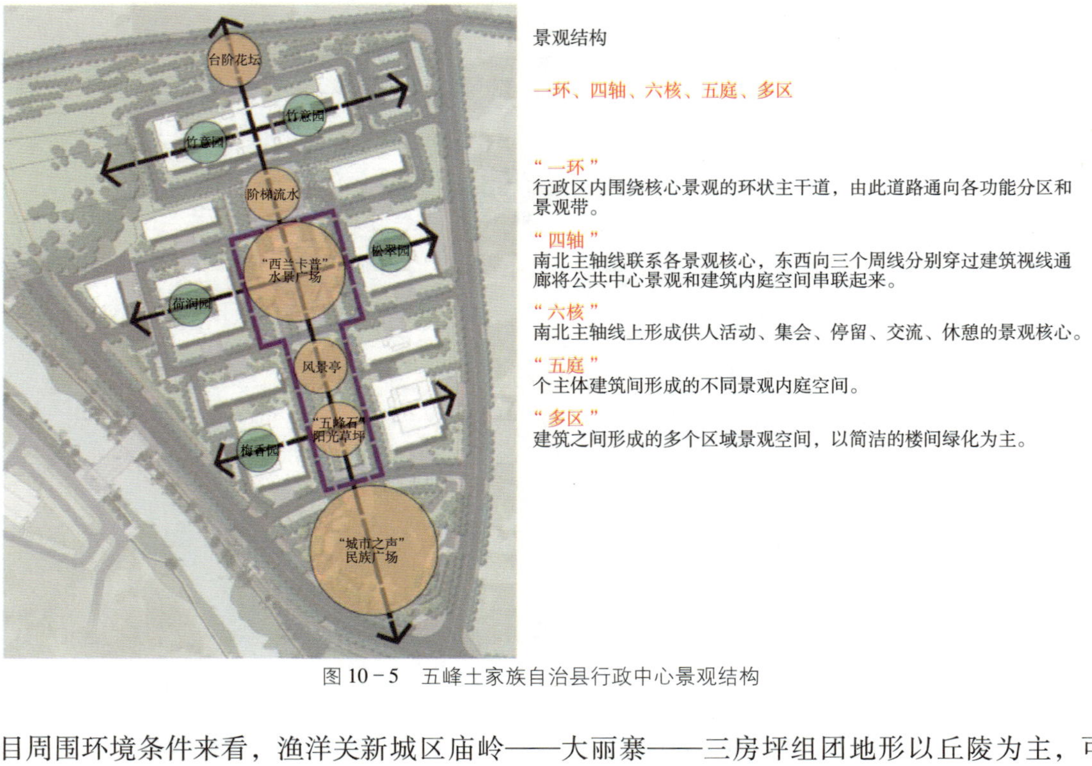

图 10－5　五峰土家族自治县行政中心景观结构

项目周围环境条件来看，渔洋关新城区庙岭——大丽寨——三房坪组团地形以丘陵为主，可以用“两山两水三组团”来概括。“两山”指的是基地西侧青岗岭和基地东侧寨子山，“两水”指的是基地北面渔阳河和西面的杨家河。两山、两水造就了规划用地四周群山环抱，东西部丘陵起伏、南部茶田平坦，地势由西向东、由南向北并再由北向南渐次起伏变化，大体上呈现为西低东高，南北高中心低的格局。

2. 建筑群概况

建筑群整体坐北朝南，左右大致对称布局，形成南北中轴线（见图10－6）。广场以北整体建筑群的单体建筑，在形式上更注重穿堂风设计及遮阳设计，利用通透的连廊、柱廊、遮阳格片等多种手段，形成富于变化的建筑形态。建筑色彩以白、褐色调为主，体现五峰县的民族气息。建筑造型呈现出舒展、大气、灵动、飘逸的设计风格，简洁明快中不乏经典的细部，体现行政办公楼的庄重典雅的气质。

图10－6 建筑群布局与风格

10.2.2 设计理念

项目秉承根植于伟大的民俗历史和自然遗产的基础上，建设成未来的新城公园。

10.2.2.1 设计定位

为了建成未来新城公园，方案避免传统行政给人威严肃穆、拒人千里的感觉，而设计成一个极富现代感的、开放性的市民文化广场（见图10－7）。

图10－7 “城市之声”民族广场设计定位

在行政办公建筑主体功能高效运行的前提下，“城市之声”民族广场与行政中心其他景观区域有机统一，结合绿化、文化小品、休憩场所、活动设施，成为市民热爱的、可参与式的绿色广场。同时，为行政中心能够成为环境优美、诗情画意、亲切舒适的新城公园承担主要功能，做到政府形象工程与民心工程的统一。

10.2.2.2 设计特点

设计的总体特征的灵感来源于五峰土家族自治县的民俗历史和自然遗产。

1. 民俗历史

五峰拥有悠久的历史，是一个土家族占六成以上的自治县。这里有一棵根深叶茂、枝繁花红的艺术之树；优美动听的名歌民谣、涉题广泛的故事传说，粗犷豪放的民间舞蹈、别致珍奇的吹打乐曲，琳琅满目的西兰卡普，充满机趣与智慧，五峰竹枝词堪称土家族文学百花园里的一枝奇葩、绚丽多姿；堪称中国戏剧“活化石”的堂戏、皮影戏既原始古朴、又极富表现力（见图10－8）。虎为图腾崇拜之物，鄂西地区普遍流行的转角楼是五峰土家族的建筑中有艺术特点的建筑之一。

图10－8　五峰土家族自治县民俗历史

2. 自然遗产

五峰土家族自治县全境皆为山区、属武陵山支脉，境内峰峦叠嶂、碧水长流，有百里幽峡国家4A级景区“柴埠溪国家森林公园”、国家级自然保护区“后河原始森林”、“暑天冰穴”白溢寨 、“地下迷宫”长生洞、享誉全国的“采花毛尖”茶等优质旅游资源（见图10－9）。柴埠溪、后河、白溢寨三大精品景区进一步完善，五峰土家族自治县将成为“北接大三峡、南连张家界”的桥梁，在湘鄂西大旅游经济圈中发挥重要作用。

图10－9　五峰土家族自治县自然遗产

10.2.2.3 设计目标

1. 构建城市空间形态的新秩序

五峰土家族自治县老城区缺乏使人印象深刻的空间秩序感。通过新城区局部合理规划，有助于未来形成比较完善的线型城市空间序列，而行政中心区域正位于这一序列的中部。“城市之声”民族广场在行政中心整体规划的基础上，完成区域南端广场景观设计，建构行政中心区域南北向主轴线，使之成为城市空间形态的新城市轴线。

2. 密切与周边山脉背景的联系

区域的东、西、北三面，分别坐落着具有不同视觉效果的山体，三者都是作为规划用地的绿色背景，却各有特色、别具一格。根据行政中心用地与山峦之间构成的绿色视廊，确定广场位置及功能布局，使广场在满足现代化功能需要的同时，具有五峰地区地域特征和良好视觉景观环境。

3. 串联城市绿地的关键环节

基地西南侧和北侧是五峰县主要大面积水域，山峦的绿色脉络一直延伸到松滋。行政中心区域将会在这一系列的绿色空间之中起到关键的连接作用，“城市之声”民族广场则在行政中心区域起到重要的点睛之笔，它将是体现城市活力，提升城市形象的市民休闲空间。

4. 融合深厚的民俗文化

五峰县作为我国土家族自治县，具有深厚的土家文化的人文底蕴，并拥有独厚的千年茶文化是其最著名的历史特色，而自古以来此地俊贤咸集，人才辈出。作为五峰县的行政中心区域，本地区既要反映城市的特色景观风貌，同时更要担负起体现城市的人文历史风貌的职责。

5. 营造亲民高效的场所

广场景观设计改变以往行政中心作为显示权利与威严显赫的形象，重点突出五峰县的区域地理特征，尊重自然，使人感到亲切、明朗。将广场开敞空间与行政空间进行有机结合而不是分割，在行政区域戏剧性地展现出一个充满活力的亲民高效的场所。

6. 形成富有活力的公共空间

“城市之声”民族广场设置了活动广场、表演舞台、活动器械、休闲凉亭等场所，合理分布在广场景观空间，为使该区域将来成为新城中心提供持久的凝聚力。

10.2.3 景观规划设计

10.2.3.1 交通流线

交通流线结合场地条件合理设置。“城市之声”民族广场流线主要分为三级，即车行道、人行道和景观园路（见图 10－10）。广场外围设置环形车行道，在广场北部分别设置两个停车场；民族广场是面向市民的开放性场所，人行道尽可能方便人们出入园区，人行流线穿越广场核心区向南北和东西四面贯通，流线向北达广场平台与行政中心区紧密呼应；景观园路则呈环状布置可达场地内各个景点。

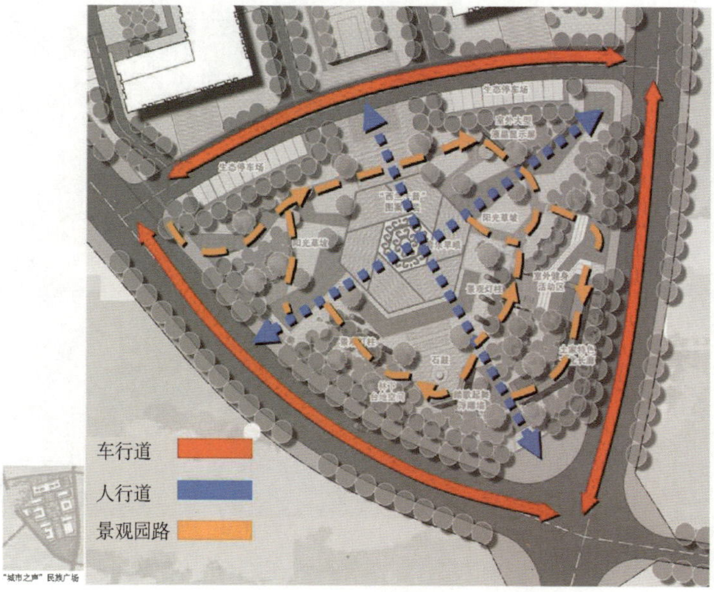

图 10－10 交通分析图

10.2.3.2 节点分析

民族广场是面向市民的开放性场所，为市民提供活动、集会和交流的公共空间，既是行政文化中心的对外窗口，又是整个片区的文化活动中心。

图 10－11 “城市之声”民族广场节点分析

广场设计以土家族的音乐、舞蹈、劳动为主题，将土家族优美动听的民歌民谣、粗犷豪放的民间舞蹈、别致珍奇的吹打乐曲等形式的民间文化融入景观元素中，将生动的舞蹈形式抽象为浮雕图案，以民间音乐为背景节奏的音乐喷泉，用表现勤劳智慧的土家族“西兰卡普”作为铺装图案，土家特色文化长廊内玻璃蚀刻看成土家族文学百花园里的奇葩的竹枝词，体现当地浓郁的民族文化风采，长廊旁开辟一处户外健身场地丰富市民文体生活（见图 10－11）。

10.2.3.3 效果图

1. 总体鸟瞰图

“城市之声”民族广场的鸟瞰效果图，分区合理、景观点内容充分，居场地中心位置设置重要景观节点，硬质景观以雕塑和铺装形式极好地表达了五峰民族文化；广场流线通畅、空间层次丰富，植被错落、生态盎然，方案极好地表达了五峰多彩的地域生态文化，营造出一个兼具功能性和艺术性的民族文化广场（见图 10－12）。

图 10－12 鸟瞰图

2. 局部效果图

广场四周自由式布局，依地势呈逐渐上升的台地空间，正对行政中心群的平台既可以观景又是机会或表演的主席台，浮雕背景墙围合出小型广场空间，后面错层林立下空间是整个广场的绿色背景，并与周边山体自然过渡，融为一体（见图10－13和图10－14）。

图10－13 效果图

图10－14 林下台地空间

10.2.4 细部景观设计

10.2.4.1 设计灵感

1. “西兰卡普”图案铺装、音乐旱地喷泉

广场设计以土家族的音乐、舞蹈、劳动为主题，将生动的舞蹈形式抽象为浮雕图案，用表现勤劳智慧的土家族特色“西兰卡普”作为铺装图案，以民间音乐为背景节奏的音乐喷泉，体现当地浓郁的民族文化风采（见图10－15）。

广场四周自由式布局，依地势呈逐渐上升的台地空间，正对行政中心区的平台既可以观景又是集会或表演的主席台，浮雕景墙围合出小型广场空间，后面错层林立下空间是整个广场的绿色背景，并与周边山体自然过渡，融为一体。

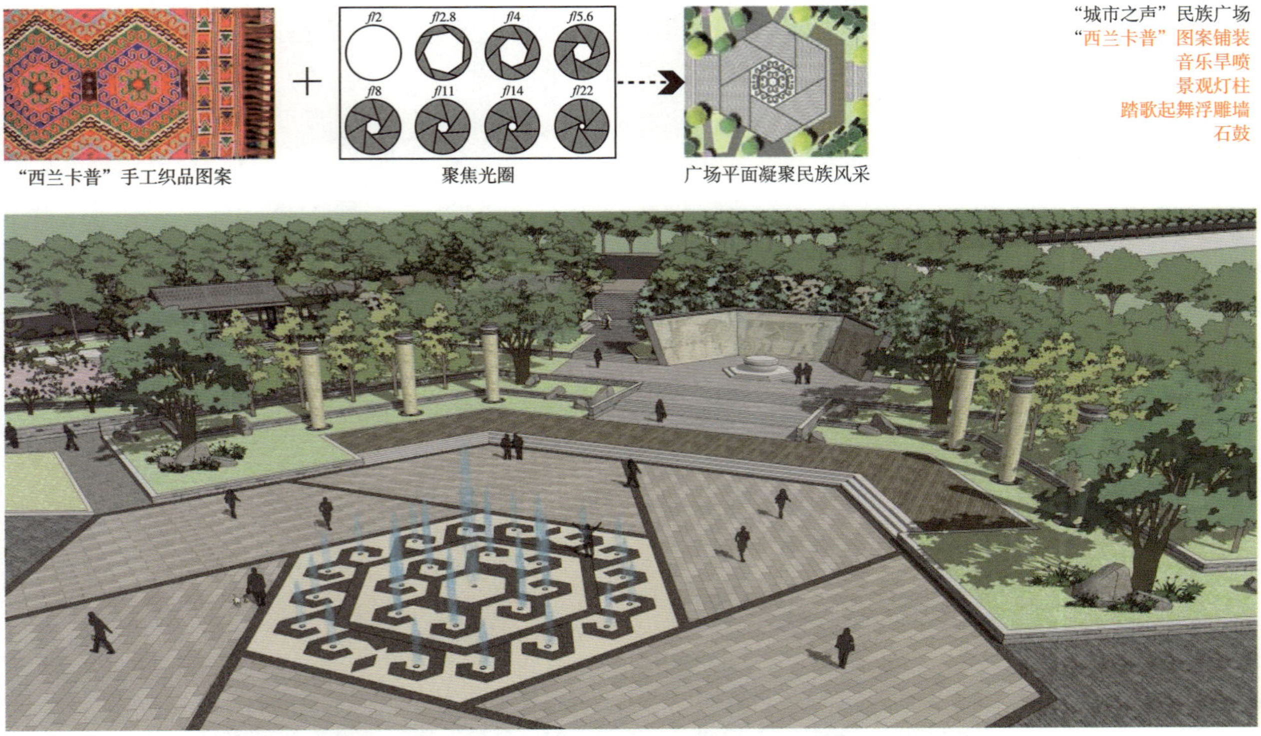

图 10－15　"城市之声"广场与民族文化（1）

2. 景观灯柱、踏歌起舞浮雕墙

将土家族优美动听的民歌民谣、粗犷豪放的民间舞蹈，别致珍奇的吹打乐曲等形式的民间文化融入景观元素中，把生动的舞蹈形式抽象为浮雕图案，以民间音乐为背景节奏的音乐喷泉，体现当地浓郁的满足文化风采（见图 10－16）。

图 10－16　广场中的景观灯柱、踏歌起舞浮雕墙

3. 石鼓的神韵

土家族本身是一个与"鼓"非常投缘的民族，鼓在土家族人的生活中起着重要作用。被大量应用于土家族人信仰、礼仪、生产和生活习俗、节庆、娱乐的民间习俗中，石鼓放置于景墙前广场中央，充分体现出了鼓的神韵和文化意义（见图 10－17）。

图 10－17　“城市之声”广场与民族文化（2）

4. 土家转角楼

土家族特色文化长廊造型源自土家族特色建筑风格，钢木混合结构、经现代手法演变，采用玻璃蚀刻堪称土家族文学百花园里的奇葩的竹枝词，体现当地浓郁的民族文化风采，长廊旁开辟一处户外健身场地，丰富市民生活。具有五峰土家特色的文化廊架是广场中相对私密安静的休闲场地，市民可在此进行晨练活动（见图 10－18）。

图 10－18　广场中的土家文化廊架

5. 奇葩竹枝词

五峰土家人拥有一座丰富的文学宝库，这里有一棵根深叶茂、枝繁花红的艺术之树，五峰竹枝词堪称土家族文学百花园里的一枝奇葩，绚丽多姿。竹枝词是一种诗体，是有古代巴蜀间的名歌演变过来的，竹枝词“志土风而详习尚”，以吟咏风土为其主要特色，故与地域文化结下了不解之缘。廊架的特色竹枝词蚀刻和“西兰卡普”图案木雕是民族文化的完美展现（见图 10－19）。

10.2.4.2　建筑小品

景观建筑造型源自土家特色建筑风格，钢木混合结构，风格统一，既现代又与整体建筑环境风情相融合（见图 10－20）。

图 10－19　廊架的竹枝词蚀刻和“西兰卡普”图案

图 10－20　土家特色文化长廊

10.2.4.3　植物设计

设计原则：观赏性原则、安全性原则、实用性原则、私密性原则、经济性原则。

设计目标：植物配置以乡土为基调树种，有利于植物的生长和后期养护管理。力求简洁大气的视觉效果，体现建筑风格为原则使绿化和建筑相互融合、相辅相成。丰富层次感，达到疏密有致、高低错落的绿化景观。

1. “城市之声”民族广场植物意向

“城市之声”民族广场植物绿化，是以自然式密林地带配合开放式空间的方式进行种植（见图10－21）。结合景观建筑、小品的布局，运用乔、灌、草复层植物群落结构的形式进行配置，通过散植、丛植、孤植、混植等不同的配置形式，注重疏密空间，开敞与幽闭空间之间的营造，注重绿化的层次及色叶、观花、芳香类植物的运用，做到植物季相景观变化显著，形成春花烂漫、夏荫浓郁、秋色绚丽、冬景苍翠的植物景观空间。

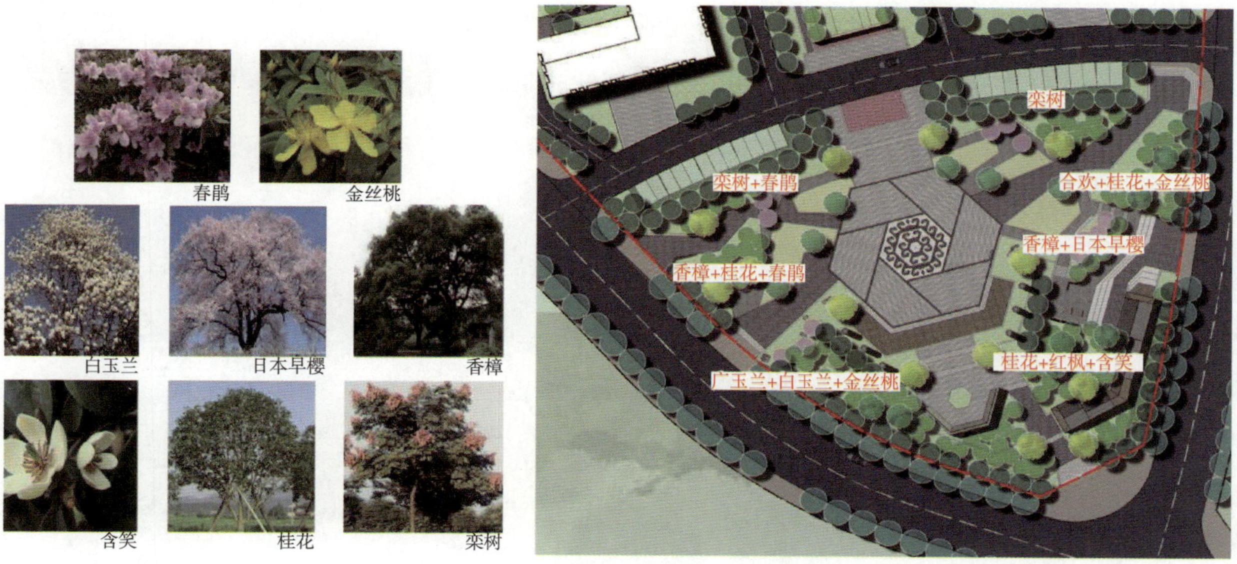

图10－21 “城市之声”民族广场植物意向

2. “城市之声”民族广场植物示意

设计说明：该项目以自然式加规则式的设计手法来营造具有土家特色的园林，通过以植物的林冠线、林缘线多角度凸显绿化，以配合整体建筑布局和硬质景观，折射出土家文化的传统思想（见图10－22）。

图10－22 “城市之声”民族广场植物示意

10. 2. 4. 4　配套设计

1. 铺装材料意向

铺装是硬质景观的主要部分，“城市之声”民族广场作为五峰行政广场的南部景观延伸，在材料与色彩等设计元素上，与主题建筑景观做到整体协调把握。设计结合建筑立面，提取深灰黄、浅灰黄、深红灰、深灰和浅灰等几个主要色彩，选用这些灰色系的材料，以表达沉稳素静的气氛，从而在材质的肌理变化上来丰富材料的表情（见图 10－23）。

图 10－23　铺装材料意向图

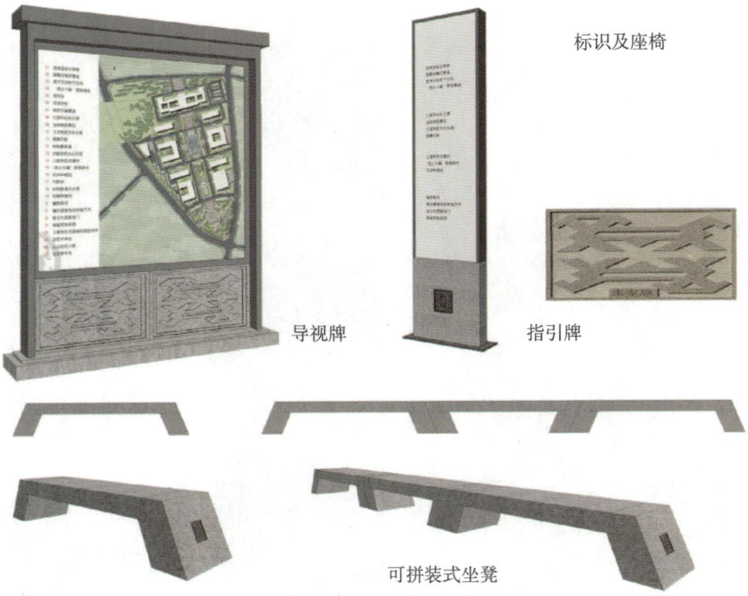

图 10－24　标识及座椅设计图

2. 标识及座椅设计

标识及座椅设计中注入了土家族特色“西兰卡普”图案元素，设计语言丰富、文化底蕴深厚。在导视景墙、指引牌的基座部分以土家族特色“西兰卡普”作为图案基底，装饰性强；结合可拼装式座椅立面造型，在结构中再现“西兰卡普”，稳重大方（见图 10－24）。

3. 灯具造型意向

灯具设计意向主要以实用功能性为主，同时把握灯具的文化性和生态性。设置合理的现代灯具材料和形式使广场体现时代性步伐（见图 10－25）。

内装墙灯

矮柱灯

地灯

可选择生态太阳能灯具，充分利用太阳能作为主要能源来源，传统电能作为补充能源。

高杆灯

内装照树灯

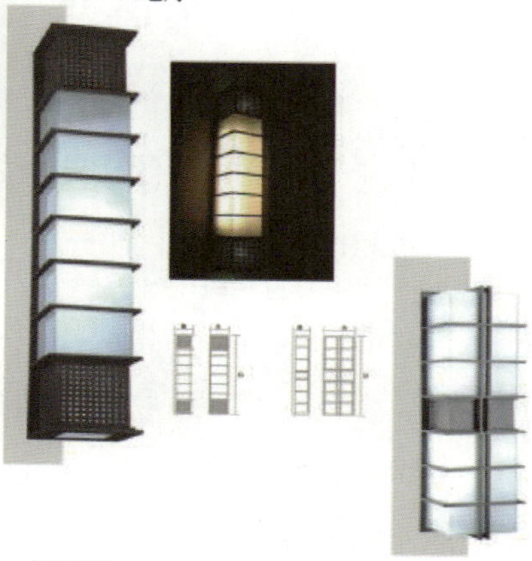

墙壁灯

图 10－25　灯具造型意向图

第11章

商业街区景观设计

11.1 商业街区景观设计概述

11.1.1 商业街区景观设计内涵

商业街区景观是建筑形态、街道路面、街道设施和周围整体环境的组合体，具体表现为人们所看到的建筑立面、橱窗、广告店招、标志性景观（如雕塑、喷泉）、游乐设施（空间足够时设置）、铺地、街道小品、街道照明、植物配置和街头艺术表演等景观要素。商业区街区的景观设计的将景观要素巧妙和谐组织一起的景观艺术，以主题或意境为线索，运用合理的轴线布局，采用点、线、面方式，将不同功能空间串联成景，营造令人愉悦的集购物、娱乐、休闲、交往的街道场所环境。

图 11-1　某商业街区景观设计方案

商业街是一个富有浓郁商业氛围的人流聚集场所，街区景观环境是城市景观的重要类型之一，不仅是城市消费的场所，更是人民群众的公共空间和交往场所（见图 11-1）。商业街区的交通流线方式以步行为主，在为人们提供消费、休闲、社交、聚会的场所的同时，还为增进人际交流和提高地域认同感，为宣传城市形象，传承历史文化作做出贡献，商业街区在彰显城市特色、传达地域文化载体等方面扮演重要的角色。

当前，许多商业街区景观重视景观的数量和速度，忽视其文化繁衍和人文关怀的，致使传统商业街区传统性、地域性特征的弱化，甚至是各大城市商业街景观环境的趋同。要解决的主要问题有：解决商业街的繁华气氛与相邻别墅等住宅的宁静气氛之间的冲突问题；解决商业街车行交通空间与步行交通空间的隔离的问题；解决商业街的平直单调，感觉很长，很枯燥的问题；解决商业街的历史人文记忆的缺乏等。

11.1.2 商业街区景观设计原则

商业街景观设计的目的是为了营造被人们欢迎的户外商业空间，除遵循环境艺术设计、园林景观设计的一般原则外，针对特定商业街区环境，需要遵循以下几个原则。

11.1.2.1 人性化原则

人性化原则要求注重人性需求、体现“以人为本”的设计思想，针对使用者对商业街区的需要展开设计，满足使用者“生理与心理、物质与精神”多层次的需要。商业街具有积极的空间性质，它们为城市空间的特殊要素，不仅是表现它的物理形态，而且普遍地被看成是人们公共交往的场所，它的服务对象终究是人。要求在城市商业街道公共空间设计的尺度、路面的铺装、小品的设备都应具有人情味。

11.1.2.2 生态化原则

商业街区是完全人工的产物，在这个人工创造的环境里，建筑在建设的同时需要消耗大量的水资源，同时也会产生大量的建筑垃圾。在步行商业街中注重绿色环境的营造，通过对绿化的重视，营造小气候。在进行设施小品和灯光照明设置中、选用生态的材料及提倡减少能源的耗费（见图 11－2）。

图 11－2 某商业街区景观设计方案

11.1.2.3 可识别性原则

构成并识别环境是人和动物的本能，可识别的环境可使人们增强对环境体验的深度。善于结合各种元素如铺地、雕塑、喷泉、植物等营造商业景观，通过步行商业街空间的收放，丰富的色彩、醒目的标识、夸张富有冲击力的建筑界面的变化，加强商家可识别性，创造浓郁的商业环境氛围。

11.1.2.4 历史性的原则

传统的物质景观、商业文化以及与之密切相关的市井生活是街区历史遗留下来的文化瑰宝，反映了城镇传统特色的发展和延续。许多商业街都规划在有历史传统的街道中，那些久盛名的老店，古色古香的传统建筑，犹如历史的画倦，会使步行商业街增色生辉。在这些地段建设商业街时，要更加注意保护街区原有风貌（见图 11－3）。

11.1.3 商业街区景观设计要点

11.1.3.1 尺度近人

商业街区建筑物的尺度设计是影响人对建筑空间感受的关键要素之一，商业街设计的尺度把握应

图 11－3　传统街区景观风貌

该以人为本。商业街区的理想气氛应该是使用人觉得亲切、放松“平易近人”，使人有愉悦的消费心情，而不是“以势压人”。商业街的尺度应该以行人的活动为基准，而不是以高速过往机动车为参照。如人对横向关注范围值规定在 10~20m 之间，而超过 20m 宽的商业街，行人很可能只关注街道一侧的店铺，不会在超 20m 宽的范围内“之”字前行。

11.1.3.2　空间的限定

人在商业街内的活动和感知空间是三维的，所以设计师对街道的长度方向、宽度方向和高度方向都应有针对性地设计。首先商业街的长度随商业的规模而定，没有一定之规。商业街需要行人购物休息能够驻足停留、感受观赏环境的空间，它必须是一个通过建筑手段形成的“积极空间”。也就是在商业街的两端需要某种形式的空间标志物和限定物，标志着商业街的起和终。同时也起到把车行交通空间同步行购物空间隔离的目的。

图 11－4　风格色彩的多元化

11.1.3.3　风格色彩的多元化

不同风格的建筑单元拼在一起使人联想起小镇风情。即便是同样设计的不同单元，也通过材质、颜色的变化，加强外观差异化。商业街的魅力就在于繁杂多样立面形态的共生（见图 11－4）。

11.1.3.4　面材的软化与精化

商业街表面构件上越来越多地应用了软性面材，例如蓬布遮阳、竹木材料外装、悬挂的旗帜和其他织物招牌等饰件。这一趋势使得建筑立面设计更趋近装修装饰设计、也要求设计师不能停留在建筑框架的设计深度上，必须以装修的精度来做商业街立面设计，换句话说，商业街的外观设计趋向于室内化表现（见图 11－5）。

11.1.3. 5　非建筑元素多样化

商业街室外空间与气氛的形成，主要取决于建筑的空间形态和立面形式，但也取决于其他一些建筑元素的运用，比如室外餐饮座、凉亭等功能设施，花台、喷泉、雕塑、灯具、指示牌、电话亭等器材、灯笼、古董、道具等装饰，铺地、面砖、栏杆等面材。这些元素是商业街与人发生亲密接触的界面，需要从景观、园林的角度深化商业街的设计（见图 11－6）。

图 11－5　面材的软化与精化

图 11－6　非建筑元素多样化

11.2　案例解析——湖北红安盛地沃尔玛商业街区

11.2.1　案例概况

红安盛地沃尔玛商业街区位于黄冈红安县“一河两岸”河滨景观带西岸、沿河大道与将军大道交汇处，项目占地面积 80 多亩，总建筑面积 17 万 m^2，是集休闲、娱乐、餐饮、大型购物、高档酒店、高档住宅于一体的城市综合体（见图 11－7）。

图 11－7　黄冈红安县“一河两岸”河滨景观带

商业街区的理想气氛是使人们拥有亲切、放松、有人情味，愉悦的消费心情，而不是单纯的行走空间，人们在其中流连的过程本身也是一种体验和休闲。而为了达到一个舒适、活跃而有新意的视觉与空间效果，设计必须考虑人的尺度，从装修装饰与景观设计的深度来对商业街的设计进行分析，那么设计的目标就是通过整体的景观设计形成新的让人们向往的自然安全的街区空间。

红安盛地沃尔玛商业街区以崭新的理念、庞大的规模、丰富的业态、五星级的购物环境打造红安首席大型街区式购物中心，力求打造真正意义上的一站式消费体验城，全面满足各个年龄层次的消费者的不同需求（见图 11－8）。

图 11－8　商业街区设计来源与项目平面图

11.2.2　设计理念

红安盛地沃尔玛商业街区确定的设计方向以“西班牙风格”为建筑主题。在当代繁华的社会生活中创造实用的、优美的、观赏性高的商业区景观。

商业街区景观设计原景是“塞利维亚”——西班牙内河城邦生活，围绕畔水而居、城邦大社区、风情环境为三大元素进行整体规划设计，再结合交通组织，自然资源、文化历史特色等多种因素，进行合理的功能定位与区域划分，人文特色再现西班牙风情为整个商业街区的文化主题，围绕这一主题概念，运用具像的雕塑、生动的浮雕等景观设计元素体现了“塞利维亚”文化色彩，为整个商业街区创造了浓厚的文化氛围和底蕴（见图 11－9）。

图 11－9　商业街区设计构思来源

设计理念其一遵循以人为本，强调其艺术特色，在商业街区设计中充分考虑了人们的多维体验，兼顾功能与美观；其二遵循持续生态理念，考虑设计区域为半山半丘陵地区，地势北高南低，气候较为温润，设计结合周边地区环境特征，实现人与自然，商业街区和地域环境的和谐共生（见图 11－10）。

图 11－10　商业街区平面图

11.2.3　景观规划设计

11.2.3.1　功能分区

该商业街区功能分区规划的依据是整体街区所在地的自然条件，如地形、水体、植物等，尽可能的“因地、因时、因物”而“制宜”；结合各功能分区本身的特殊要求以及各区之间的相互关系、街区与周围环境之间的关系进行分区规划；还要根据商业街区的性质和内容，游客在商业街区内可以进行多样的购物活动，活动的内容、项目与设施的设置应满足各种不同的功能、不同年龄段人群的购物需要。在商业街区中得不同的活动需要不同的性质空间来承载。由于购物类别和或活动性质的不同，这些空间应相对独立，同时又相互联系。主要规划为三大街区：商业内街、商业外街、居住社区（见图 11－11）。

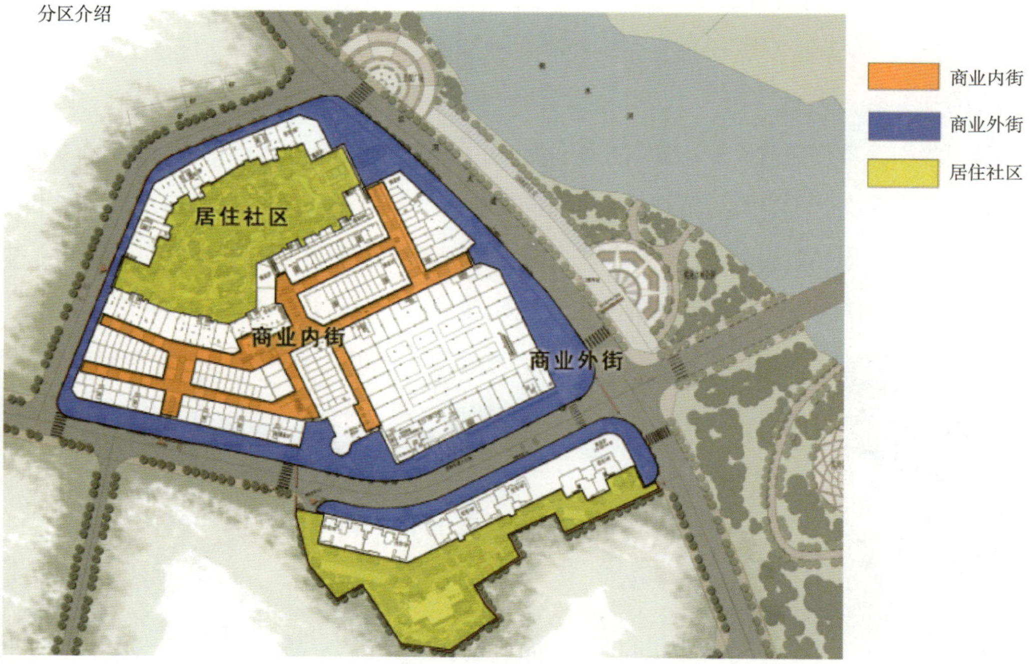

图 11－11　商业街功能分区

1. 商业内街

商业内街的设计主要由四个街区组成：主题雕塑街区、中心景观区、名品女郎街区、IT 商务街区（见图 11－12）；商业内街对于整体商业空间氛围有着很好的提升，对于中心景观区的设计尤其重要。中心水景、树池、小品等景观的设计适时的吸引人们的注意，让人们驻足停留，消除游人逛街的疲劳感。在购物的同时避免人车共处，呼吸着外面的清新空气，同时满足居住区人们的生活、休闲、娱乐、购物等多种需求。

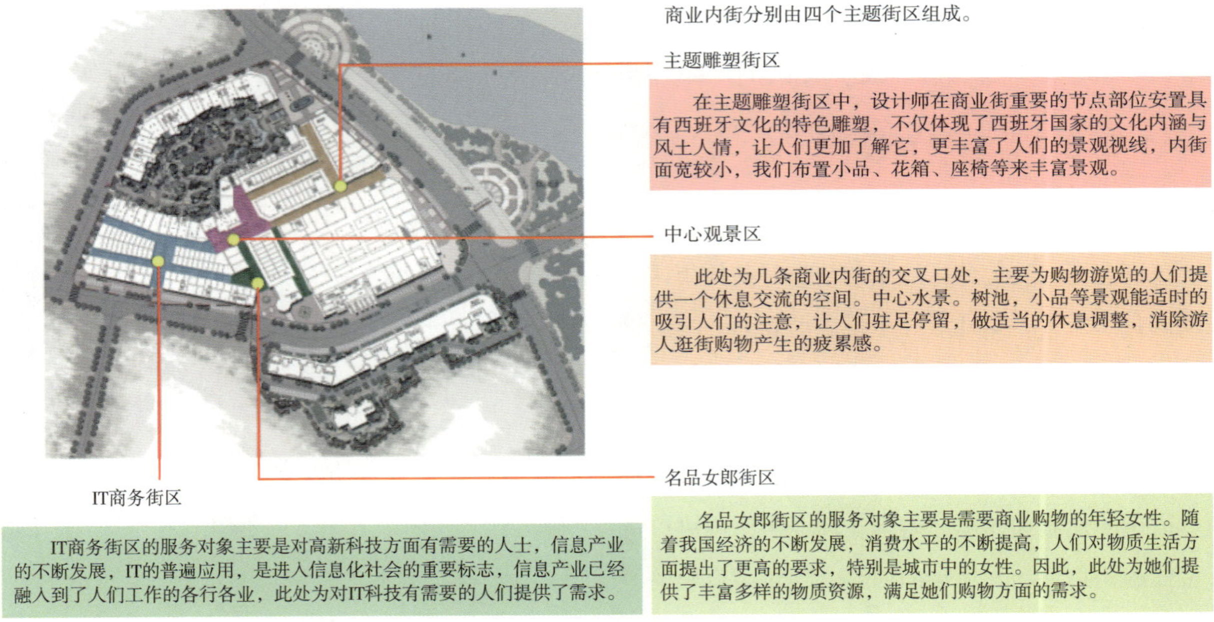

图 11－12　商业内街功能介绍

2. 商业外街

在设计上，充分考虑到商业外街包括连接居住区与商业街的若干重要节点的处理方式（见图 11－13~图 11－15），一方面要展示商业街区的亮点，同时要兼顾人群的活动规律。例如：1 号节点处，一方面是将人的视线聚焦与此，另一方面是将视线延伸到滨河景观，因此考虑设计一个地标性的塔楼作为视线焦点，吸引人群注意力；3 号节点处的位置是商业街拐角处，正对十字路口，所以设计色彩鲜艳的标志性小品，展示商业街的缤纷与精彩；4 号位置是结合场地的空间关系，即多边形塔楼和抬高地形形成相互呼应的关系；5 号位置临近公交车站，是人们进入商业街区的重要通道，所以设计水景来界定场地烘托气氛；而 2 号节点作为一个过渡空间的入口，则处理手法相对简洁，起到衬托重要节点的作用。

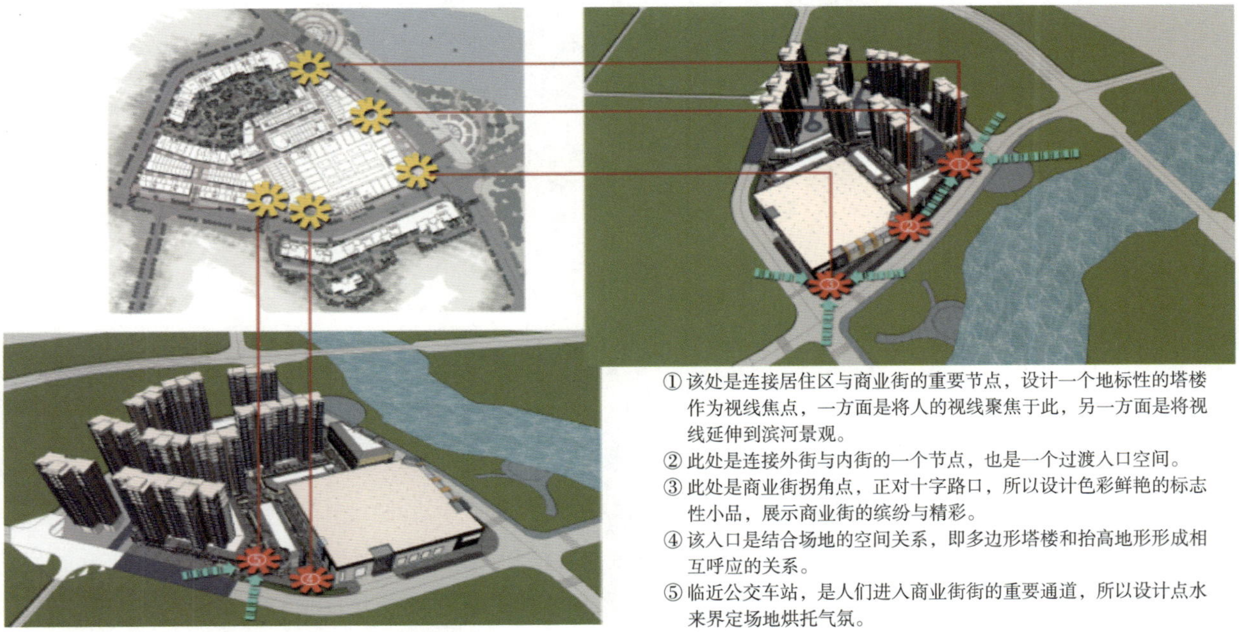

图 11－13　商业外街

图 11－14 商业外街主入口

图 11－15 商业外街效果图

3. 居住区简介

居住社区采用内聚式的布局方式，将绿化、休闲、观赏融为一体，也为住户提供交流的居住社区采用内聚式的布局方式，将绿化、休闲、观赏融为一体，也为住户提供交流的场所，景观布置从入口水景，到自然水系，然后到中心广场，层层递进，掀起景观高潮；然后通过运动场、休憩场以及变化多端的微地形，落下景观帷幕，整个景观序列层次清楚，空间转换丰富，力图给业主带来清新的景观体验（见图 11－16）。

11.2.3.2 交通流线

商业街区东临滨水空间，内部设置宅间休闲绿地与运动场，因此进出口的设计必须较全面，分为居住区出入口、商业街入口、地下车库入口；为此体现机交通与环境的协调性和互补性。结合商业街整体流线，主要分为城市道路、车行道、人行道；运动与通路：设计中充分考虑人的运动心理，在人行道的设计中把紧张的运动与放松的运动有机的结合起来，台阶是打断步行节奏的破坏元素，所以采用平缓的坡道替代。同时要避免使用过长直线，过长的直线特别是在景观无变化处，易造成步行单调，步行者易疲乏。

图 11－16　居住区与商业街综合景观结构分析图

商业街区需要关注人性化绿色停车场的设置：机动车停车场与非机动车停车场分街区两侧设置，保证整个商业街内的步行系统。且设计以绿色大乔木和低矮灌木围合停车场，将停车空间隐于绿色之中，景观设计保证了商业街的美观。

在考虑人车分流的同时，通过竖向的变化，使行车道路与人行处于不同高差，人在商业街的购物会感觉安全，真正营造一个休闲、自由徜徉的街道环境（见图 11－17）。

图 11－17　商业街交通流线分析图

11.2.3.3　节点分析

该商业街区的景观节点主要为：入口景观跌水、金域卡门、观景平台、海德心语、爱丁亭、景墙、布莱尼广场、费加罗之夏、雪利泉、费德里奥广场、缤纷叠水。

1. 入口景观跌水

开放式的主入口广场中，规则的地面铺装，整齐的花坛以及对面的沿江大道使整个街区显得自然大气。景观跌水这一景点成为入口区的主景标识，而且在主入口一侧还设置了停车位，休闲吧等，为游客提供了娱乐休闲空间（见图 11－18）。

图 11－18　商业街入口景观跌水

2. 观景平台

观景平台既可提供休憩的场所，又能使游客看到沿江大道对面的滨水景观，从而获得美的视觉享受，是功能与艺术的结合体，同时，观景平台的空间特点还具有帮助游人判断所在位置的功能。观景平台作为构成景观环境的一个要素，其选址、布局、造型、用材等方面在设计时都应该统一综合考虑，在充分尊重原有的生态资源、保持原有乡土文化的基础上，力争使观赏者从多角度、多方位获得愉悦的视觉享受和美感体验，产生驻足于此、流连忘返的感觉（见图 11－19）。

图 11－19　入口观景平台景观

3. 爱丁亭

爱丁亭即位于景观主轴的中心点的景观塔楼（见图 11-20），景观塔楼顶面铺红色西班牙瓦，杏黄色外墙漆、黄木纹板岩冰裂纹、以及成品木坐凳的装饰，为街区景观增色添彩，满足了游客“观景”与“点景”的需求，起到其他建筑形式无法替代的作用。

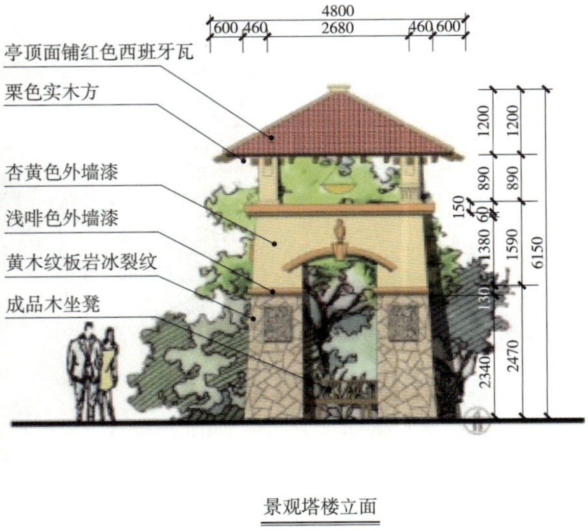

图 11-20 商业街区爱丁亭景观

11.2.4 细部景观设计

11.2.4.1 建筑小品

1. 景亭

景亭是采用黄锈石为建筑原材料，亭顶面铺红色西班牙瓦，栗色实木方、栗色实木雕与杏黄色外墙漆的装饰，与周围水景、植物配景形成了一个谦虚的与自然风景、周边景观环境融合在一起的具有美学特征的建筑形象（见图 11-21）。

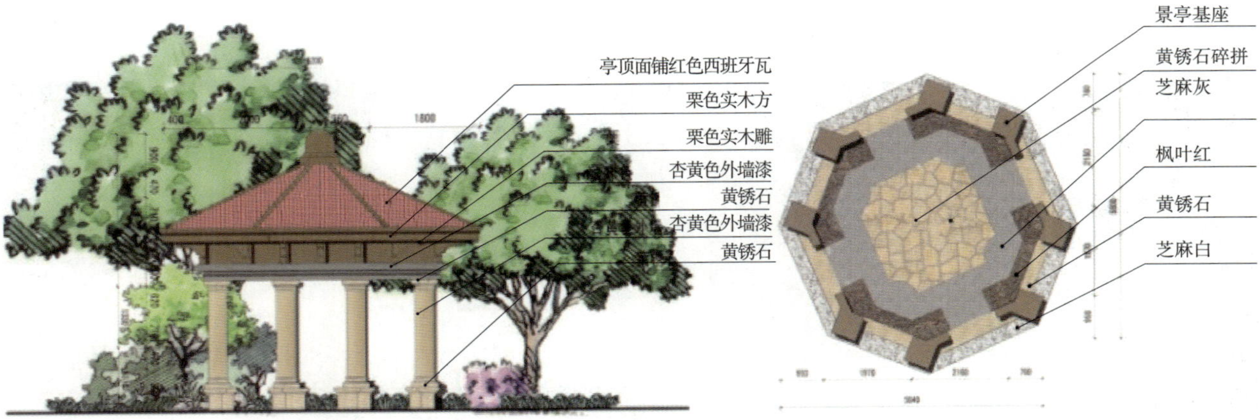

图 11-21 商业街区景亭立面图及平面铺装图

2. 景桥

桥是跨越障碍物的通道，其中在风景区内供人休憩游赏并与周围环境协调共同造景的人行小桥称为风景桥，简称景桥。景桥作为园林景观设施小品的一种，积极参与整体景观的营造，在现代景观设计功能优先的前提下，其连通两岸，跨越险阻的能力被优先考量，其次才会是视觉方面的景观需求。在本方案的景桥设计中，采用的石材作为基本材料，简单的直线型石桥坚固耐用，与周围景观广场、植物配置的融合形成了亮丽的风景线（见图 11－22）。

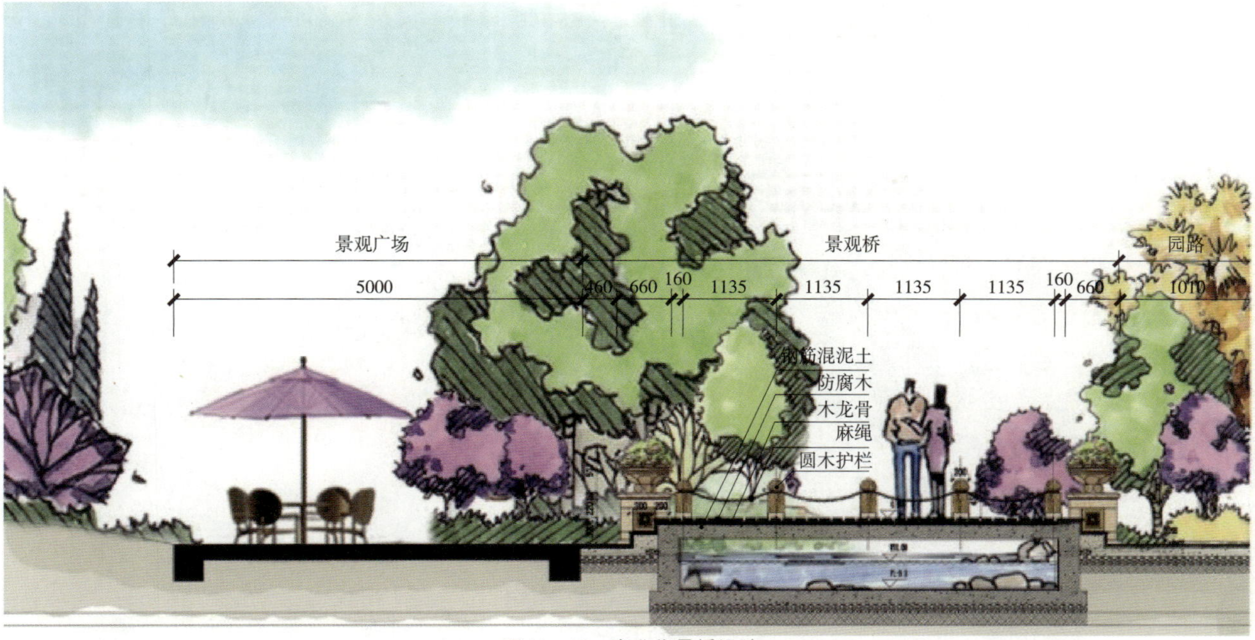

图 11－22　商业街景桥设计

11.2.4.2　植物设计

红安市处于暖温带与亚热带过渡地带。南北过渡的气候条件和地貌类型的多样性，有利于红安县发展一个兼具南北特性的植物种群体系。小区内的绿化以自然为主，乔灌结合。主要树种如下所述。

1. 常绿针叶树

（1）乔木类包括雪松、龙柏、桧柏等。

（2）灌木类包括罗汉松、地柏、日本柳杉、五针松等。

2. 落叶针叶树

落叶针叶树包括乔木、水杉等。

3. 常绿阔叶树

（1）乔木类包括香樟、广玉兰、女贞等。

（2）灌木类包括大叶黄杨、枸骨、海桐、桂花、夹竹桃、黄馨、迎春、洒金珊瑚、南天竹、小叶女贞、八角金盘、山茶、苏铁、十大功劳等。

4. 落叶阔叶树

（1）乔木类包括悬铃木、银杏、梓树等。

（2）灌木类包括樱花、白玉兰、桃花、腊梅、槭树、贴梗海棠、木芙蓉等。

5. 藤木

藤木包括紫藤、络石、地锦等。

6. 花卉

花卉包括太阳花、长生菊、一串红、甘兰、美人蕉等。

7. **草坪**

草坪包括天鹅绒草、纷缕草等。

商业街区树木覆盖面积达39%，对于降低夏季气温有极大的意义。在树木覆盖面积内，主要为乔木，灌木只分布在林缘及乔木树冠下，一般不单独占有绿地面积，仅少量阳性灌木占有单独的面积（见图11－23）。

图11－23　商业街植物意向分布图

11.2.4.3　照明设计

在综合考虑功能性照明和景观性照明之外，需要结合景观空间及交通指引的需要，进行设计，以活跃住区的夜间的风景，亮化设计主要包括道路、建筑间景点，广场以及构筑物装饰照明等。景点照明主要采用庭院灯，满足主要道路的照明需求；广场照明局部配以地理灯，以勾画广场的造型和边界；小品照明主要在小品周围设置景观灯，并结合照树灯突出夜景效果；植物配置主要采用种植灯；水景照明采取在水底设置水底灯、侧壁灯、彩灯等不同的水景灯，着重刻画局部效果（见图11－24和图11－25）。

11.2.4.4　景观设施设计

红安盛地沃尔玛商业街区景观设施在使用的基础上，注意其在景观环境中的和谐美感，立足于引导人们的心情舒缓平静。公共设施诸多，如路灯，路标，座椅，电话亭，报亭，垃圾箱，厕所等，为来往的过路人提供方便。

1. **座椅设计**

商业街区环境设施不仅要满足人们步行、活动的需要，同时也要满足人们休息的需要。休息的行为作为人们公共活动的重要组成部分，在公共空间环境中应该得以充分的体现。休息不仅仅是体能的休息，还包含了人的思想情绪等综合性的情感因素。凳椅在环境中和室内一样，是最常见、最基本的

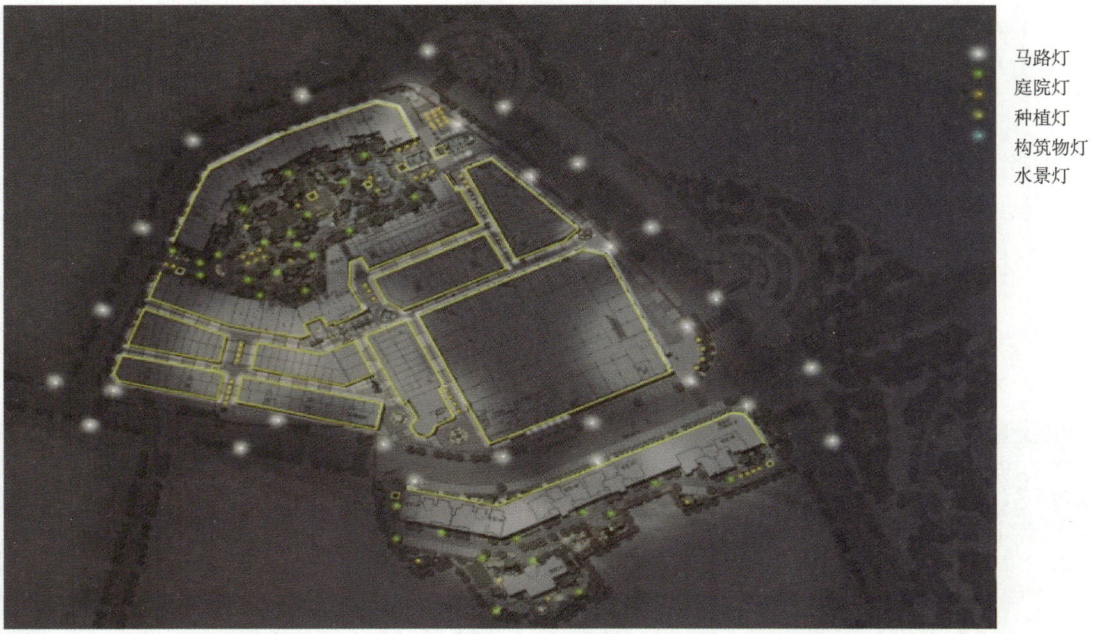

图 11－24 照明分布图

图 11－25 灯具示意

"家具"。设置凳椅的地方，很自然成为吸引游客逗留、会聚的场所（见图 11－26）。商业街区座椅设计功能主要为几下几个方面。

（1）实用功能。商业街区座椅自身具有向人群提供休息的功能，包括便利、安全、休闲等多个方面。

（2）环境意向。在座椅发挥自身实用功能之外，通过形态、数量、组合形式对环境空间进行补充和强化。以长廊为例，木构架与座椅的重复在空间中形成了对商场入口的明确导向性。

（3）景观装饰。街区休息设施对环境起到装饰和美化的作用。这样装饰效果来自本身与它本身艺术美感和与环境结合共同产生的呼应、渲染效果（见图 11－27）。

图 11－26　商业街座椅设计效果图

图 11－27　商业街景观装饰效果图

（4）综合功能。很多休闲的座椅的功能不都是单一的，乔木周围设置的花台不仅仅起到保护植物的作用，还兼作休息设施，从而提高了空间的利用率（见图 11－28）。

图 11－28　商业街花台设计效果图

2. 树池设计

树池的最基本作用就是保护树木根系，使土壤具有良好的透气性、渗水性、吸收性，促进行道树的正常生长。商业街区内设计采用了黄锈石烧面为原材料，还增加了文化石马赛克雕刻装饰面层，美化了商业街区的道路景观，而且能作为一种文化符号，体现西班牙风情街的地域文化（见图 11－29）。

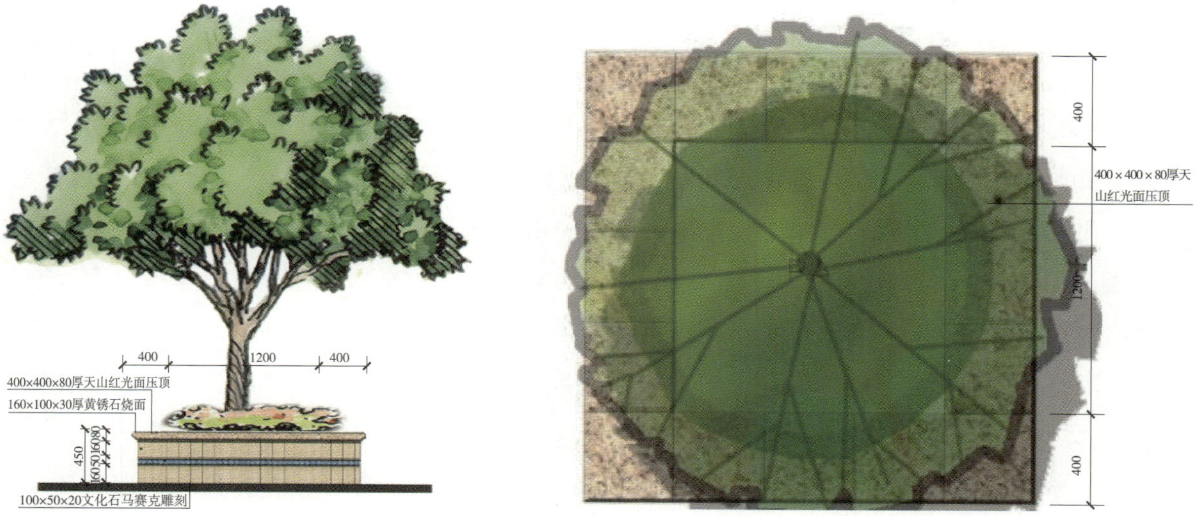

图 11－29　树池设计手绘效果图

3. 标识设计

从视觉角度来看，商业街视觉导向是城市众多导向系统中最生动、最富有视觉张力的设计之一（见图 11－30 和图 11－31）。城市商业街导向标识系统不仅仅是一种标志，也不仅仅是一种商业导购，而应该视其为城市环境建设的一部分。红安盛地沃尔玛商业街区的标识设计以消费者为中心，为消费者服务，整体具备了美观性、环保性、人文性、关怀性。因此，卖场整体布局设计应研究消费者的心理特点，并与之相适应，为消费者提供最适宜的环境条件和最便利的服务设施，使消费者乐意到商店并能够舒适、方便地参观选购商品。

图 11－30　日本商业街店面标识

图 11－31　商业街区标识设计

4. 铺装设计

从居民的消费特点和活动规律来看，有特色的商业街区可以吸引居民出行，从而导致消费，提高商业区的优势，带动地区经济发展，激发都市活力。铺装景观设计是商业街设计中非常重要的一个方面，采用不同手法进行铺装设计可以有效改善商业街的环境，使其更具人情味和魅力特色。总的来说，步行商业街的铺装要求是：安全、舒适、亲切，具有方位感、方向感、文化感、历史感和特色感。

商业街区中人流密度较大，由于步行商业街中人流密度较大，不易发现地面的高差变化，因此地面铺装要平坦，尽量减少高差的变化，地面不得已有高差变化时，应做明显的标志，如铺装色彩、材质的变化。地面铺装材料的选择应考虑雨、雪季防滑的问题，采用表面质感粗糙、透水性好、耐污染性强、清扫方便的材料。易于施工、维护的砌块类材料是较好的选择。在商业街去中，铺装尺度要亲切、和谐，使人们感受到自我，可以与空间环境对话，完全地放松和随意。铺装色彩要注意与建筑相协调，由于各家店铺立面设计五花八门，因此可以采用一种有统一感的主色调铺装强化街道景观的连续性和整体性（见图 11－32）。而细部色彩设计要亮丽、富于变化、生动活泼，以体现商业街生机勃勃的繁华景象。整体铺装和设计主题风格来展开统一设计，在设计中把握的色调到变换形式再到材质肌理效果，给人们在视觉和触觉上能感受到一种商业街区带来的另一种品质生活（见图 11－33）。

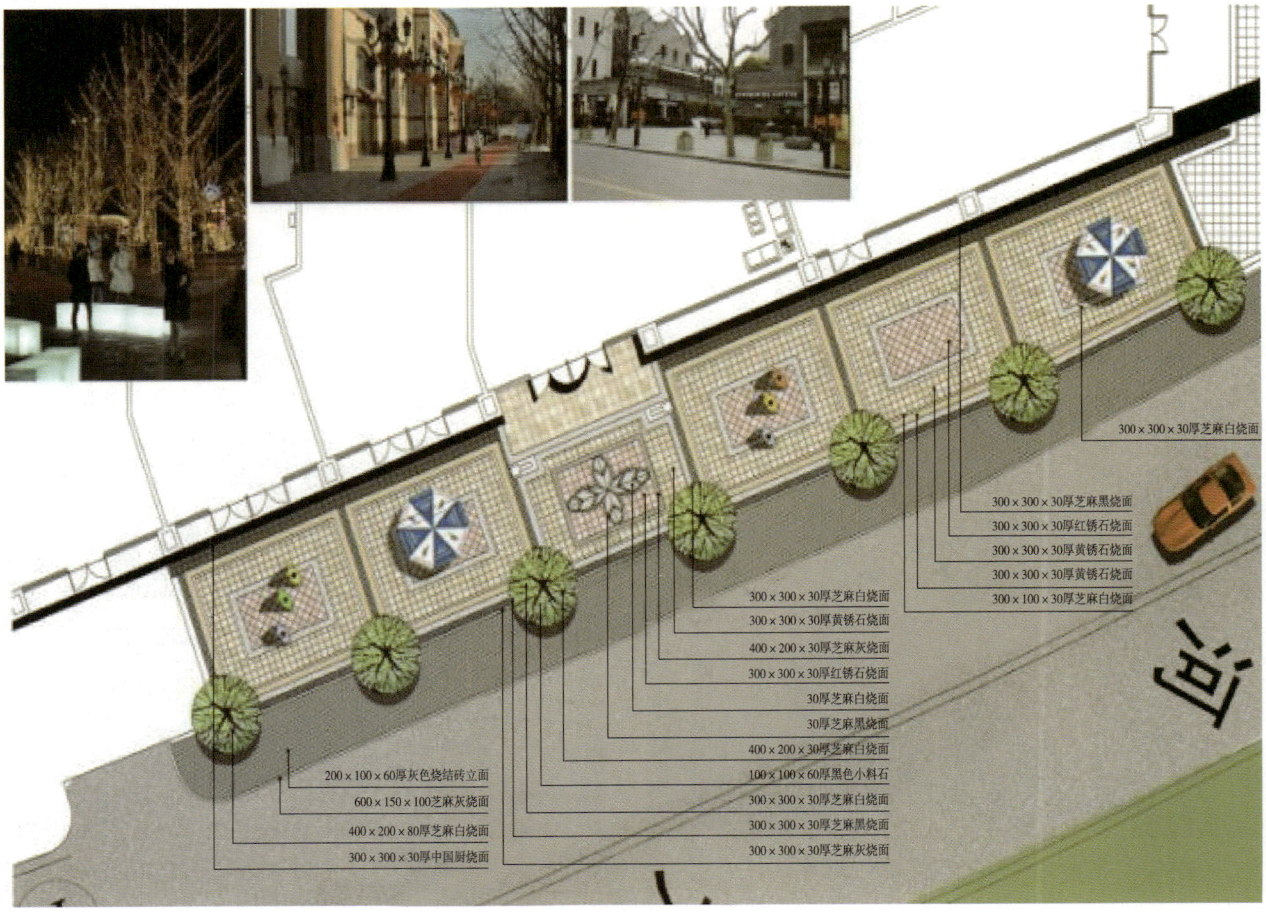

图 11－32　红安盛地沃尔玛商业街区入口铺装设计（1）

图11－33 红安盛地沃尔玛商业街区入口铺装设计（2）

第12章

城市滨水区景观设计

12.1 滨水区景观设计概述

滨水区是指“与河流、湖泊、海洋毗邻的土地或建筑、城镇临水体的部分”，是陆域与水域相连的区域的总称，一般由水域、水际线、陆域三部分组成。城市滨水区既是陆地的边缘又是水体的边缘，包括一定的水域空间和与水体相邻近的城市陆地空间，是自然生态系统和人工建设系统相互交融的城市公共开敞空间。根据毗邻水体不同可以分为滨海、滨江、滨河、滨湖等区域（见图 12－1）。

图 12－1　美国匹兹堡

自古以来，江河流域、河口、湖岸和海岸就是城市定址的首选地段。世界上许多著名城市都地处大江大河或海陆交汇之处，便捷的港埠条件不仅方便城市的日常运转，同时还常是多元文化在此碰撞融合，形成独特的魅力。然而工业革命之后，城市人口和用地规模集聚扩大，工业、交通业和仓储业为求得最佳的效益，大量占据滨水空间，致使水质恶化，城市滨水地区成了人们不愿意接近乃至厌恶的场所。

城市滨水区的建设活动大致可以分为开发、保护和再开发三种类型。滨水区由于其所在的特殊空间地段往往具有城市的门户和窗口的作用，一项成功的滨水开发工程，不仅可以改善沿岸生态环境，重塑城市优美景观，提高市民生活品质，而且往往能增加城市税收，创造就业机会，促进新的投资，并获得良好的社会形象，进而带动城市其他地区。在城市由向外扩张逐渐向内涵延伸的历史条件下，滨水区景观设计越来越被人门重视。

12.1.1 滨水区景观设计原则

12.1.1.1 防洪原则

滨水区景观是指水边特有的绿地景观带，它是陆地生态系统和河流生态系统的交错区。在滨河景观设计中除了要满足休闲、娱乐等功能外，它还必须具备一项特殊的功能，就是防洪功能。在有洪水威胁的区域做园林景观设计应首先满足防洪的前提。在防洪坡段可以利用石材进行驳岸设计，利用石材的形式或机理变化塑造不同视觉体验。还可以利用水生植物或者亲水的乔木进行植物的设计，在丰水期或洪水时植物虽然被淹没但是堤坝的防洪功能并没有被减弱，洪水也影响不了堤坝之上的景观。在枯水或者没有洪水的日子里，水生植物和亲水的乔木可以美化堤岸的环境。

12.1.1.2 生态原则

城市滨水区是典型的生态交错带，风景园林常常将这一地段称为蓝道，与绿化带构成的绿道一起，形成了开放空间与水道紧密结合的优越生态环境。风景园林景观规划与设计应注重“创造性保护”工作，既要调配地域内的有限资源，又要保护该地域内美景和生态自然。像生态岛、亲水湖岸以及大量利用当地乡土植物的设计思路，用其独有的形式语言，讲述尊重当地历史、重视生态环境重建的设计理念。滨水区是兼具自然地景和人工景观的独特区域，滨水区的自然因素促进人与环境和谐、平衡发展。

12.1.1.3 美观与实用原则

现代风景园林景观设计的成果是供城市内所有居民和外来游客共同休闲、欣赏、使用的，滨水景观设计应将审美功能和实用功能这两个看似矛盾的过程，创造性地融合在一起，完成对历史和文化之美的揭示与再现（见图12－2）。

图12－2 台州玉环漩门二期滨江小区沿湖景观带方案

12.1.1.4 生物多样性原则

园林景观建设中的生物多样性是景观多样性的根本。将整个园林作为一个景观系统统筹规划，充分考虑景观结构的复杂性，如基质—建筑群，斑块—园林、水体，廊道—道路及绿化带、河道，追求园林植物群体美景观，发挥大自然生态群落效应。在滨水区沿线应形成一条连续的公共绿化地带，在设计中应强调场所的公共性、功能内容的多样性、水体的可接近性及滨水景观的生态化设计，创造出市民及游客渴望滞留的休憩场所。

12.1.1.5 空间层次丰富原则

以往的景观、园林设计师们非常注重美学上的平面构成原则，但对于人的视觉来讲，垂直面上的变化远比平面上的变化更能引起他的关注与兴趣。滨水景观设计中立体设计包括软质景观设计和硬质景观设计。软质景观如在种植灌木、乔木等植物时，先堆土成坡形成一定的地形变化，再按植物特性种类分高低立体种植；硬质景观则运用上下层平台、道路等手法进行空间转换和空间高差创造。

12.1.1.6 城市景观统一原则

在滨水景观带上，设置城市空间系统绿地、公园营造出宜人的城市生态环境。在适当的地点进行节点的重点处理，放大成广场、公园，在重点地段设置城市地标或环境小品。将这些点线面结合，使绿带向城市扩散、渗透，与其他城市绿地元素构成完整的系统。

12.1.2 滨水景观带设计要点

城市滨水区具有空气清新、视野开阔，视线清晰度高等优点。滨水景观设计就是在滨水区沿线形成一条连续的公共绿化地带，在设计中应强调场所的公共性、功能的多样性、水体的可接近性及滨水景观的生态化设计，创造出市民及游客渴望滞留的休憩场所。

12.1.2.1 场所的公共性

城市滨水区是构成城市公共开放空间的重要部分，享有开阔的水面，以其开放性的空间特征为旅游者和居民喜好。要使这条绿带真正成为市民喜欢的公共场所，成为全体市民的公共财富，防止各种围合圈地使市民不能进入现象。提倡营造有利于公共活动自由性、连续性的滨水空间，形成优良的城市景观与观景公共绿地。

12.1.2.2 功能的多样性

滨水区应提供多种形式的功能，如林荫步道、成片绿茵休憩场地、儿童娱乐区、广场、游艇码头、观景台、赏鱼区等，结合人们的各种活动组织室内外空间。点线面线结合，线，连续不断得以林荫道为主体的贯通脉络；点，在这条线上的重点观景场所或被观景对象，如重点建筑、重点环境小品、古树；面，在这条主线的周围扩展开的较大的活动绿化空间，如中心广场、公园等。这些市室外空间可与文化性、娱乐性、服务性建筑相配合。

12.1.2.3 水体的可接近性

亲水是人的天性，留恋于水天之间、徜徉在余辉之下，无疑是心旷神怡的大乐事。但很多城市的滨水区往往面临潮水、洪水的威胁，设有防洪堤、防洪墙等防洪公共设施。这些设施可采用不同高度临水台地的做法，按淹没周期，分别设置无建筑的低台地，允许临时建筑的中间台地和建有永久性建筑的高台地三个层次，有效解决各个季节水位对景观的可视性影响。

12.1.2.4 水环境的生态化

水的质量是滨水区开发的关键，很多城市的滨水区开发都是从河道清污、净化水质开始的。四川省成都市的府前河综合整治工程就是以防洪、治污、绿化、文化、安居、道路网六个子项实现、环境三个目标的融合，形成了城市可持续的模式。由水利、城建、环保、园林共同设计建造的活水公园，使受到污染的水经过公园的人工湿地系统进行自然生态净化处理，最后变为“达标”的活水河流，不仅丰富了城市景观，而且促进生态环保概念在市民中的普及（见图12-3）。

图12-3 台州玉环漩门二期滨江小区沿湖景观带方案

12.1.2.5 植物多样性

在滨水植被设计方面，应增加植物的多样性。这种群落物种多样性大，适应性强，使城市野生动物适应的栖息场所。他们不仅在改善城市气候、维持生态平衡方面起到重要作用，而且为城市提供了多样性景观和娱乐场所。另外，增加软地面和植被覆盖率，种植高大乔木，以提供遮阴和减少热辐射。城市水滨的绿化应多采用自然化设计，植被的搭配地被花草、低矮灌丛、高大树木的层次的组合，应尽量符合自然植物群落的结构。

12.1.2.6 驳岸的多种功能

驳岸处理上满足功能与形式多种需求，根据不同地段及使用要求，灵活考虑进行不同类型的驳岸设计。一方面，生态型驳岸除了护堤防洪的基本功能外，还可治洪补枯，调节水位，增加水体的自净作用，生态驳岸对于河流生物过程同样起到重大作用。另一方面，驳岸景观也是表达景观文化、艺术的重要部位，需要加以重视。

此外，滨水区景观设计还应充分尊重地域性特点，与文化内涵、风土人情和传统的滨水活动相结合，以及保护和突出建筑的形象特色。城市滨水区场所意义内容多样，还可以从生活的内容、社会背景、历史变迁、自然环境等众多因素中发掘，形成独具一格的滨水景观特色。

现代城市滨水带景观设计在整个景观学各类设计中无疑是最综合、最复杂，也是最富有挑战性的一类，因为它涉及的内容广泛，包括陆地上和水里的，还有水陆交接地带和濒河（湖）湿地类，这样与“景观场地规划”与“生态景观学”关系就非常密切，而这两门学问正是现代景观学内容中的核心内容。

12.2 案例解析——芜湖市滨江公园三期景观规划设计

12.2.1 案例概况

12.2.1.1 区位分析

芜湖市滨江公园位于城市中心城区西部的长江沿岸，北起芜湖造船厂南至鲁港大桥，全长9.5km，滨江公园分三期设计与施工，一、二期已基本建成，本次项目为滨江公园三期工程（见图 12－4）。

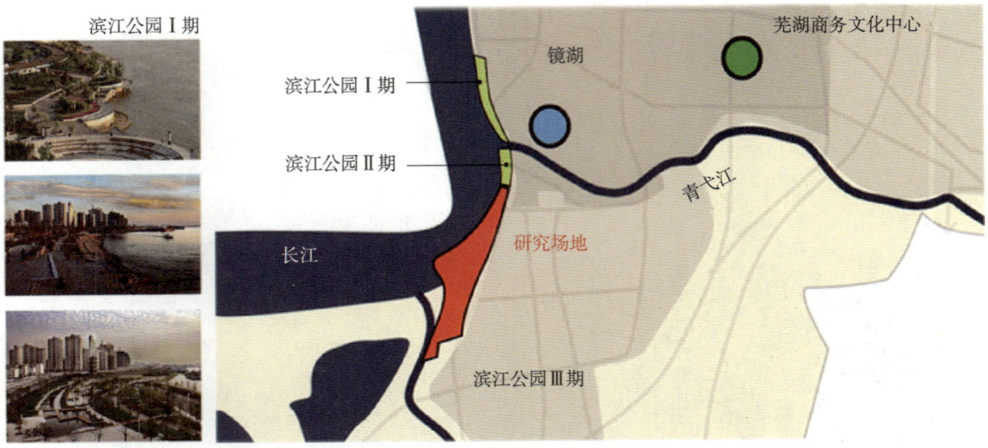

图 12－4　芜湖市滨江公园三期区位分析图

一期工程：位于芜湖造船厂与青戈江入江口之间，于 2005 年开工现已基本建成，融合防洪、景观、交通、商贸、旅游等多种功能，形成长达 2.3km 的滨江风景区。

二期工程：青戈江入口到利民路段长江南路以西沿江部分，长约 1.6km，规划控制以休闲体育功能为主。

三期工程：主要为利民路至鲁港大桥防洪墙（堤）及长江大堤外的沿江滩涂区域，长约 5.6km，是本次规划的区域。规划为保护和改善城市生态，促进自然融合城市，打造城市滨江湿地生态景观，塑造用地整体景观形象，形成和滨江公园一、二期工程项目相互促进、相互补充的滨江景观，构建完整的滨江公园风景区，发挥用地公共服务功能。

12.2.1.2　基地外部背景解读

1. 绿地系统

芜湖市中心城区呈现向东、南、北三个方向拓展的趋势，西侧以长江为界形成天然边界，从芜湖市区总体绿地系统规划来看具有多种特点：①郊野型绿地围绕城市外围呈带状分布，环绕整个城市距离城区较远；②城市建成区分布若干公园绿地，包括自然山体公园和主题公园等，但是面积较小，而且城区休闲公园设施老化，景观陈旧且分布不均；③长江南侧的龙窝湖湿地公园，为原生态滩涂湿地公园，从位置和功能上更偏向野趣生态型公园，但尚未进行开发；④穿越城市的两条河流，青弋江和漳河以及周边的沿河绿化，串联了绿地系统。总之，芜湖市目前景观带尚未形成，景观退让空间狭小，沿江景观面凌乱（见图 12－5）。

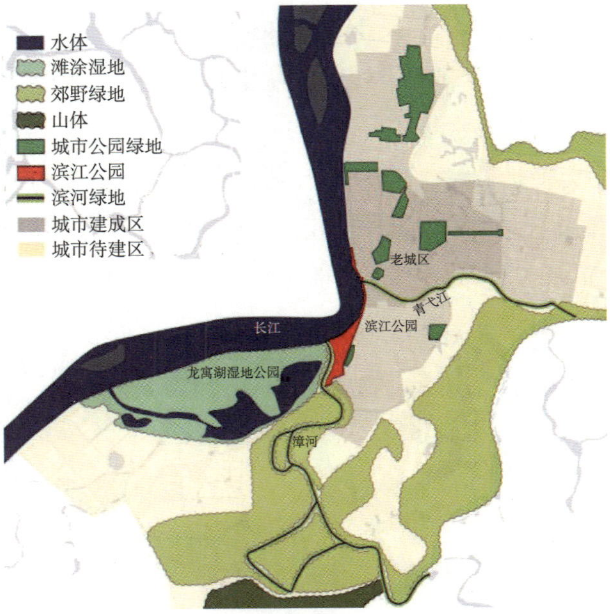

图 12－5　基地外部绿地系统解读

2. 交通系统

基地靠近城市重要交通道路，交通便利，有很多次级道路连通基地，同时有较好的迎街界面体现展示功能（见图12－6）。

3. 周边用地规划

公园以东地区，目前正在实施大规模城市改造和建设，主要规划有文化贸易、酒店、办公、高档住宅、高等教育功能等（见图12－7）。

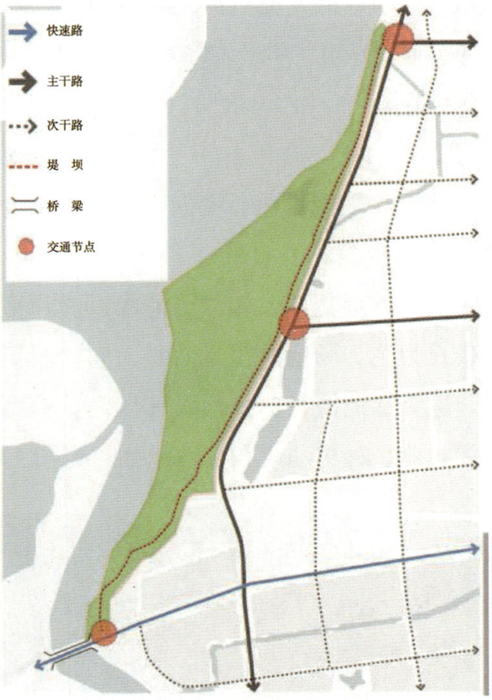

图12－6 基地外部交通系统解读

图12－7 基地周边用地规划

12.2.1.3 基地内部条件分析

1. 水位分析

场地范围内，随着季节的不同降水量不同，产生变化性水淹范围；常用区域面积较小，大部分每年都会被水淹；有多层的变化高差，不同级别的水位变化带来丰富的景观塑造可能，同时减缓高水位对滨江景观的影响（见图12－8）。

图12－8 基地水位变化分析

2. 水文分析

水系沟通流畅，与长江连通顺畅；水质较好，漳河段需加强水质管理。确保取水口周边水域和水质；场地内有净水需求，但不强烈。

3. 现状植被分析

场地内植被状况良好，具备良好的湿地条件（见图12－9）。根据血防工程，需对鸡婆柳、草地和湿地做出取舍处理；根据现有林地分布，可考虑结合现有林地进行景观绿化。对于农业作物，在设计过程中同样需根据景观需求、血防要求和后期维护等多方面的考虑做出处理。

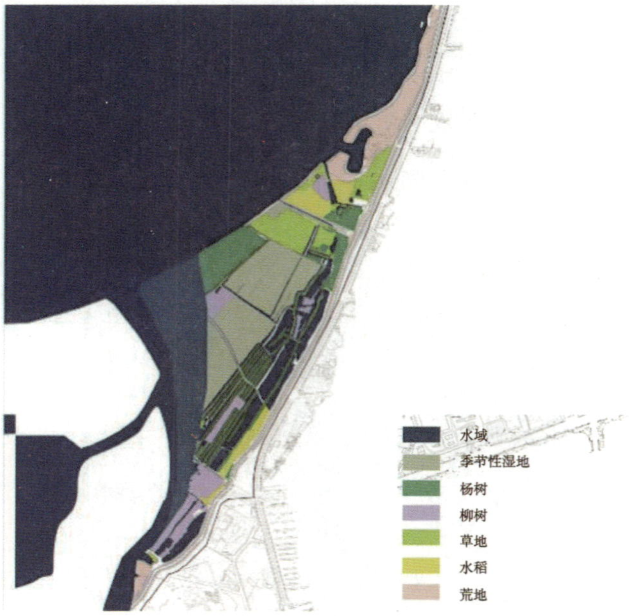

图 12-9　现状植被分析

4. 生态分析

（1）气温和降水。芜湖地处亚热带，纬度偏南、临江近海，属于热带季风湿润性气候，四季分明。全年主导风向为东北风，年平均气温 15~16℃，冬季最低气温-13℃夏季最高气温 39.5℃，全年日照 2075h。年平均降水量为 1200mm，降水多集中在 6~8 月，为汛期，春秋季节降水量减少（见图 12-10）。

（2）土壤及地貌。芜湖市地貌分区为冲积平原、侵蚀残丘和长江古老阶地三个基本地貌单元，土壤类型复杂多样，场地内以冲积平原和侵蚀残丘为主。场地内较大面积为潮沙泥田和水稻土，适宜湿地植物、水稻，其次为黄棕壤土适合发展林业、种植油菜和各种蔬菜（见图 12-10）。

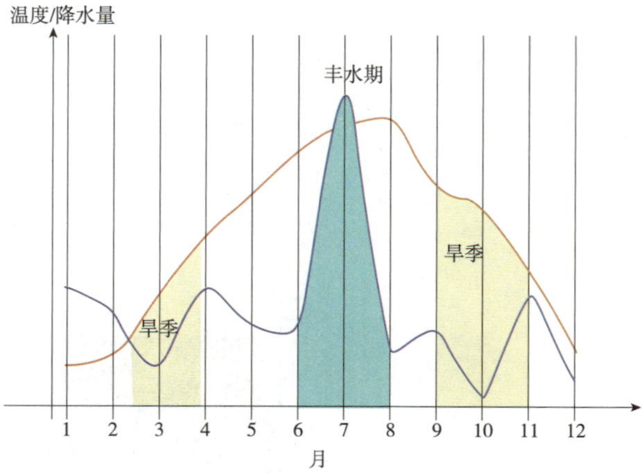

图 12-10　生态分析

5. 野生动物分析

芜湖有山地、丘陵和广阔水面，动物资源丰富。据调查全市有各类动物 600 多种，其中鸟类 121 种、鱼类 57 种，属于国家保护的野生动物有 22 种、鸟类 50 多种。芜湖市夏季以留鸟和夏候鸟为主，冬季以留鸟和冬候鸟为主，河漫滩湿地为季节性淹没草地，夏季鸟类群落的种类多样性和密度高于冬季，冬季的鸟类种类和密度较小（见图 12-11）。

近年来，由于各项建设用地所造成的林地和湿地资源的减少，毁坏了野生动物的栖息环境，导致了动植物生物多样性下降的趋势，特别是珍稀动物所剩无几，生物环境保护亟待加强。

12.2.1.4　专题分析

场地内有血防要求，需要修建隔离沟和防螺平台。提倡生物生态防螺，在场地中养殖吃钉螺的鱼类、禽类，种植抑制钉螺生长的植物（见图 12-12）。做到景观功能多样性，丰富景观感受和自然互动。远期效益上构架并完善当地自然生物圈，真正做到持续发展。

图 12－11　野生动物分析

图 12－12　生物生态防螺

12.2.1.5 文化旅游分析

1. 旅游资源分析

市内旅游资源丰富，以自然风光和历史人文旅游为主。自然风光旅游为主的景点有：AAAA 赭山风景区，AAA 鸠兹·镜湖风景区、神山风景区，AAA 汀棠公园等。历史人文旅游为主的景点：AA 安徽第一名人藏馆、陆河村茶艺博物馆、广济寺，AAAA 纪念园景区、方特欢乐世界等（见图 12－13）。

图 12－13 市内旅游资源

2. 文化解读

（1）芜湖铁画（非物质文化遗产）。芜湖铁画以锤作笔、以铁作墨、以石占作纸，汇中国传统画的构图和民间剪纸、雕塑等艺术技法于一炉，运用黑白对比、虚实相间的手法，刚劲、豪放、魅丽，以独树一帜的奇特著称于世，是中华民族独特气质的承载（见图 12－14）。

（2）码头文化。明代时期芜湖港开辟，清代时期形成巨大的米业市场，为“四大米市”之首，在历史上是著名的港口城市（见图 12－15）。

图 12-14　芜湖铁画

图 12-15　芜湖码头文化

（3）历史文化。芜湖有两千多年的历史，拥有丰富的文化遗产。历史上许多文人墨客与之结缘，留下佳作流传于今。

12.2.2　设计理念

12.2.2.1　项目愿景

“感受绿色脉搏、体验全新滨江”，创造一个连接城市、自然和文化的现代化城市滨水公园，与周边公园形成差异化和互补发展，同时赋予场地生态性功能，由此确定项目的设计宗旨与目标。

1. 设计目标

（1）把握好生态性。利用生态利用水位变化、创造满足不同需求的生态系统，打造独特的景观效果。

（2）把握好经济性。采用现代简约设计风格、结合现有林木基础种植经济林作为景观元素，创造紧凑的动感核心区域，既减少大面积自然空间的造价和维护。

（3）把握好功能性。设计便捷的车行和人行流线创造人性化和功能化景观，打造独具魅力的滨江公园，提升城市环境。

2. 设计特征

（1）现代滨水空间。满足现代生活需求，现代简洁的语言、创造适合当代人的景观、新概念自然公园。

（2）生物多样性。营造自然生态环境。尊重原生态植被、场地生态功能赋予、对生态环境的恢复、改善和可持续发展、关注生物多样性、人与自然的共存和对话。

（3）和谐长江。创建城市与生境和谐。城市与公园和谐存在、人与自然和谐共存、生态与现代和谐共存。

（4）连接城市。强化人、自然和文化之间的联系。连接人与自然、连接人与人、连接城市与水。

12.2.2.2 总体概念设计

1. 设计灵感

在实地考察的基础上，提取现状树林、芦苇、水波、水珠、和芜湖市城市肌理等设计灵感原型，进行艺术提取和景观应用（见图 12－16）。

图 12－16 设计灵感

2. 设计过程

为了更好地表达场地特征和潜力，在设计过程中衍生出许多不同的方向，经过整理形成四个草案，从风格到使用功能、最终在诸多的选择中，易建造和现代景观元素在最终的方案中得到延续，最大可能的延续场地原有特性，并减少工程土方量和现状植被破坏（见图 12－17）。

滨江公园三期地块的自然环境由漫滩湿地和丰富的地表水系组成，从湿地、植物、城市肌理和现状树林的特征中提取出设计语言——现代简洁的折线和动感的自然弧线，使其成为贯穿整个场地的主要设计形式和风格。

12.2.3 景观规划设计

12.2.3.1 功能分区

结合场地有利条件和不利因素，在适建性分析的基础上，为实现滨江公园三期项目愿景设计目标和要求，由北到南依次打造出：运动休闲区、都市活力港、生态自然公园、文化漫步广场、门户入口等几大功能分区（见图 12－18）。

12.2.3.2 景观结构

以点线结合的方式，从北端到南端依次串联几大功能区，在公园整体功能上与周围其他公园形成错位与互补，结合场地特性与本土文化、历史文化紧密联系，形成一个复合型的、具有显著特征的自然生态型滨水公园（见图 12－19）。

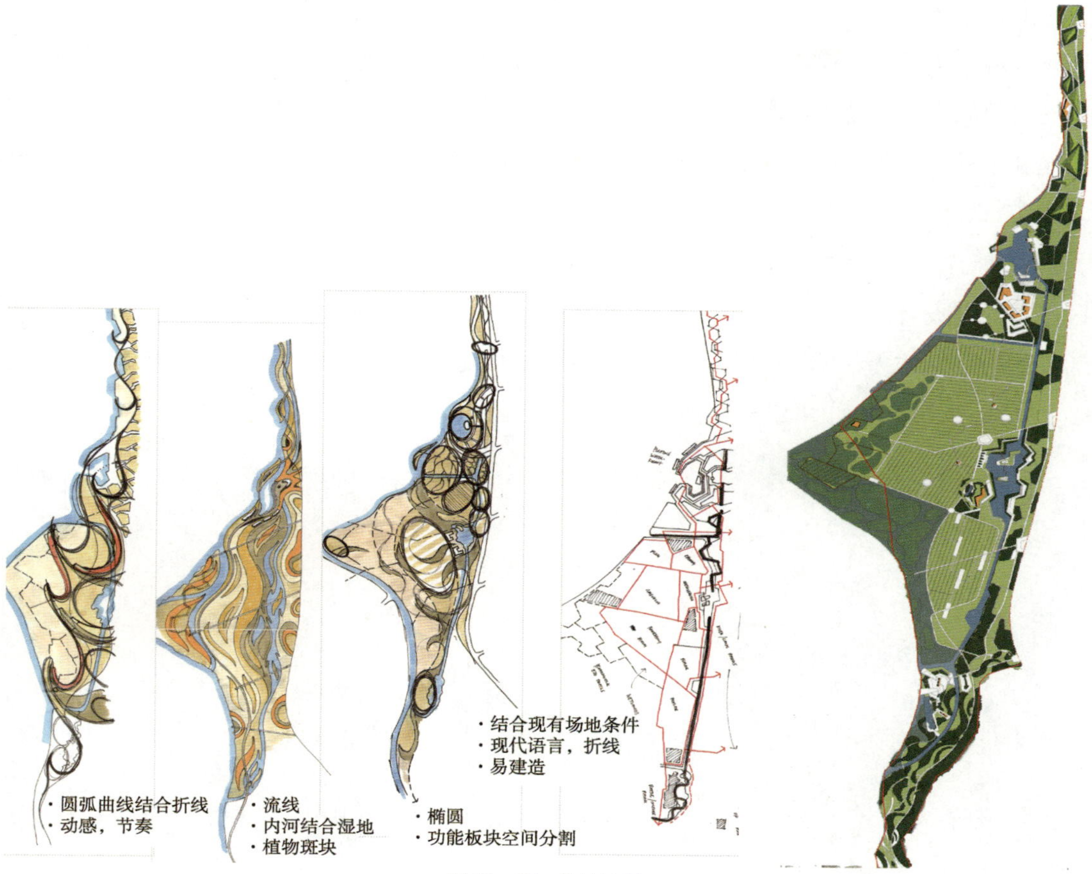

图 12－17　设计过程

图 12－18　功能分区图

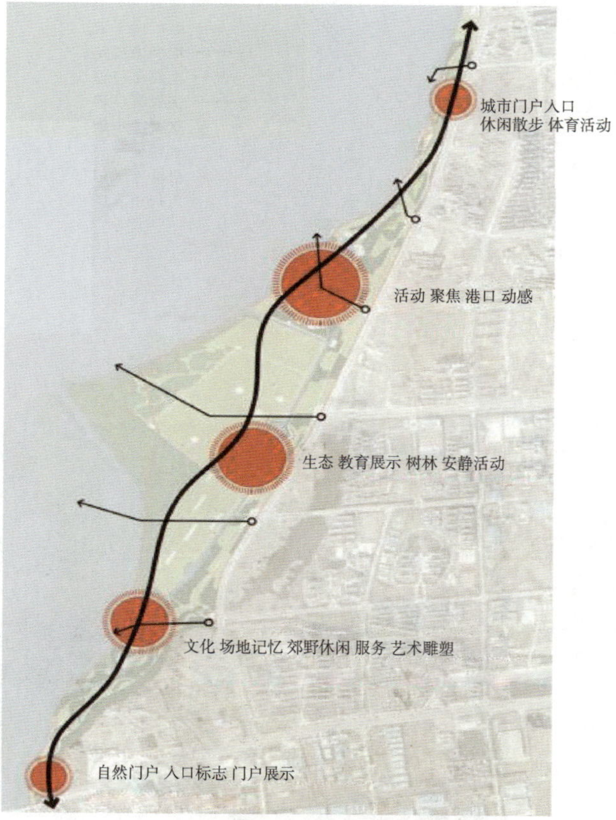

图 12－19　景观结构图

12.2.3.3 动线设计

场地毗邻城市主干道，道路流线设计中沿堤坝南北向设置堤坝顶道路，堤坝顶道路与城市主干道平行不交叉。园区设置机动车出入口，机动车出入口与城市次干道东西两向对接呼应，保证了园区与市区交通便利畅通，主要车行道渗透到各个功能区，主要漫步道、次要漫步道有机结合、渗透到每个景点（见图 12－20）。

12.2.3.4 服务设施布局

园区景观规划设计中，合理设置服务设施，主要有医疗急救室、公共厕所、停车场、休闲餐饮、公共电话亭、指示标志及科普展牌等，并将这些服务设施进行合理布局，为园区提供有效服务保障（见图 12－21）。总图鸟瞰如图 12－22 所示。

图 12－20　动线设计图

图 12－21　服务设施布局图

图 12－22　总图鸟瞰

12.2.4 细部景观设计

12.2.4.1 分区设计

设计根据整个场地的功能和表现形式，将地块分为三个主要节点：活力休闲区、自然公园区、文化漫步区（见图 12－23）。

（1）活力休闲区。活力港湾区位于场地北端、与二期地块相连，依据现状条件将这里设计成能够体现港口船运文化的休闲旅游港湾。设置临时性服务功能构筑物、活力广场、滨水漫步区、系列主题花园等功能活动空间，配合草坪、草花灌木及林地打造极富动感和活力的人气场所（见图 12－24）。

图 12－23　分区索引图

图 12－24　活力休闲区放大平面图

活力休闲区 A-A 剖面以现代简洁的设计语言打造滨水漫步体验，采用钻石切面的微地形草坡分割滨水绿化带，增加漫步的趣味性、并设置服务性建筑，为游人提供简式餐饮和相关服务（见图 12－25 和图 12－26）。

图 12－25　活力休闲区 A-A 剖面图

图 12－26　活力休闲区效果图

图 12－27　自然公园区放大平面图

（2）自然公园区。自然公园区位于活力港南侧，长江漫滩湿地区域（见图 12－27）。按照场地原始高程、自然景观特征和血防工程，分为三种不同类型的场地：水景庆典区、密林探幽区和湿地观鸟区（见图 12－28 和图 12－29）。

水景庆典区设计中，对血防沟进行景观改造，在保证功能和工程结构不受影响的前提下，扩大景观水面，结合系列公共活动空间创造动感的滨水岸线，丰富游览活动体验，成为自然公园区内最积聚人气和活力的场所。

密林探幽区依托具有经济价值的林木苗圃，打造幽静自然的漫步游览环境，并在呈几何线性排列的林间创造以草花和生态树屋为游览元素的小空间，增添参与性和趣味性。

图 12－28　活力休闲区 B–B 剖面图

图 12－29　自然公园区效果图

图 12－30　文化漫步区放大平面

湿地观鸟区位于现状滩涂湿地，是水位变化最频繁、生态系统最丰富的区域，通过木栈道、观景塔和观鸟小屋，让游人与自然亲密接触。

（3）文化漫步区。自然公园区往南至鲁港大桥段，设计为文化漫步区，将延续相同的设计语言，并设置体现地方历史文化的主题公园，讲自然景观和人文景观有机的融合，游赏中了解地方文化（见图 12－30～图 12－32）。

12.2.4.2　景观专题设计

1. 生态水位景观设计

长江季节性的水位变化对公园景观形态造成影响，以芜湖水务局提供的资料作为主要参考依据，结合鲁港外滩的现状，进行湿地公园的景观水位设计。随着季节性的长江水位变化，湿地公园的景观将呈现出不同的态势，也为游客创造出不同的游览体验和感受（见图 12－33）。

图 12－31　文化漫步区剖面图

图 12－32　文化漫步区效果图

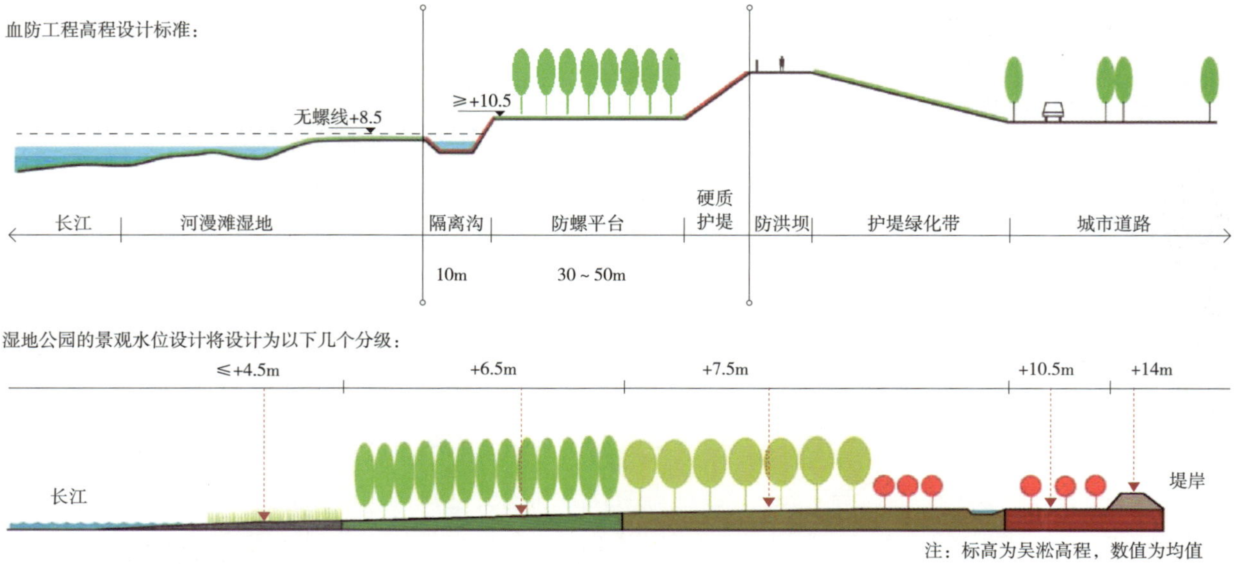

图 12－33　生态水位景观设计

2. 血防工程驳岸景观设计

基于血防沟原本硬质工程水渠缺乏趣味的特点，设计水渠硬质景观方案：①用当地砖材在水渠斜面上，主要亲水平台及活动广场边缘拼贴出富有滨水生态感的抽象图形，展示滨江文化使工程水渠变成生动文化墙，在确保防螺功能的前提下，变得充满人情韵味；②在水渠斜面上设置种植池，以减少绿化和硬质水渠相邻的突兀感。主要适用于植被绿带边缘，位置选择于血防要求的无螺线以上，打破水渠的大面积硬质感并与周边环境能更好的相互融合，成为富有生态亲和力的景观水景（见图 12－34）。

3. 生态驳岸景观设计

在生态旅游区，强调旅游活动、旅游产品的原始性、生态性，强调游人与大自然的亲密接触是一个很重要的特点。而亲水性是人与生俱来的特性，生态旅游区的湿地是满足游人亲水性的一个重要载体。而且在生态旅游区如果有一块湿地存在，往往能成为旅游的热点（见图 12－35）。

图 12-34　血防工程驳岸景观

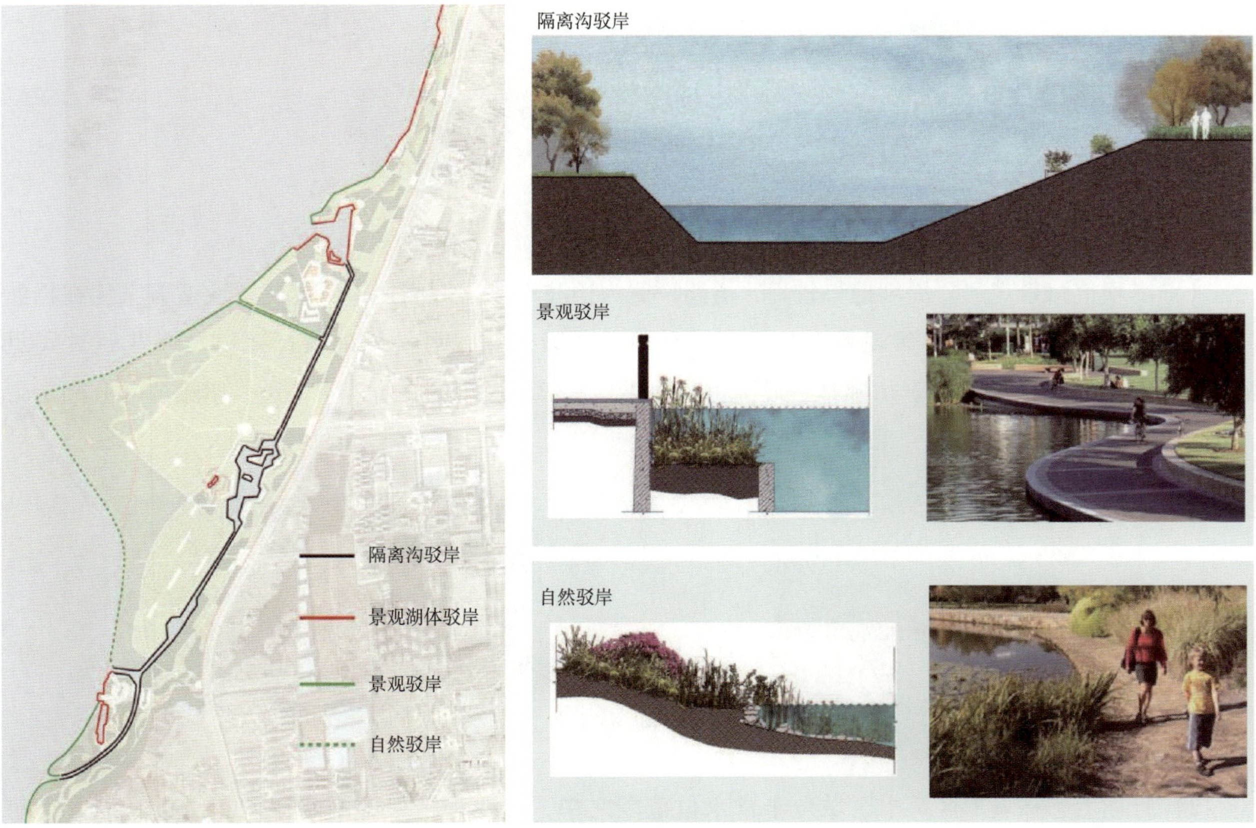

图 12-35　血防生态驳岸景观

4. 植物设计

（1）植物种植说明。根据本滩涂各个季节的水位关系，选择能耐不同程度水湿的植物品种，建立三级植物观赏区域（见图 12-36）。

一级植物观赏区域是在丰水期水位范围，建立人工痕迹明显的硬质景观区域，采用普通公园式做法，自然地栽植乔灌木，形成自然公园景观。

二级植物观赏区域是在常水位范围，建立从人工岛生态的过渡植物景观。

三级植物观赏区域是在部分常水位范围，建立野生生态植物景观。

（2）植物分区说明。

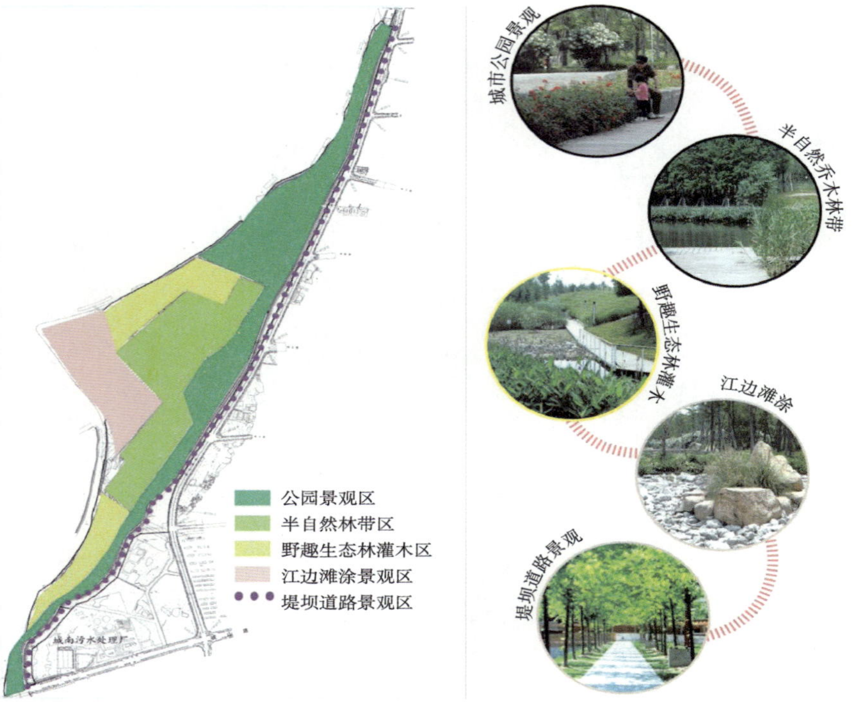

图 12-36　植物种植与分区设计

1）堤坝道路景观区。堤坝地势较高，道路一侧为挡波墙，另一侧接市政绿化。改造方案为在挡波墙一侧有韵律的设置人行道兼观景台功能，并种植乔木及地被；另一侧种植行道树及开花地被（见图 12-37）。这样的韵律节奏仿佛是一段优美的韵律，徜徉在堤坝上，听着水浪声、俯瞰滨江公园美景尽收眼底。

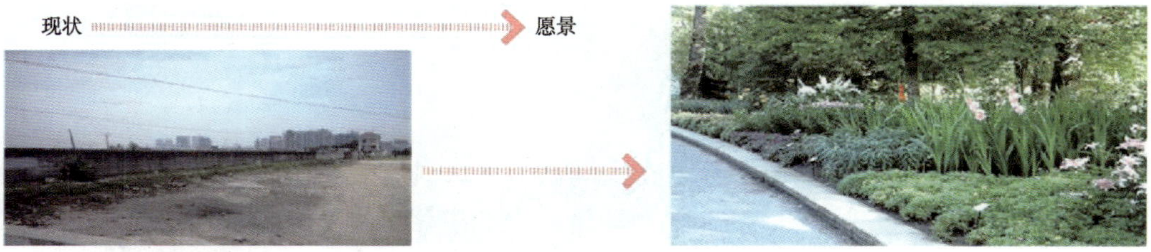

图 12-37　堤坝道路植物示意

2）野趣生态林灌木区。本区域位于常水位范围之中，主要种植一些耐水湿的粗放的林灌木类植物，形成野趣的河滨景观，如意杨、枫杨、浦苇、细叶芒、再力花、梭鱼草、芦苇等。让置身其中的人们有回归自然的感觉，天人合一。

3）江边滩涂景观区。本区域大多位于枯水期水位范围之内，保留原有意杨林，主要是景观带与江水的连接处，形成草甸或是岩石景观（见图 12-38）。

图 12-38　江边滩涂景观区植物示意

4）半自然林带区。本区域基本位于常水位内，主要有道路及植被构成，分成各个不同植被的板块，每块区域种植一种或两种植物，人们走在其中的木栈道上，时而是一片挺拔的树林、时而是一片野趣的水生植物，这些植物也对钉螺有抑制的作用，同时创造出一个优美、生动、富有特色的城市滨水生态景观（见图 12－39）。

图 12－39　半自然林带区植物示意

5）公园景观区。本区域基本位于常水位之上，重点打造硬质景观，让人们可以更多的参与到景观中去，植物种植主要以自然式公园种植为主，使该公园成为周围居民休闲健身的场所，成为该市居民游玩的好去处（见图 12－40）。

图 12－40　公园景观区植物示意

12.2.4.3　景观元素设计

1. 景观构筑物及雕塑设计

景观构筑物雕塑设计紧追时代步伐，牢牢把握场地滨水、滩地、江风、休闲、时尚等特点要求，水上景观小品采用鱼的造型、休闲设施遮阳结构造型简介时尚动感有张力等，这些与周围环境融合，用这些设计语言良好诠释滨水公园的场所精神（见图 12－41）。

图 12－41　景观构筑物及雕塑设计

2. 铺装设计

广场及主要活动节点的铺装采用简洁有张力的形式，彰显活力；主要漫步道材质简洁却有肌理，丰富行走体验，铺砖主要选用透水性强的材料；次要漫步道铺装自然而温暖，采用有机材料，与周围环境融合（见图 12－42）。

广场及主要活动节点的铺装采用有简洁有张力的形式，彰显活力。

主要漫步道材质简洁却有肌理，丰富行走体验。采用透水性好的材质。

次要漫步道铺装自然而温暖，采用有机材料，与周围环境融合。

图 12－42　铺装设计

3. 户外家具设计

公园休息座椅、垃圾桶等户外家具设计方面，结合环境选择合理的位置和造型，布局合理极具功能性。休息座椅或者与台阶结合设置，或者与植物绿化等有机结合成组设置，材料上主要采用石材与防腐木结合，石材受力强度大经久耐用，防腐木与人体接触亲切自然（见图 12－43）。

4. 户外灯具设计

灯具设计与公园生态、休闲主题及所处的滨水环境气氛相符，在发挥照明功能同时，其本身的造型和布置自成景观并与环境融为一体。步道灯具意向选择亮度较高的灯具以获得较高的照度及较热烈的气氛；堤坝灯具行列式对称布置，体现堤坝线性带状空间的导向性，灯的造型在白天可以与周围的

图 12－43　户外家具设计

环境融为一体，晚上营造公园气氛；自然公园的灯具选用亮度较低色温较低的庭院灯具，低矮的灌木丛则轻松布置一些草坪灯起到点缀效果，照明以表现植物为主。所有的灯具与环境相协调，且有统一的风格，实现照明与景观的和谐统一（见图 12－44）。

5. 标识设计

标识设计是一个系统工程，设置完善美观的标识、疏导指引游人以合理的路径游览是公园环境空间标识导向系统设计的基本任务，也是公园环境空间深化设计和人性设计的更高层次体现。芜湖滨江

广场灯具意向

步道灯具意向

堤坝灯具意向

自然公园灯具意向

图 12－44　户外灯具设计意向

公园标识对于造型形式感、颜色把握、材质选择等均体现出了系统性，设计着眼于景观规划的整体把握，关注标识系统的视觉效果与整体景观的协调一致性，芜湖滨江公园标识导向系统的设计努力体现系统化、规范化、人性化，统一使用“芜湖滨江公园”园名字体，并双语标识，方便人们记忆和识别（见图 12－45）。

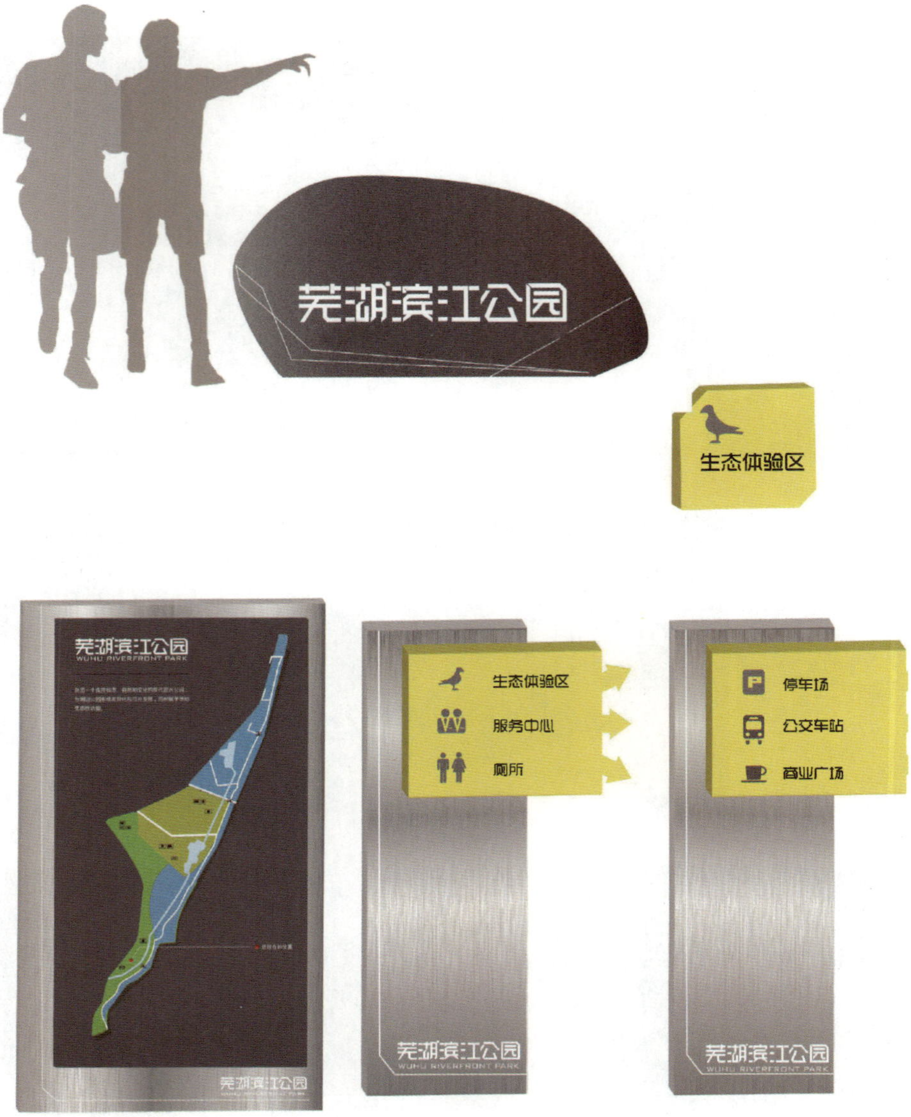
芜湖滨江公园
生态体验区
芜湖滨江公园
WUHU RIVERFRONT PARK
芜湖滨江公园
生态体验区
服务中心
厕所
停车场
公交车站
商业广场
芜湖滨江公园
WUHU RIVERFRONT PARK
芜湖滨江公园
WUHU RIVERFRONT PARK

图 12－45　标识设计

参 考 文 献

[1] Georqe Lain. Ideas&Concept Landscape Architecture [M]. Pace Publishing Ltd. 2009.

[2] Jane Amidon. Radical Landscapes: Reinventing Outdoor Space [M]. New York: Thames&HudsonLtd, 2001.

[3] Michel Racine. Garden and Landscape Architects of France [M]. Oostkamp: Stichting Kunstboek, 2006.

[4] The Cultural Capital of Europe Thessaloniki. Restructuring The City [M]. London: Andreas Papadakis.

[5] Publisher, 1997. Jan Gehel, Lars Gemzoe. New city Spaces [M]. Copenhagenk: The Danish Architectural Press, 2001.

[6] Paul Cooper. The new tech garden [M]. London: MitcheH Beazley. 2001.

[7] Isotta Cortesi. Parcs Publics Paysages 1985—2000 [M]. Aries: Actes Sud \ Motta, 2000.

[8] Jane Brown Lo. Jardin moderne [M]. Ades: Actes Sud, 2000.

[9] Miguel Ruano. Ecourbanismo-Entomos Humanos Sostenibles: 60 Proyeetos [M]. Barcelona: Editori-al Gustavo Gili, SA, 1999.

[10] J. O. Simonds. Landscape Architecture [M]. F. W. Dodge Corporation, 1961.

[11] 克莱尔·库珀·马库斯，卡罗琳·弗朗西斯. 俞孔坚，孙鹏，等，译. 人性场所——城市开放空间设计导则 [M]. 北京：中国建筑工业出版社，2001.

[12] 杨·盖尔. 何人可，译. 交往与空间 [M]. 北京：中国建筑工业出版社，2002.

[13] 西村幸夫+历史街区研究会. 张松，蔡敦达，译. 城市风景规划——欧美景观控制方法与实务 [M]. 上海：上海科学技术出版社，2005.

[14] Michael Laurie. 林静娟，丘丽蓉，译. 景观建筑概论 [M]. 台北：田园城市文化事业有限公司，1995.

[15] 莱昂纳多·J. 霍珀. 赵学德，张桂珍，译. 景观建筑 [M]. 合肥：安徽科学技术出版社，2007.

[16] 威廉·M. 马什. 朱强，黄丽玲，俞孔坚，等，译. 景观规划的环境学途径 [M]. 北京：中国建筑工业出版社，2006.

[17] J. O. 西蒙兹. 程里尧，译. 大地景观 [M]. 北京：中国建筑工业出版社，1990.

[18] J. O. 西蒙兹. 俞孔坚，王志芳，孙鹏，译. 景观设计学——场地规划与设计手册 [M]. 北京：中国建筑工业出版社，2000.

[19] 芦原义信. 尹培桐，译. 外部空间设计 [M]. 北京：中国建筑工业出版社，1985.

[20] 易德，伯拉德. 开放空间设计 [M]. 罗娟，雷波，译. 北京：中国电力出版社，2007.

[21] John L. Motloeh. 李静宇，李硕武，秀伟，译. 景观设计理论与技法 [M]. 大连：大连理工大学出版社，2007.

[22] [美] 诺曼 K. 布思. 风景园林设计要素 [M]. 曹礼昆，曹德鲲，译. 北京：中国林业出版社，1989.

[23] 凯文·林奇，加里-海克. 黄富厢. 朱琪，吴小亚，译. 总体设计 [M]. 北京：中国建筑工业出版社，1999.

[24] [美] 诺曼·K. 布思. 曹礼昆，曹德鲲，译. 风景园林设计要素 [M]. 北京：中国林业出版社，1989.

[25] [美] 加里·赫克，时匡，林中杰. 全球化时代的城市设计 [M]. 北京：中国建筑工业出版社，2006.

[26] [美] 唐纳德·沃特森，[美] 艾伦·布拉特斯，[美] 罗伯特·G·谢利. 城市设计手册 [M]. 北京：中国建筑工业出版社，2006.

[27] [英] 西蒙·贝尔. 王文彤，译. 景观的视觉设计要素 [M]. 北京：中国建筑工业出版社，2004.

[28] Richard C. Smardon, James F. Palmer, John P. Felleman. 李丽雪，洪得娟，颜家芝，译. 景观视觉评估与分析 [M]. 台北：田园城市文化事业有限公司，1985.

[29] Hans-Martin Nelte. 丁小荣，李琴，译. 最新德国景观设计［M］. 福州：福建科学技术出版社，2004.

[30] 安德鲁·威尔逊. 现代最具影响力的园林设计师［M］. 昆明：云南科技出版社，2005.

[31] 伊丽莎白·巴洛·罗杰斯. 韩炳越，曹娟，等，译. 世界景观设Ⅱ［M］. 北京：中国林业出版社，2005.

[32] 维勒格. 苏柳梅，邓哲，译. 德国最新景观设计1、2［M］. 沈阳：辽宁科学技术出版社，2001.

[33]［美］尼尔·科克伍德. 杨晓龙，译. 景观建筑细部的艺术——基础、实践与案例研究［M］. 北京：中国建筑工业出版社，2005.

[34] 伊丽莎白·巴洛·罗杰斯. 韩炳越，曹娟，等，译. 世界景观设Ⅰ［M］. 北京：中国林业出版社，2005.

[35] 周维权. 中国古典园林［M］. 北京：清华大学出版社，1999.

[36] 楼庆西. 中国园林［M］. 北京：五洲传播出版社，2003.

[37] 陈植. 中国造园史［M］. 北京：中国建筑工业出版社，2006.

[38] 汪菊渊. 中国古代园林史［M］. 北京：中国建筑工业出版社，2006.

[39] 章采烈. 中国园林艺术通论［M］. 上海：上海科学技术出版社，2004.

[40] 洪得娟. 景观建筑［M］. 上海：同济大学出版社，1999.

[41] 陈志华. 外国造园艺术［M］. 郑州：河南科学技术出版社，2001.

[42] 张国强. "园林"一词有多早？［J］. 中国园林，2007（07）.

[43] 王绍增. 论风景园林的学位体系［J］. 中国园林，2006（05）.

[44] 国务院学位委员会. 关于下达《风景园林硕士专业学位设置方案》的通知［J］. 中国园林增刊，2006，9.

[45] 张祖刚. 世界园林发展概论——走向自然的世界园林史图说［M］. 北京：中国建筑工业出版社，2003.

[46] 郦芷若，朱建宁. 西方园林［M］. 郑州：河南科学技术出版社，2001.

[47] 刘庭风. 中日古典园林比较［M］. 天津：天津大学出版社，2003.

[48] 曹林娣. 中国古典园林文化比较［M］. 北京：中国建筑工业出版社，2004.

[49] 童寯. 造园史纲［M］. 北京：中国建筑工业出版社，1983.

[50] 吴家骅. 环境设计史纲［M］. 重庆：重庆大学出版社，2002.

[51] 吴家骅. 景观形态学［M］. 北京：中国建筑工业出版社，2000.

[52] 沈玉麟. 外国城市建设史［M］. 北京：中国建筑工业出版社，1989.

[53] 刘滨谊. 现代景观规划设计［M］. 南京：东南大学出版社，1999.

[54] 俞孔坚. 景观设计：专业、学科与教育［M］. 北京：中国建筑工业出版社，2003.

[55] 丁绍刚. 风景园林概论［M］. 中国建筑工业出版社，2008. 12.

[56] 王晓俊. 风景园林设计［M］. 南京：江苏科学技术出版社，2000.

[57] 王晓俊. 西方现代园林设计［M］. 南京：东南大学出版社，2000.

[58] 王晓俊. 风景园林设计（增订本）［M］. 南京：江苏科学技术出版社，2000.

[59] 李世华，徐有栋. 市政工程施工图集5——园林工程［M］. 北京：中国建筑工业出版社，2004.

[60] 吴为廉. 景园建筑工程规划与设计［M］. 上海：同济大学出版社，1999.

[61] 钟训正. 建筑画环境表现与技法［M］. 北京：中国建筑工业出版社，1985.

[62] 杨静. 建筑材料与人居环境［M］. 北京：清华大学出版社，2001.

[63] 中国勘察设计协会园林设计分会. 风景园林设计资料集——风景规划［C］. 北京：中国建筑工业出版社，2006.

[64] 王向荣，林箐. 西方现代景观设计的理论与实践［M］. 北京：中国建筑工业出版社，2002

[65] 杨赉丽. 城市园林绿地规划［M］. 北京：中国林业出版社，1995.

[66] 温国胜，杨京平，陈秋夏. 园林生态学 [M]. 北京：化学工业出版社，2007.

[67] 刘杰，周湘津，等，译. 城市景观艺术 [M]. 天津：天津大学出版社，1992.

[68] GB 50137—2011 城市用地分类与规划建设用地标准 [S].

[69] CJJ 48—92 公园设计规范 [S].

[70] GB 50180—93 城市居住区规划设计规范 [S].

[71] CJJ 75—97 城市道路绿化规划与设计规范 [S].

[72] 张晓，郑玉歆. 中国自然文化遗产资源管理 [M]. 北京：社会科学文献出版社，2001.

[73] 孔繁德. 生态保护 [M]. 北京：中国环境科学出版社，2005.

[74] 刘康，李团胜. 生态规划——理论、方法与应用 [M]. 北京：化学工业出版社，2004.

[75] 苏杨，汪昌极. 美国自然文化遗产管理经验及对中国有关改革的启示 [J]. 中国园林，2005（08）.

[76] 谢凝高. 国家风景名胜区功能的发展及其保护利用 [J]. 中国园林，2005（07）.

[77] 吴良镛. 建筑·城市·人居环境 [M]. 石家庄：河北教育出版社，2003.

[78] 王建国. 城市设计 [M]. 北京：中国建筑工业出版社，1999.

[79] 洪亮平. 城市设计历程 [M]. 北京：中国建筑工业出版社，2002.

[80] 刘宛. 城市设计实践论 [M]. 北京：中国建筑工业出版社，2006.

[81] 封云. 公园绿地规划设计 [M]. 北京：中国林业出版社，1996.

[82] 胡长龙. 园林规划设计（上册）（第二版）[M]. 北京：中国农业出版社，2002.

[83] 李道增. 环境行为学概论 [M]. 北京：清华大学出版社，1999.

[84] 刘盛璜. 人体工程学与室内设计 [M]. 北京：中国建筑工业出版社，1997.

[85] [英] 凯瑟琳·迪伊. 景观建筑形式与纹理 [M]. 杭州：浙江科学技术出版社，2003.

[86] 胡家宁. 小中见大——关于景观建筑细部设计的思考 [J]. 装饰，2006（08）.

[87] 孟研，冯君. 感受城市景观的细部设计 [J]. 华中建筑，2007（10）.

[88] 张清海. 构成学及其在现代园林设计中的应用研究 [D]. 南京农业大学，2007.

[89] 刘敦桢. 苏州古典园林 [M]. 北京：中国建筑工业出版社，1979.

[90] 宗白华. 美学散步 [M]. 上海：上海人民出版社，1981.

[91] 桂林市建筑设计室. 桂林风景建筑 [M]. 北京：中国建筑工业出版社，1982.

[92] 陈从周. 扬州园林 [M]. 上海：上海科学技术出版社，1983.

[93] 陈从周. 说园 [M]. 上海：同济大学出版社，1984.

[94] 中国建筑工业出版社编. 中国园林艺术 [M]. 北京：中国建筑工业出版社，1984.

[95] 中国城市规划设计研究院，等. 中国新园林 [M]. 北京：中国林业出版社，1985.

[96] 马千英. 中国造园艺术泛论 [M]. 台北：詹氏书店，1985.

[97] 彭一刚. 中国古典园林分析 [M]. 北京：中国建筑工业出版社，1986.

[98] 张家骥. 中国造园史 [M]. 哈尔滨：黑龙江人民出版社，1986.

[99] 王红英，吴巍. 鄂西土家族吊脚楼建筑艺术与聚落景观 [M]. 天津：天津大学出版社，2013.

[100] 夏兰西，王乃弓. 建筑与水景 [M]. 天津：天津科学技术出版社，1986.

[101] 宗白华，等. 中国园林艺术概观 [M]. 南京：江苏人民出版社，1987.

[102] 中国城市规划设计院. 中国新园林 [M]. 北京：中国林业出版社，1987.

[103] 顾馥保，等. 现代景观设计学 [M]. 华中科技大学出版社，2010.

［104］夏祖华，黄伟康．城市空间设计［M］．北京：东南大学出版社，1992.
［105］王红英，吴巍．景观·建筑速写与表现［M］．北京：中国水利水电出版社，2013.
［106］田国行．绿地景观规划的理论与方法［M］．北京：科学出版社，2006.
［107］王晓俊．西方现代园林设计［M］．南京：东南大学出版社，2000.
［108］王向荣，林菁．西方现代景观设计的理论与实践［M］．北京：中国建筑工业出版社，2002.
［109］曹随．城市形象细分［M］．北京：中国建筑工业出版社，2003.
［110］胡飞，杨瑞．设计符号与产品语言［M］．北京：中国建筑工业出版社，2003.
［111］刘福智．景观园林规划与设计［M］．北京：机械工业出版社，2005.
［112］郑宏．城市形象艺术设计［M］．北京：中国建筑工业出版社，2006.
［113］约翰·O. 西蒙兹．景观设计学——场地规划与设计手册［M］．俞孔坚，等，译．北京：中国建筑工业出版社，2000.
［114］唐军．追问百年——西方景观建筑学的价值批判［M］．南京：东南大学出版社，2004.
［115］庄宇．城市设计的运作［M］．上海：同济大学出版社，2004.
［116］论新农村建设中的乡村景观规划［J］．湖北农业科学，2011，(06).
［117］吴巍，王红英．鄂西旅游圈社会主义新农村规划及其生态旅游价值研究［J］．湖北农业科学，2011，(11).
［118］吴巍，王红英．公路环境原生态景观设计理论研究［J］．生态经济 2011，(03).
［119］吴巍，王红英．城市化进程中景观生态设计的理论探讨［J］．生态经济，2011．(02).
［120］王红英，李娇．湖北公路地域文化景观的研究与实践［J］．中外公路，2013，(06).
［121］王红英，徐俊，肖衡林．基于公路景观生态系统恢复重建的生态补偿设计研究［J］．中外公路，2013，(04).